mare

DAVID BARRIE

Unglaubliche Reisen

Vom inneren Kompass der Tiere

Aus dem Englischen von Harald Stadler

mare

1. Auflage 2020
© 2020 by mareverlag, Hamburg
Illustrationen Neil Gower
Register Rainer Kolbe, Hamburg
Typografie und Satz Iris Farnschläder, mareverlag
Schrift Caslon
Druck und Bindung CPI books GmbH, Germany
ISBN 978-3-86648-282-1

www.mare.de

_ _ _ *Für Mary*

Inhalt

TEIL II Der Heilige Gral

TEIL III Warum ist Orientierung essenziell?

ANHANG

Der Gegenstand existiert bereits seit der Erschaffung
der Welt, ist aber bisher nicht so erklärt worden,
dass seine innere Schönheit verstanden werden könnte.

Thomas Traherne (ca. 1636–1674)

Vorwort

Draußen vor meinem Fenster fliegt eine Krähe vorüber. Scheinbar zielstrebig verfolgt sie eine Mission, die nur ihr selbst bekannt ist. Eine Hummel sucht systematisch Blüten im Garten auf. Ein Schmetterling flattert flink über die Mauer, segelt wild umher, lässt sich kurz nieder und fliegt dann weiter. Eine Katze schleicht den Weg entlang und verschwindet im Gestrüpp, während hoch oben ein Flugzeug voller Passagiere zur Landung in Heathrow ansetzt.

Man muss sich nur umsehen. Überall sind Lebewesen aller Arten und Größen unterwegs, menschliche und tierische. Sie suchen vielleicht Nahrung oder einen Paarungspartner; möglicherweise wandern sie, um der Kälte des Winters oder der Hitze des Sommers zu entgehen; oder sie sind einfach auf dem Weg nach Hause. Einige unternehmen Reisen um den gesamten Erdball, andere hingegen ziehen lediglich in ihrer näheren Umgebung herum. Aber jedes einzelne Lebewesen – sei es die Küstenseeschwalbe, die von einem Ende der Welt zum anderen fliegt, oder die Wüstenameise, die mit einer toten Fliege zwischen den Kiefern zu ihrem Nest zurückeilt – muss seinen Weg finden können. Es ist schlichtweg eine Frage des Überlebens.

Wie peilt eine Wespe nach einem Jagdausflug ihr Nest an? Wie bringt es ein Mistkäfer fertig, seine Kugel in einer geraden Linie zu rollen? Welcher geheimnisvolle Sinn führt eine Meeresschildkröte nach dem Durchkreisen eines ganzen Ozeans an die Küste zurück, an der sie zur Welt kam, um dort ihre Eier abzulegen? Wie meistert eine Taube ihren Heimweg, wenn sie Hunderte Kilometer von ihrem

Schlag entfernt – an einem ihr unbekannten Ort – freigelassen wird? Und wie steht es mit den Naturvölkern, die in einigen Teilen der Welt immer noch lange und schwierige Reisen zu Wasser wie zu Land bewältigen, ohne Karte oder Kompass, ganz zu schweigen von GPS?[1]

Die erste Frage, mit der ich mich in diesem Buch befassen möchte, ist ganz einfach: Wie finden sich Lebewesen – Tiere wie auch der Mensch – überhaupt zurecht? Wie wir feststellen werden, sind die Antworten für sich gesehen faszinierend, doch sie werfen weitere Fragen auf, die unser sich wandelndes Verhältnis zur Umwelt berühren. Wir Menschen werfen die grundlegenden Orientierungsfähigkeiten über Bord, auf die wir uns so lange verlassen konnten. Heutzutage können wir unseren Standort überall auf der Erde mühelos und präzise bestimmen, ohne überhaupt nachzudenken, einfach per Knopfdruck. Doch ist diese Tatsache überhaupt der Rede wert? Das lässt sich noch nicht eindeutig beantworten, aber in den Schlusskapiteln werde ich die wichtigen Punkte erörtern, die auf dem Spiel stehen.

Einleitend sollen ein paar Worte über Orientierungsprobleme im Alltag näher an das Thema heranführen. Überlegen wir für einen Moment, wie wir vorgehen, wenn wir in einer fremden Stadt ankommen.

Die erste Orientierungsaufgabe besteht darin, den Weg vom Flugzeug durch die Passkontrolle zur Gepäckausgabe zu finden. Selbst diese Art von Orientierung in Innenräumen kann Probleme bereiten, besonders wenn die Sehfähigkeit eingeschränkt ist, doch für gewöhnlich lassen sich diese Hindernisse überwinden, indem man Schildern und Zeichen folgt. Sobald man im Taxi oder Bus sitzt, kann man sich entspannen und die Entscheidungen dem Fahrer überlassen.

Bei der Ankunft im Hotel muss man die Rezeption und das Zimmer finden; auch hier sind Schilder und Zeichen eine große Hilfe. Am nächsten Morgen wollen Sie die nähere Umgebung vielleicht zu Fuß erkunden. Die verführerische Stimme der GPS-App Ihres Smartphones könnte Ihnen eine genaue Wegbeschreibung liefern, doch das ist keine echte Navigation; man befolgt bloß Anweisungen.

Wer eigenständig denkt und handelt und sich lieber selbst orientiert, greift vermutlich zu einem gedruckten Stadtplan. Als erste praktische Aufgabe gilt es, den Standort des Hotels und somit die eigene Position auf der Karte zu bestimmen. Als Nächstes muss man die Sehenswürdigkeiten einkreisen, die man besichtigen will, und herausfinden, wie man dorthin gelangt und wie lange es dauert. Das heißt, Sie müssen Entfernungen berechnen und Ihre voraussichtliche Schrittgeschwindigkeit schätzen, wodurch die Messung von Zeit ins Spiel kommt. Auch wenn es anfangs nicht offensichtlich scheinen mag: Navigation hat ebenso viel mit Zeit zu tun wie mit Raum.

Damit ist die Vorausplanung abgeschlossen. Nun stehen Sie vor einem weiteren Problem: Müssen Sie, wenn Sie vom Hotel aufbrechen, nach rechts oder nach links gehen? Bevor Sie sich auf den Weg machen, sollten Sie die richtige Richtung kennen. Es gibt mehrere Möglichkeiten, dieses zentrale Problem zu lösen. Sie können den Kompass in Ihrem Smartphone nutzen, aber Sie könnten sich auch orientieren, indem Sie herausfinden, auf welcher Straße Sie stehen. Es mag auch hilfreich sein, nach dem Fall der Schatten den Stand der Sonne zu ermitteln. Und wenn Sie dann losmarschiert sind, müssen Sie sich immer wieder Ihrer Route versichern, indem Sie markante Punkte und Straßennamen mit dem Stadtplan abgleichen.

Mit jedem weiteren Ausflug gewinnen Sie ein klareres Bild vom Grundriss der Stadt und erkennen, wie die jeweiligen Viertel miteinander verbunden sind; und zwar, indem Sie sich markante Punkte einprägen und sie geometrisch miteinander in Beziehung setzen. Natürlich können sich manche Menschen viel besser orientieren als andere, aber wer in dieser Art von Wegfindung geübt ist, entwickelt schon bald das Selbstvertrauen, längere und kompliziertere Ausflüge zu unternehmen, ohne überhaupt auf den Stadtplan zu schauen. Und anstatt sich nur im näheren Umkreis des Hotels zu bewegen, wählen Sie bald schon Routen durch ganz verschiedene Teile der Stadt. Mittlerweile haben Sie sich einen *mentalen Plan* der Stadt angeeignet.

Vielleicht wenden Sie aber auch eine ganz andere Methode der Orientierung an. Anstatt eine Karte zu Hilfe zu nehmen, könnten Sie einfach Ihrer Nase folgen, bis Sie auf etwas Interessantes stoßen, wobei Sie stets darauf achten, welchen Weg Sie gehen und wie weit Sie gegangen sind, um auch bestimmt wieder zum Hotel zurückzufinden.

Dieser Ansatz wurde mit dem Verfahren verglichen, das der griechische Sagenheld Theseus nutzte. Als er das Labyrinth des Minotaurus betrat, wickelte er ein Garnknäuel ab, das Ariadne ihm gegeben hatte, und dank dieses Fadens fand Theseus wieder aus dem Labyrinth heraus, nachdem er das Ungeheuer getötet hatte. Ein Garnknäuel ist in einer belebten modernen Großstadt natürlich kein besonders zweckmäßiges Hilfsmittel, daher sind bei der Orientierung ohne Karte in der Praxis genaues Beobachten und Erinnern ausschlaggebend.

Die Unterscheidung zwischen Orientierung mit und Orientierung ohne Zuhilfenahme einer Karte ist essenziell und betrifft auch nicht menschliche Wesen. Karten und Pläne (ob nun materiell oder mental) bieten große Vorteile, nicht zuletzt die Möglichkeit, Abkürzungen zu finden, die wertvolle Zeit und Energie sparen, oder Umwege zu machen, um Gefahren und Hindernisse zu umgehen. Einige Tiere scheinen tatsächlich gewisse Karten zu verwenden (auch wenn diese natürlich nicht auf Papier gedruckt sind), doch das lässt sich nur schwer nachweisen; noch kniffliger ist die Frage, wie diese Karten funktionieren. Solche Themen gehören zu den komplexesten, mit denen sich Wissenschaftler beschäftigen, die das Orientierungsvermögen von Tieren erforschen.

Die Gliederung dieses Buches gibt die Unterscheidung zwischen Orientierung mit und Orientierung ohne Karten wieder. Im ersten Teil richte ich das Augenmerk darauf, wie sich Tiere ohne Karten zurechtfinden können; im zweiten Teil erörtere ich den möglichen Einsatz von Karten unterschiedlicher Art und durch unterschiedliche Spezies sowie die Hinweise auf die Existenz kartenähnlicher Abbildungen der Welt in ihren Gehirnen. Im letzten Teil beleuchte ich die Frage, was die Erforschung der Tiernavigation für den Menschen bedeutet.

Den einzelnen Kapiteln folgt jeweils ein kurzer Abschnitt in einer anderen Schrift, in dem ein verblüffendes Beispiel für Tiernavigation genannt wird, das im Haupttext nicht leicht unterzubringen wäre. Diese Geschichten tragen hoffentlich dazu bei, den Leser zu unterhalten, und verdeutlichen gleichzeitig, wie viele Rätsel noch zu lösen sind.

Die Orientierung von Tieren ist ein großes, komplexes Forschungsgebiet; daher können in einem vergleichsweise schmalen Buch wie diesem nur die wichtigsten Aspekte herausgestellt werden. *Unglaubliche Reisen. Vom inneren Kompass der Tiere* deckt das Thema keineswegs erschöpfend ab. Und weil ich kein Fachpublikum, sondern den allgemeinen Leser anspreche, habe ich so weit wie möglich auf die Verwendung von Fachbegriffen verzichtet.

Der Inhalt dieses Buches spiegelt nicht nur meine persönlichen Interessen wider, sondern geht teilweise auch auf den Austausch mit Wissenschaftlern zurück, der den Kurs meiner Recherchen geprägt hat. Ich habe mich in erster Linie darauf konzentriert zu beschreiben, *was* Tiere tun und *wie*; das *Warum* bleibt dabei ausgeklammert. Der Versuch, letztere Frage zu beantworten, würde genügend Material für etliche weitere Bände liefern.

Zum Schluss möchte ich kurz auf das Thema Tierwohl eingehen. Strenge ethische Regeln bestimmen die Arbeit von Forschern, die sich mit Tiernavigation (wie auch mit anderen Feldern) beschäftigen. Alle Wissenschaftler, mit denen ich gesprochen habe, nehmen ihre Verantwortung dafür, den Tieren kein Leid zuzufügen, sehr ernst. Dennoch kann nicht vollständig ausgeschlossen werden, dass Tiere bei manchen Experimenten verletzt werden, aber jede Darstellung des Forschungsgegenstandes, die die Ergebnisse dieser Arbeiten ausklammern würde, wäre nicht nur unvollständig, sondern auch vollkommen irreführend.

Ich bin der festen Überzeugung, dass wir unseren Mitgeschöpfen Respekt schulden und folglich unsere Interessen nicht bedenkenlos über ihre Bedürfnisse stellen dürfen. Die Frage, welche Experimente mit Tieren gerechtfertigt sind, ist nicht leicht zu beantworten, doch zumindest sollten wir alles daransetzen, den Tieren keinen Schmerz zuzufügen. Ehrlich gesagt bin ich mir nicht einmal sicher, ob wir bereits genügend über Lebewesen wie Krebstiere und Insekten wissen, um uns unserer Urteile und Einschätzungen in dieser Frage sicher sein zu können.

Einige Leser sind vielleicht der Überzeugung, dass es niemals und unter keinen Umständen gerechtfertigt sein kann, Tieren um der Wissenschaft willen Leid zuzufügen. Aus ethischer Sicht kann man gewiss dafür plädieren, alle schädlichen oder tödlichen Tierversuche zu verbieten, allerdings vermute ich, dass die wenigsten Menschen bereit wären, mit den Konsequenzen zu leben – besonders wenn es um medizinische Forschung geht. Es ist jedoch tröstlich zu wissen, dass die Zahl von Tieren, die für Experimente herangezogen werden, in den vergangenen Jahren (zumindest in Großbritannien) zurückgegangen ist.[2]

Die ethischen Aspekte wissenschaftlicher Experimente an und mit Tieren sind längst nicht ausdiskutiert, und ich gebe keineswegs vor, alle Antworten parat zu haben. Es wäre aber sicherlich falsch, für Forscher höhere Standards anzulegen als für alle anderen Menschen.

TEIL I

Navigieren ohne Karten

I. KAPITEL

Mr. Steadman und der Monarchfalter

Als ich sieben Jahre alt war, trat ein bemerkenswerter Lehrer in mein Leben. Er unterrichtete Mathematik, hielt sich aber kaum an den Lehrplan und achtete auch nicht auf das Alter seiner Schüler. Eine Unterrichtsstunde bei Mr. Steadman, die mit dem Satz des Pythagoras begann, konnte leicht zur Topologie abschweifen und schließlich ins Kaninchenloch der nicht euklidischen Geometrie abtauchen. Diese Themen faszinierten ihn, und zweifellos glaubte er, es sei gut, unseren Horizont zu erweitern.

Mr. Steadman war nicht nur Mathematiker; er kannte sich auch mit Insekten aus. Während der Sommermonate hing in meiner Schule eine Mottenfalle, die er angebracht hatte. Ich freute mich damals auf jeden neuen Schultag, denn ich durfte dabei sein, wenn er vor Beginn des Unterrichts die Beute der Nacht begutachtete.

Meine Schule befand sich am Rand des New-Forest-Nationalparks im Süden Englands, eines der besten Habitate für Insekten in Großbritannien. Oft ruhten fünfzig oder sogar hundert Falter in der Box, in die sie nachts durch ein helles Licht gelockt worden waren. Einige Motten und Schmetterlinge, so lernte ich, waren nicht heimisch, sondern lediglich Sommergäste. Ein häufiger Fang war ein Nachtfalter namens Gammaeule. Wie wir heute wissen, wandert eine große Anzahl dieser Eulenfalter jeden Sommer vom Mittelmeerraum zur Brut nach Nordeuropa. Warum diese Insekten solch lange Reisen unternehmen und wie sie ihren Weg finden, war damals ein absolutes Rätsel.

Schon bald war ich von Schmetterlingen besessen. Zum Leidwesen meiner Mutter füllte sich mein Zimmer mit Netzen, Sammelboxen, Schaurahmen und großen Kästen, in denen ich Raupen züchtete. Manchmal lag ich nachts wach und hörte, wie meine unentwegt fressenden Gefangenen vor sich hin knabberten und ihre winzigen Exkremente leise auf die Blätter ihrer Futterpflanzen platschten. Wenn sie satt waren, verwandelten sie sich in Puppen beziehungsweise Larven; ihre fetten Körper lösten sich auf und wurden zu einer alchemischen Suppe, aus der sich wie durch Magie die ausgewachsenen Falter zusammenfügten. Wenn man zusah, wie sie aus ihren harten, trockenen Kokons ausbrachen, langsam ihre feuchten, zerknitterten Flügel ausbreiteten und schließlich zum Flug ansetzten, wurde man Zeuge eines Naturwunders, das trotz des bescheidenen Maßstabs nicht minder erstaunlich war.

Meine leidgeprüfte Mutter fuhr mit mir nach London zum Naturhistorischen Museum, wo uns ein freundlicher junger Kurator einen Blick hinter die Kulissen gewährte. Er schloss eine nicht gekennzeichnete Tür auf, führte uns in einen riesigen Raum voller Mahagonivitrinen mit Millionen von Nachtfaltern und Schmetterlingen aus aller Welt und zeigte uns schließlich einen großen exotischen Schmetterling, der ganz vereinzelt auch in England auftauchte. Er stammte nicht aus Europa oder gar Afrika, sondern aus Nordamerika. Selbst wenn ihm auf seinem Weg über den Nordatlantik die vorherrschenden Westwinde zu Hilfe kamen oder sich eine Mitfahrgelegenheit auf einem Schiff anbot, war dies eine außergewöhnliche Leistung.

Die Flügel dieses Schmetterlings können eine Spannweite von bis zu zwölf Zentimetern aufweisen und gleichen einem modernistischen Buntglasfenster. Zarte schwarze Adern breiten sich über einen hellen orangefarbenen Grund aus, der leuchtet, als würde die Sonne durchscheinen. Die dunklen Linien münden in einen breiteren schwarzen Rand, der wie der Kopf des Tieres mit schneeweißen Punkten getüpfelt ist. Das Gewand dieses Schmetterlings mag farbenfroh anmuten, doch die knallige Farbgebung ist ein Warnsignal an Fressfeinde – es könnte ein Fehler sein, voreilig zuzuschnappen. Das Tier steckt möglicherweise voller Gifte, die es in der Raupenphase über das Futter, die Seidenpflanze, aufnimmt. Jeder Nordamerikaner kennt diesen Schmetterling: den Monarchfalter.

Ich erzählte Mr. Steadman von meiner Begeisterung für diese Spezies, woraufhin er ohne großes Aufheben bei einem Lieferanten eine Monarchfalterlarve bestellte. Als ich das Päckchen öffnete, erkannte ich sofort, was sich darin verbarg: mein ureigener *Danaus plexippus*.

Die Puppe, die vielleicht nur zwei oder drei Zentimeter lang war, glich dem Kunstwerk eines Juweliers. Umhüllt von einem glänzenden jadegrünen Panzer lag sie in ihrem Nest aus Baumwollwatte, wie ein miniaturhafter chinesischer Kaiser, der auf seine Wiedergeburt wartete. Vage konnte ich die Form der Flügel und die Teile dessen erkennen, was später einmal den Körper des ausgewachsenen Insekts bilden sollte. Eine Linie winziger, goldglänzender Punkte schimmerte in einem Halbkreis um den dicksten Teil der Puppe, die hier und da mit weiteren Goldflecken gesprenkelt war. Ich bewunderte diese Larve, die mir sogar noch schöner erschien als das prächtige ausgewachsene Tier; aber sie wirkte auch verstörend, irgendwie fremdartig. Wie konnten die Tiefen des Weltalls größere Wunder bergen, wenn doch unsere eigene Welt von solch herrlichen Kuriositäten erfüllt war?

Den Schmetterling habe ich nicht schlüpfen sehen; die Puppe ging ein, bevor sie ausreifte. Doch der Monarchfalter und seine ungewöhnliche Lebensgeschichte hatten mich längst in ihren Bann gezogen.

Viele Jahre später sah ich zum ersten Mal einen lebenden Monarchfalter – in den Sanddünen von Amagansett, unweit von Montauk an der östlichen Spitze von Long Island. Es war Ende August, und dieser Schmetterling flatterte, zusammen mit Millionen Artgenossen, langsam nach Südwesten. Sein Flug glich einem unbeschwerten Tanz.

Ein paar lässige Flügelschläge verliehen ihm Auftrieb, dann segelte er – während er langsam an Höhe verlor – ein paar Sekunden lang durch die Luft, um schließlich wieder emporzusteigen. Aber wohin war er unterwegs und wie um alles in der Welt fand er seinen Weg?

Meine Suche nach Antworten auf diese Fragen brachte mich letztlich dazu, dieses Buch zu schreiben. Ich wusste, dass ich unterwegs Überraschungen erleben würde, aber ich ahnte nicht, wie zahlreich und vielfältig diese sein sollten.

Die frühesten Wegfinder

Als ich mit meinen Recherchen begann, dachte ich nur an Lebewesen, die ich sehen konnte – etwa Insekten, Vögel, Reptilien, Ratten, Menschen –, doch die ersten Lebensformen, die sich auf unserem Planeten entwickelten, waren winzig klein und Pioniere der Tiernavigation.

Die Erde entstand vor ungefähr 4,56 Milliarden Jahren als Zufallsprodukt bei der Verdichtung von Asteroiden, Gas und Staub; diese Einzelteile wurden durch die eigene Schwerkraft zusammengepresst. Damals war die Erde ein äußerst ungemütlicher Ort: Ihre gesamte Oberfläche war von heißem, flüssigem Gestein bedeckt. Die ersten Kontinente bildeten sich, als dieses Meer aus Magma vor circa 4,5 Milliarden Jahren langsam abkühlte und erstarrte, doch es gab noch keine Ozeane und auch keine Luft.

Über Hunderte Millionen Jahre hinweg wurde der junge Planet von weiteren Asteroiden bombardiert, aber diese Einschläge waren nicht nur zerstörerisch. Sie lieferten die chemischen Zutaten, welche die allerersten Lebensformen und auch Wasser entstehen ließen.[1] Vor etwa 3,9 Milliarden Jahren beruhigte sich die Erde, und in den Tiefen der ersten Ozeane entwickelten sich einfache Lebensformen um hydrothermale Spalten im Meeresboden, aus denen extrem heißes, stark mineralisiertes Wasser strömte.[2] Zu diesen Lebensformen gehörten die allerersten Bakterien.

Heute bringen wir diese einzelligen Organismen zwar meist mit Krankheiten in Verbindung, doch die Mehrzahl der Bakterien ist harmlos; viele tragen sogar maßgeblich zu unserer körperlichen und selbst geistigen Gesundheit bei. Um zu überleben, können sie gezielt Nahrungsquellen aufsuchen und Gefahren wie übermäßige Hitze, Acidität und Alkalität meiden.[3] Einige verfügen über ganz spezielle Antriebsmittel, etwa mikroskopisch kleine Motoren, die rotierende Fäden – sogenannte Flagellen – antreiben. Diese einfachste Form der zielgerichteten Orientierungsreaktion wird als Taxis bezeichnet, nach dem griechischen Wort für »Ordnung« oder »Ausrichtung«.

Manche Bakterien bedienen sich einer besonders verwunderlichen Form der Taxis. Magnetotaktische Bakterien enthalten winzige magnetische Partikel, die – wenn sie zu Ketten aneinandergereiht sind – wie mikroskopische Kompassnadeln fungieren. Mithilfe dieser »Kompassnadeln« können sich die Bakterien am Magnetfeld der Erde ausrichten und dadurch den Weg hinunter zu den sauerstoffarmen Wasserschichten und Sedimenten finden, in denen sie gedeihen. Die Nadeln in Bakterien auf der nördlichen Halbkugel haben die entgegengesetzte Polarität derer auf der südlichen Hemisphäre; ein einfaches Beispiel für die Wirkkraft der natürlichen Selektion.

Versteinerte Bakterien sind ausgesprochen schwer auszumachen; dennoch entdeckte man die Reste von magnetotaktischen Bakterien in Gestein, das Hunderte Millionen, vielleicht sogar Milliarden Jahre alt ist. Obwohl diese Bakterien als die frühesten magnetbasierten Navigatoren in der Geschichte unseres Planeten gelten, wurden die ersten lebenden Exemplare erst 1975 entdeckt.[4] Seltsamerweise fiel ihre Entdeckung zeitlich mit den ersten Nachweisen magnetbasierter Orientierung bei viel komplexeren Organismen wie etwa Vögeln zusammen.

Der Name unserer nächsten Verwandten unter den einzelligen

Organismen ist ein wahrer Zungenbrecher: Choanoflagellaten (oder Kragengeißeltierchen). Sie sind geringfügig komplexer als Bakterien, leben im Wasser und bilden manchmal Kolonien. Wie der Mensch sind sie auf Sauerstoff angewiesen; sie können nicht nur kleinste Unterschiede in dessen Konzentration ausmachen, sondern auch gezielt zu einer sauerstoffreicheren Quelle schwimmen, ebenfalls dank ihrer Flagellen.[5]

Noch beeindruckender sind gewisse hirnlose Ansammlungen von Einzellern, bekannt unter der eher abstoßenden Bezeichnung »Schleimpilze«. Diese einfachen Organismen können sich langsam, aber zielsicher auf einen Vorrat an Glukose zubewegen, der im unteren Teil eines u-förmigen Siphons verborgen ist. Dabei nutzen sie eine simple Form von Gedächtnis, das sie davon abhält, bereits erkundete Stellen erneut abzusuchen.[6] Sie können außerdem ein Problem lösen, das selbst Verkehrsplaner und Ingenieure vor große Herausforderungen stellt: die Konstruktion eines effizienten Bahnnetzes.

Wissenschaftler haben Folgendes herausgefunden: Wenn einem bestimmten Schleimpilz große Mengen von Haferflocken in einem Muster dargeboten werden, das den Grundriss von Städten rings um Tokio nachahmt, beginnt er, ein Netzwerk von »Tunneln« zu bauen, um die aus den Flocken gewonnenen Nährstoffe zu verteilen. Erstaunlicherweise gleicht das Netzwerk schließlich dem tatsächlichen Bahnsystem rund um Tokio. Der Schleimpilz vollbringt eine Meisterleistung, indem er zunächst Tunnel anlegt, die in alle Richtungen führen, und diese dann allmählich reduziert, sodass letztendlich nur jene übrig bleiben, in denen die größten Mengen an Nährstoffen (sprich »Passagieren«) befördert werden können.[7]

Weiter oben auf der Skala der Komplexität stoßen wir auf viel größere, aber immer noch winzige mehrzellige Organismen namens Plankton. Die Ozeane, besonders um die Arktis und die Antarktis, wimmeln nur so davon. Viele dieser Pflanzen und Tiere sind für das bloße Auge unsichtbar, doch sie sind häufig so zahlreich, dass sie das

Meer wie eine kräftige Misosuppe aussehen lassen. Planktonblüten können sogar ganze Seegebiete rostrot färben.

Lebewesen wie diese müssen nicht wissen, wo genau sie sich befinden, zumal sie ohnehin weitgehend den Meeresströmungen ausgeliefert sind; dennoch sind sie keineswegs nur passiv. Um Nahrung zu finden oder nicht selbst gefressen zu werden, steigt ein Großteil des tierischen Planktons (darunter Fischrogen, kleine Krebstiere und Mollusken) in der Wassersäule auf und ab, von den dunklen Tiefen an die Oberfläche und wieder hinunter, jeden Morgen und jeden Abend. Und das pflanzliche Plankton, das sich meist nah an der Oberfläche aufhält, um von der größeren Lichtmenge zu profitieren, taucht nötigenfalls ab, damit es nicht durch ein Übermaß an ultraviolettem Licht geschädigt wird.

Das Timing dieser Abläufe beruht auf der Fähigkeit des Planktons, Veränderungen in der Stärke des Sonnenlichts wahrzunehmen; in der monatelangen arktischen Nacht schaltet das tierische Plankton allerdings auf einen Rhythmus um, der sich nach dem Mondlicht richtet.[8] In einigen Fällen sind diese Prozesse nicht nur eine simple Reaktion auf variierende Helligkeitsgrade. Bestimmte Planktonarten steigen auf oder ab, noch bevor sie irgendwelche Veränderungen wahrnehmen können; und selbst wenn sie in ein dunkles Aquarium verlegt werden, behalten sie ihre vertikalen Wanderungen für mehrere Tage bei. Dieses rätselhafte Verhalten scheint von einer Art innerer Uhr abhängig zu sein, die ihre Standortveränderungen reguliert.[9] Die gesamte Nahrungskette der Ozeane stützt sich letztlich auf das Plankton, und dessen gigantische tägliche Wanderzüge spielen eine entscheidende Rolle für alles Leben auf der Erde.

Selbst einfache Würmer müssen sich zurechtfinden. Eine Wurmart namens *Caenorhabditis elegans* scheint sich am Erdmagnetfeld zu orientieren, wenn sie sich im Untergrund vergraben hat.[10] Und Wassermolche, von denen einige bis zu zwölf Kilometer weit zum heimischen Tümpel zurückfinden, setzen einen Magnetkompass ein.[11]

Würfelquallen – kleine, durchsichtige Tiere, die im tropischen Australien berüchtigt sind, weil sie mit ihren Nesselkapseln ein tödliches Nervengift freisetzen können – haben kein Gehirn, aber Augen, und sie bewegen sich nicht nur mit der Strömung. Sie schwimmen aktiv und mit einem regelrechten Zielbewusstsein, wenn sie beispielsweise ihrer Beute nachjagen. Kurioserweise verfügen sie über nicht weniger als vierundzwanzig Augen, die sich in vier unterschiedliche Typen unterteilen lassen.

Noch überraschender ist es, dass einige Würfelquallen navigieren können, indem sie sich an markanten Punkten über der Wasseroberfläche orientieren. Eine spezielle Art, die in den Mangrovensümpfen der Karibik vorkommt, besitzt eine Gruppe von Augen, die stets nach oben gerichtet sind, unabhängig davon, wie der Körper des Tieres ausgerichtet ist. Schwere Gipskristalle im Gewebe um jedes einzelne spezialisierte Auge dienen dazu, diese Orientierung beizubehalten.

Dan-Eric Nilsson, ein Biologe an der Universität Lund in Schweden (einem der führenden Forschungszentren für Tiernavigation), wollte herausfinden, was diese nach oben gerichteten Augen leisten. Er und sein Team platzierten Würfelquallen in durchsichtige Becken, die sie in der Nähe eines Mangrovenhains ins Meer setzten, und beobachteten dann mithilfe einer Videokamera das Verhalten der Tiere. Wenn der Rand der Mangrovenwipfel vom Bassin aus sichtbar und nur wenige Meter von diesem entfernt war, stießen die Quallen wiederholt gegen jene Seite des Beckens, die den Bäumen am nächsten war – so als versuchten sie, ihnen näher zu kommen. Wurde der Behälter jedoch so weit weggezogen, dass die Bäume von unterhalb der Wasseroberfläche nicht mehr zu sehen waren, schwammen die Quallen ziellos umher.

Es scheint so, als nutzten die Quallen ihre nach oben gerichteten Augen, um die Silhouette der Mangrovenbäume auszumachen. Dadurch bleiben sie im seichten Gewässer, in dem sich das winzige tierische Plankton – ihre Nahrung – tummelt; das ist jedoch nur dann möglich, wenn sie sich nicht zu weit vom Rand des Mangrovenhains entfernen.[12]

Dies sind nur ein paar Beispiele für die außergewöhnlichen Orientierungsfähigkeiten von Organismen, die auf den ersten Blick recht einfach erscheinen mögen.

– – – –

Ein alter Walt-Disney-Film mit dem Titel *The Incredible Journey (Die unglaubliche Reise)* erzählt die Geschichte zweier Hunde – eines Labrador Retrievers und einer Bullterrierhündin – sowie eines Siamkaters, die von ihrem Herrchen bei einem Freund in Pflege gegeben werden. Die unglücklichen Tiere verstehen nicht, dass es sich nur um einen vorübergehenden Aufenthalt in der Fremde handelt, und beschließen, nach Hause zurückzukehren. Dazu müssen sie aber 400 Kilometer kanadische Wildnis durchqueren, wobei sie haarsträubende Abenteuer erleben: Sie begegnen einem Bären und einem Luchs, ertrinken einmal beinahe und machen die schmerzliche Bekanntschaft mit einem Stachelschwein. Zu guter Letzt kommen sie jedoch wohlbehalten zu Hause an.

Skeptiker mögen diese Geschichte als unglaublich im wörtlichen Sinne abtun, aber vielleicht ist das zu schnell geurteilt. Im Jahr 2016 büxte ein Hirtenhund namens Pero aus und machte sich auf den Weg zu seinen alten Herrchen. In nur zwölf Tagen legte er eine Entfernung von 385 Kilometern zurück – von seinem neuen Zuhause im englischen Lake District bis nach Wales – und kam in guter Verfassung an, völlig unerwartet. Pero war gechippt, an seiner Identität konnte also keinerlei Zweifel bestehen.[13]

Niemand weiß, wie Pero dieses Meisterstück gelang. Es ist wohl denkbar, dass er dank einer ungewöhnlichen Folge günstiger Entscheidungen nach Hause zurückfand, doch das ist schwer zu glauben. Die Orientierungsfähigkeiten von Hunden und Katzen fanden bisher überraschend wenig wissenschaftliche Aufmerksamkeit. Eine neuere Studie ergab jedoch, dass sich Hunde bevorzugt nach Norden oder Süden wenden, wenn sie ihr Häufchen machen. Vielleicht verfügen sie also über eine Art inneren Kompass, mit dessen Hilfe sie zumindest die Richtung ausmachen können. Wenn das zutrifft, erweitern sie eine rasch länger werdende Liste von Lebewesen, die das Magnetfeld der Erde spüren können.[14] Aber nur mithilfe eines Kompasses hätte Pero nicht nach Hause zurückfinden können.

Es ist möglich, dass Pero es irgendwie schaffte, sich den Weg zu seinem neuen Heim im Lake District einzuprägen. Konnte er dann diese Route rekonstruieren und zurückverfolgen? Vielleicht spielte dabei auch sein scharfer Geruchssinn eine Rolle.

2. KAPITEL

Jim Lovells magischer Teppich

C harles Darwin (1809–1882) schrieb, »dass der Mensch mit allen seinen hohen Eigenschaften noch immer in seinem Körper den unauslöschlichen Stempel seines niederen Ursprungs trägt«.[1] Doch sogar Darwin würde darüber staunen, dass unsere Augen derselben uralten Abstammung sind wie die der Würfelqualle, des Tintenfischs, der Spinnen und Insekten.[2]

Das unerbittliche Versuchsfeld der natürlichen Selektion hat über Hunderte Millionen Jahre jene Augen und Gehirne entstehen lassen, die es uns (und anderen Spezies) ermöglichen, mühelos diejenigen Dinge wahrzunehmen, die wir wirklich sehen müssen – und uns an sie zu erinnern. Dank ihrer Augen können Lebewesen nicht nur Nahrung und Partner finden sowie Gefahren umgehen; anders als die übrigen Sinnesorgane liefern sie zudem außergewöhnlich detaillierte Informationen über nahe wie ferne Gegenstände. Für viele Tiere sind die Augen das wichtigste Orientierungshilfsmittel, und wir Menschen benutzen sie ständig, um uns zurechtzufinden.

Verglichen mit vielen anderen Lebewesen ist der typische urbane Mensch kein besonders begabter Navigator, doch mit ein wenig Übung können sich die meisten Stadtbewohner anhand von markanten Punkten ziemlich gut orientieren. Unser visuelles Gedächtnis funktioniert im Grunde einwandfrei – wenn wir uns Mühe geben. Wir können uns beispielsweise an mindestens zehntausend Bilder erinnern, die wir nur ein Mal kurz gesehen haben.[3]

Selbst leistungsstarke Computer können da kaum mithalten. Sie so zu programmieren, dass sie recht einfache Aufgaben der visuellen Erkennung ausführen können, hat sich als äußerst schwierig erwiesen. Ein Computer, der zwei Fotos von Ihrem Haus miteinander vergleichen soll – eines zeigt es an einem sonnigen Morgen, das andere in einer verregneten Nacht –, wird sich schwertun, Übereinstimmungen zu finden. Bereits die veränderte Position eines Schattens oder eine unvermittelte, helle Reflexion eines Fensters reicht aus, um ihn heillos zu verwirren. Reine Rechenleistung ist nicht die Antwort, zumindest nicht die ganze. Ein Supercomputer hat Probleme mit visueller Erkennung, es sei denn, er lernt – wie der Mensch –, sich auf konstante und relevante Merkmale zu konzentrieren und jegliches optische »Rauschen« auszuklammern. »Maschinelles Sehen« ist immer noch für einfache Fehler anfällig, die dem Menschen nie unterlaufen würden; Unfälle mit fahrerlosen Autos haben das nur allzu deutlich gezeigt.

Wir wissen alle, wie markante Orientierungspunkte typischerweise aussehen – zum Beispiel der Eiffelturm oder der Hollywood-Schriftzug in Los Angeles. Aber manchmal haben sie ganz unterschiedliche und sogar überraschende Formen. Sie können so groß sein wie der Lake Michigan und die Cheopspyramide oder auch so klein wie ein einzelner Fußabdruck. Eine Route mag absichtlich markiert sein, indem etwa Kieselsteine ausgestreut (wie in *Der kleine Däumling*) oder mit einem Beil Wegmarkierungen in die Rinde von Bäumen geschlagen wurden. Das Garnknäuel, das Theseus von Ariadne bekam, kann man als eine Art erweitertes Orientierungszeichen betrachten, das den Helden sicher aus dem Labyrinth hinausführte.

Visuelle Orientierungspunkte können nicht nur ein Ziel kennzeichnen oder als Wegmarken entlang einer Route dienen, sondern auch wertvolle Informationen bezüglich Richtungen liefern. Nehmen wir als Beispiel die Freiheitsstatue im Hafen von New York: Weil ihre Figur nicht symmetrisch ist, lässt sich nach der Form ihrer Silhouette die Richtung bestimmen, aus der man sie sieht.

Ein guter Orientierungspunkt zeichnet sich offenkundig vor allem dadurch aus, dass er deutlich hervorsticht und lang genug an Ort und Stelle bleibt, um seinen Zweck zu erfüllen. Doch kurioserweise muss es sich nicht unbedingt um einen massiven Gegenstand handeln.

In dem Film *Apollo 13* befindet sich der Astronaut Jim Lovell, gespielt von Tom Hanks, auf seiner Raumfahrtmission zum Mond in großer Gefahr. Zu Hause auf der Erde tröstet sich seine besorgte Frau mit einem alten Fersehinterview, in dem Lovell erzählt, wie er in den 1950er-Jahren als junger Marineflieger von einem Flugzeugträger zu einem Lufteinsatz über dem Japanischen Meer gestartet war. Es war Nacht, und er hatte fast keinen Kraftstoff mehr; wenn er nicht bald sein Mutterschiff ortete, blieb ihm nichts anderes übrig, als auf dem »großen schwarzen Ozean« notzulanden. Von dem Flugzeugträger waren jedoch keine Lichter zu sehen, Lovells Radar war ausgefallen, und das Anflugfunkfeuer des Schiffs wurde unglücklicherweise von einem Lokalsender gestört.

Als Lovell die Cockpitbeleuchtung anschalten wollte, um eine Karte zurate zu ziehen, gab es in der Stromanlage einen Kurzschluss, und alle Instrumente fielen aus. Er befand sich nun in vollkommener Dunkelheit und fing an, über eine Notwasserung nachzudenken – ein riskantes Unterfangen, selbst bei Tageslicht. Es muss ein sehr beängstigender Moment gewesen sein. Als er auf das Meer hinabschaute, sah er plötzlich einen langen, leuchtenden »grünen Teppich« aus biolumineszierendem Plankton, der das aufgewühlte Kielwasser jenes Schiffes markierte, das er suchte: »Er führte mich geradewegs nach Hause.« Wenn Lovells Cockpitbeleuchtung nicht ausgefallen wäre, hätte er den Teppich überhaupt nicht entdeckt.

Ein paar indigene Völker haben ihre traditionellen Orientierungsmethoden noch nicht aufgegeben. Während die Seefahrer der pazifischen Inseln stets die Sonne und die Sterne nutzen, verlassen sich die Inuit im hohen Norden hauptsächlich auf Landmarken, um sich zu orientieren – aus dem einfachen Grund, dass sie nicht mit einem klaren Himmel rechnen können. In einigen Gebieten, etwa an den Küsten Grönlands, mangelt es nicht an imposanten natürlichen Gebilden, die aus großer Entfernung zu erkennen sind: Berge, Felsklippen, Gletscher und Fjorde. In Gegenden mit einem einheitlicheren Landschaftsbild errichten die Inuit jedoch eigene Wegweiser, sogenannte *Inuksuk*. Diese Steingebilde, die menschlichen Figuren ähneln, stehen normalerweise auf Erhebungen und geben die Richtung zu bestimmten wichtigen Orten an.

Laut Claudio Aporta, einem Kenner der Inuit-Kultur, der lange Überlandreisen in der Arktis unternommen hat, sind erfahrene Wegfinder der Inuit mit Tausenden Kilometern angelegter Pfade vertraut und können zahllose Orientierungspunkte entlang dieser Routen wiedererkennen. Vielleicht haben die Inuit ein ungewöhnlich gutes visuelles Gedächtnis, aber sie greifen auch intensiv auf ein Hilfsmittel zurück, das uns allen zur Verfügung steht – das gesprochene Wort:

> Da die Inuit auf ihren Reisen oder zur Darstellung geografischer Information keine Karten verwendeten, wurde ihr riesiger Wissensschatz seit undenklichen Zeiten mündlich überliefert und durch Reisen weitergegeben.

Diese mündlichen Schilderungen stützen sich auf »genaue Begriffe zur Beschreibung besonderer Merkmale von Land und Eis, Windrichtungen, Zuständen von Schnee und Eis sowie Ortsnamen«.

Die Reisen der Inuit können extrem beschwerlich sein. Langes Ausharren bei Nebel und Whiteouts sind nicht ungewöhnlich, doch für die ältere Generation, die vor dem Aufkommen des GPS zu navigieren lernte, war »die Vorstellung, sich zu verirren oder sich nicht zurechtzufinden, ohne jede Grundlage, denn in ihrer Erfahrung, Sprache und ihrem Verständnis gab es sie schlichtweg nicht«.[4] Diese Menschen sind vollkommen eins mit ihrer Umgebung und ziehen den größtmöglichen Nutzen aus jedem Orientierungshinweis, der ihnen zur Verfügung steht.

Das Gleiche gilt auch für die Aborigines im heutigen Australien. Sie kamen vor ungefähr 50 000 Jahren auf dem Seeweg dorthin und entwickelten, wie die Inuit, ein feines Orientierungsgeschick, das sich hauptsächlich auf Landmarken stützt. Anhand langer, komplexer Gesänge können sie weitläufigen Routen durch das Outback folgen.

Diese Gesänge helfen den Aborigines dabei, Naturmerkmale entlang ihrer Pfade wiederzuerkennen, indem sie mythologische Bilder aus der »Traumzeit« wachrufen. Ein kompetenter (europäischer) Beobachter hat das gekonnt umschrieben: Die Orientierungsmethoden der Aborigines beruhen auf dem »Glauben an eine spirituelle Kraft, die materielle Gegenstände erfasst und ihnen eine zeitlose Bestimmung verleiht, die dem Menschen das Gefühl gibt, irgendwo hinzugehören«.[5]

Die engen Beziehungen der Aborigines und der Inuit zu ihren heimischen Landschaften werden Stadtbewohner der westlichen Welt wohl nie begreifen können. Doch unsere eigenen entfernten Vorfahren dürften ähnliche Orientierungsmethoden angewandt haben, und es ist ein trauriger Gedanke, dass diese ein für alle Mal in Vergessenheit geraten sind. Daher ist es umso wichtiger, das Wissen jener, die noch über solch außergewöhnliche Fähigkeiten verfügen, zu bewahren.

Einige Menschen sprechen Sprachen, die sie dazu zwingen, ständig zu überdenken, in welche Richtung sie gehen oder sehen. Die australischen Ureinwohner des Stammes Guugu Yimithirr in Queensland – von denen James Cook (1728–1799) offenbar das Wort »Känguru« lernte – benutzen niemals Begriffe wie »links« oder »rechts«. Sie verweisen ausschließlich auf die Himmelsrichtungen. Der Linguist Guy Deutscher beschreibt ihre Sprache wie folgt:

Wenn Sprecher des Guugu Yimithirr möchten, dass jemand in einem Auto zur Seite rückt, um Platz zu machen, dann sagen sie *naga-naga manaayi*, was »rück ein bisschen nach Osten« bedeutet. [...] Als man älteren Stammesmitgliedern auf einem Fernseher einen kurzen Stummfilm zeigte und sie dann aufforderte, die Bewegungen der Protagonisten zu beschreiben, hingen ihre Antworten davon ab, wie der Fernseher gestanden hatte, als sie den Film sahen. Wenn er nach Norden gerichtet war und ein Mann auf dem Bildschirm näher zu kommen schien, sagten die älteren Männer, der Mann »geht nach Norden«. [...] Wenn Sie ein Buch lesen und dabei nach Norden blicken und ein Guugu-Yimithirr-Sprecher Sie auffordert vorzublättern, dann wird er sagen »geh weiter nach Osten«; denn die Seiten werden von Osten nach Westen umgeblättert.[6]

Der Sprachwissenschaftler erklärt weiter:

Wenn Sie Ihre Position kennen müssen, um auch nur die einfachsten Dinge zu verstehen, welche die Leute in Ihrer Umgebung sagen, dann werden Sie die Gewohnheit entwickeln, in jeder einzelnen Sekunde Ihres Lebens die Himmelsrichtungen zu berechnen und sich an sie zu erinnern. Und da diese geistige Gewohnheit schon fast vom Säuglingsalter eingeprägt wird, wird sie dann bald zu einer zweiten Natur werden, mühelos und unbewusst.[7]

Diese sprachlichen Eigenheiten spiegeln wohl die zentrale Rolle wider, die Orientierung im Alltag der Guugu Yimithirr einnimmt. Für ihr Überleben war es wahrscheinlich unerlässlich, sich ständig der eigenen räumlichen Ausrichtung bewusst zu sein, denn dieses Bewusstsein war und ist in der Struktur ihrer Sprache verankert.

Die sechsbeinigen Geheimnisse eines provenzalischen Gartens

Ich hege ein Faible für den französischen Insektenforscher Jean-Henri Fabre (1823–1915), seit ich seine Bücher entdeckte. Sein Hauptwerk, *Souvenirs Entomologiques* (*Entomologische Erinnerungen*, auch *Erinnerungen eines Insektenforschers*), dessen erster Teil 1879 erschien, wurde ein höchst ungewöhnliches verlegerisches Phänomen – ein Bestseller ausschließlich über Gliederfüßer. Fabre verfasste nicht nur einige der lyrischsten und kurzweiligsten Schilderungen des Insektenlebens, die je geschrieben wurden, sondern leitete auch bahnbrechende Studien zur Tiernavigation.

Fabre war alles andere als ein konventioneller Gelehrter, aber seine bemerkenswerte Beobachtungsgabe war gepaart mit der Neugier, Geduld und Findigkeit, die einen wahren Wissenschaftler kennzeichnen. Den Großteil seines Lebens mühte er sich damit ab, eine vielköpfige Familie mit seinem Lehrergehalt durchzubringen, während er auf Korsika und in verschiedenen Gegenden der Provence arbeitete. Es heißt zwar oft, Fabre sei Autodidakt gewesen, doch in Wahrheit unterhielt er enge Verbindungen zur Gelehrtenwelt und schloss sein Studium sogar mit einer Promotion ab. Schließlich verlegte er sich darauf, Schul- und Lehrbücher zu schreiben, um sein Einkommen aufzubessern – ein Unterfangen, das sich als einträglich erwies und es ihm erlaubte, die Lehrtätigkeit aufzugeben und sich ganz seinen Forschungsarbeiten zu widmen.[8]

Fabre war fasziniert von den Insekten und Spinnen, die damals auf den Feldern und Hügeln der Provence bestimmt noch viel zahlreicher vertreten waren als heute. Ganz besonders begeisterte er sich für Grabwespen. Diese Parasiten legen ihre Eier in Erdlöchern ab und versorgen die daraus schlüpfenden Larven, indem sie gelähmte Beutetiere mit einlagern, von denen sich der Nachwuchs nach Belieben ernähren kann – eine makabre lebende Speisekammer. Fabre beobachtete, dass die Wespen oft überraschend lange Strecken zurücklegten, wenn sie ihre Nester mit Proviant ausstatteten; erstaunlicherweise fanden sie immer wieder zurück, auch wenn er sie etliche Kilometer weit entfernt aussetzte.

Aufgrund anderer Beobachtungen wusste Fabre, dass die beiden Fühler der Wespe eine wichtige Rolle bei ihrer Nahrungssuche spielten. Also fragte er sich, ob sich ihr Orientierungsgeschick ebenfalls auf diese Sinnesorgane stützte. Und so trennte Fabre kurzerhand die Fühler einiger Wespen ab, um zu sehen, was nun passieren würde. Überrascht stellte er fest, dass die drastische Maßnahme keinerlei Auswirkung auf die Zielfindungsfähigkeit der Wespen hatte; allerdings dürften die bedauerlichen Kreaturen hungrig geblieben sein.[9]

Fabre konnte sich darauf keinen Reim machen, und so verlagerte er das Hauptaugenmerk seiner Forschungen auf die aggressiven Roten Gartenameisen, die auf seinem großen Grundstück lebten; diese Spezies raubt die Nester ihrer schwarzen Verwandten aus und stiehlt deren Nachwuchs.[10] Die Roten Gartenameisen waren viel folgsamere Probanden und konnten auf den Streifzügen außerhalb ihrer Nester leichter beobachtet werden. Mit der Hilfe seiner sechsjährigen Enkelin Lucie führte Fabre eine Reihe einfacher, aber bahnbrechender Experimente durch.

Zunächst stand Lucie mit bewundernswertem Pflichteifer Wache am Nest der Roten Gartenameisen und wartete geduldig darauf, bis ein Überfallkommando ausrückte. Dann verfolgte sie die Kolonne und markierte deren Weg mit kleinen weißen Kieselsteinen, genau wie der kleine Däumling im gleichnamigen Märchen, wie Fabre bemerkte.[11] Sobald die roten Ameisen ein Nest der schwarzen Ameisen zum Plündern gefunden hatten, lief Lucie zu ihrem Großvater und alarmierte ihn.

Fabre wusste, dass Rote Gartenameisen nach ihren Streifzügen – wenn sie ihre Beute heimbrachten – immer auf demselben Weg zurückkehrten, und er vermutete, sie ließen sich dabei von irgendeiner

Art Duftspur leiten. Um diese These zu überprüfen, versuchte er mit verschiedenen Mitteln, den Geruch, dem die Ameisen möglicherweise folgten, zu tilgen oder zu überdecken. Zuerst fegte er den Boden gründlich ab. Die zielstrebigen Ameisen wurden jedoch nur kurzzeitig aufgehalten und fanden ihren Weg wieder, entweder indem sie über die abgefegten Flächen vorrückten oder diese umgingen.

Fabre vermutete, dass gewisse Spuren dem Fegen standgehalten hatten, und so richtete er einen Wasserschlauch auf den Pfad, in der Hoffnung, jeden eventuell noch verbliebenen Geruch wegzuspülen. Aber auch dieses Mal schafften es die Ameisen, an ihr Ziel zu gelangen. Das Gleiche geschah, als Fabre auf einen Teil des Weges Menthol träufelte, um die hypothetische Duftspur zu überdecken.

Nun kam Fabre der Gedanke, dass sich die Roten Gartenameisen – obwohl sie offenkundig kurzsichtig waren – vielleicht auf visuelle Hinweise stützten, anstatt ihren Weg anhand von Gerüchen zurückzuverfolgen. Möglicherweise prägten sie sich irgendwelche markanten Punkte ein. Um diese Vermutung zu prüfen, veränderte Fabre das Aussehen des Ameisenpfades, indem er zunächst Zeitungsblätter und später eine Schicht gelben Sandes darüberlegte – was sich farblich von der umgebenden grauen Erde klar unterschied. Diese Hindernisse bereiteten den Ameisen weitaus größere Schwierigkeiten, doch sie fanden trotzdem zu ihrem Nest zurück.

Fabre stellte fest, dass die Ameisen ihren Weg zu einer Beutequelle selbst nach zwei oder drei Tagen erneut verfolgen konnten, aber wenn er die Ameisen in Teile des Gartens versetzte, die sie noch nie aufgesucht hatten, waren sie orientierungslos. Von Bereichen, die sie bereits kannten, fanden sie hingegen problemlos wieder zurück.

Auf Grundlage dieser Beobachtungen kam Fabre zu dem Schluss, dass sich die Ameisen auf ihr Sehvermögen stützten und nicht auf den Geruchssinn. Fabre staunte zwar darüber, dass ein derart kleines Tier klug genug war, so vorzugehen, aber er war davon überzeugt, dass sich Ameisen an visuellen Wegmarken orientierten – wie Menschen. Seine schlichten Methoden mochten modernen Standards wissenschaftlicher Genauigkeit nicht unbedingt genügt haben, doch er war durchaus auf der richtigen Spur.

– – – –

Wie Jean-Henri Fabre war auch der große holländische Feldbiologe Nikolaas Tinbergen (1907–1988) fasziniert von der Art und Weise, wie Grabwespen nach ihren ausgedehnten Streifzügen zielsicher zu ihren Erdlöchern zurückfanden. Zumindest in Tinbergens Augen schienen die kleinen Höhleneingänge recht unauffällig zu sein. Wie konnten die Wespen sie ausfindig machen? Er hielt es für denkbar, dass sie sich markante Punkte in der Landschaft einprägten, und so platzierte er einen Kreis von Kiefernzapfen um den Nesteingang. Als er die Zapfen heimlich woanders hinlegte, stellte er erfreut fest, dass die heimkehrenden Wespen an der neuen Stelle nach dem Nesteingang suchten.

Wurden die Wespen etwa von Zeichen jeder Größe und Form angezogen, oder wurde ihre Aufmerksamkeit von besonderen visuellen Merkmalen stärker erregt als von anderen? Um diese Frage zu beantworten, deponierte Tinbergen Markierungen unterschiedlicher Art um die Erdlöcher. Nachdem die Wespen ausgeflogen waren, schuf er zwei künstliche Eingänge, die von jeweils unterschiedlichen Markierungen gekennzeichnet waren.

Es wurde deutlich, dass dunkle, dreidimensionale Markierungen die Wespen stärker anzogen als helle und flache. Ähnliche Experimente mit Honigbienen zeigten, dass sie sich beim Wegflug von einer nektarreichen Blüte die Umgebung sorgfältig einprägen und dabei besonders auf dreidimensionale Orientierungspunkte achten. Die Bienen können sich sogar die geometrischen Beziehungen zwischen diesen Punkten zunutze machen, vor allem deren Entfernung zu einer üppigen Blüte, um wieder dorthin zurückzufinden.[12]

3. KAPITEL

Im dunkelsten Dickicht

Die Schweißbiene ist im tropischen Zentral- und Südamerika heimisch. Ihr eher unschöner Name rührt daher, dass sie gern menschlichen Schweiß leckt. Während die bekanntere Honigbiene am Tag fliegt, schwärmt die Schweißbiene nur in der Abenddämmerung und im Morgengrauen aus; sie ist ein Dämmerungstier. Die Weibchen leben im Regenwald und bauen ihre Nester in kleinen ausgehöhlten Ästen, die im Unterholz verborgen sind. Wenn sie zum Sammelflug aufbrechen, müssen sie ihren Weg durch dichte Vegetation finden (es ist aber auch möglich, dass sie über den Baumkronen des Regenwalds fliegen – das weiß bisher niemand genau). Nach den eingesammelten Pollen zu urteilen, können sie sich mindestens 300 Meter weit fortbewegen.

In den Tropen wird es schnell dunkel, und die Dunkelheit in einem Regenwald ist wahrlich finster, denn das Laubwerk lässt den Großteil des etwaigen Lichts kaum durchdringen. Die Navigationsarbeit der Schweißbiene wäre schon bei hellem Tageslicht schwierig, doch nach Sonnenuntergang wird diese durch die geringe Anzahl von Photonen zu einer – gelinde gesagt – »besonderen Herausforderung«[1].

Ich reiste nach Lund im südlichen Schweden, um an der dortigen Universität den Mann zu treffen, dessen Team die erwähnten außergewöhnlichen Entdeckungen machte: Eric Warrant. Der enthusiastische und dynamische Australier kennt sich mit dem Sehvermögen von Insekten so gut aus wie kaum ein anderer, und er war hocherfreut, dass ich seine Begeisterung für sechsbeinige Tiere teilte.

Im Lauf unseres Gesprächs erklärte mir Warrant, dass man die Sensitivität einer einzelnen Fotorezeptorzelle im Auge eines Tieres überprüfen kann, indem man deren Reaktion auf einen Lichtpunkt von variierender Stärke aufzeichnet. Wenn das Licht extrem matt ist, geschieht gar nichts, aber wenn es schrittweise aufgedreht wird, beginnt die Zelle, winzige elektrische Signale zu »feuern«. Mithilfe dieses Verfahrens ließ sich nachweisen, dass einige Tiere sogar *einzelne* Photonen wahrnehmen können.

Es lohnt sich, kurz über die Bedeutung dieser Feststellung nachzudenken. Ein Photon ist eines der Elementarteilchen der Natur, doch rätselhafterweise verhält es sich auch wellenartig. So überaus klein ist es, dass es keinerlei Raum einnimmt und keine Masse besitzt. Photonen bewegen sich jedoch mit Lichtgeschwindigkeit und geben winzige Energiemengen ab (die Mengen variieren mit der jeweiligen Wellenlänge).

Es ist erstaunlich, dass die Augen eines Tieres überhaupt in der Lage sind, solch ein winziges Bündel Energie wahrzunehmen, aber die Schweißbiene ist eine Klasse für sich. Sie findet ihren Heimweg durch das dunkle Dickicht mit dem dürftigen visuellen Input von gerade einmal fünf Photonen pro Sekunde für jeden ihrer Fotorezeptoren. Wenn sich Eric Warrant dieses nächtliche Navigationsgeschick vorstellt, bekommt er eine Gänsehaut:

Es ist einfach aberwitzig, vollkommen aberwitzig, dass sie durch dieses dunkle Dickicht fliegen, Blüten aufspüren und dann mühelos zurückfinden und mit solch unglaublicher Präzision landen.

Die außergewöhnliche Sensitivität der Facettenaugen einer Schweißbiene allein erklärt nicht, wie das Tier in nahezu vollkommener Dunkelheit so zielsicher navigieren kann. Dazu ist noch etwas anderes nötig. Die Antwort liefern spezialisierte Zellen im Gehirn der Schweißbiene, welche die von den Augen kommenden Signale »addieren«.

Mithilfe dieser Zellen können die Tiere den größtmöglichen Nutzen aus dem sehr begrenzten Informationsfluss ziehen, den sie von ihrer Umgebung erhalten. Da die Schweißbiene, verglichen mit tagaktiven Bienen, eher langsam fliegt, hat sie mehr Zeit für diese »Aufsummierung«. Warrant hält es für denkbar, dass die Schweißbiene die sehr schwachen Muster, die durch den Kontrast zwischen Baumkronen und Nachthimmel entstehen, als Orientierungshilfen nutzt, um zu ihrem Nest zurückzufinden (was bekanntermaßen auch bei einigen Regenwaldameisen der Fall ist); allerdings muss das erst noch nachgewiesen werden.

Wenn die Schweißbiene ihr Nest verlässt, vollführt sie einen »Orientierungsflug«, bei dem sie absichtlich kehrtmacht, um den Nesteingang und dessen Umgebung in Augenschein zu nehmen. Als Warrant und seine Kollegen das Nest einer Biene nach deren Ausschwärmen versetzten, suchte das Tier genau die Stelle auf, an der sich das Nest ursprünglich befunden hatte; geleitet wurde sie dabei vermutlich von den Landmarken ringsum.

Um diese Mutmaßung zu überprüfen, brachten die Forscher einen weißen Karton vor dem Nesteingang an, bevor die Biene ausflog; während sie unterwegs war, hängten sie die Markierung vor ein benachbartes, verwaistes Bienennest. Bei ihrer Rückkehr ließ sich die Biene täuschen und suchte das falsche Nest auf, das sie allerdings schnell wieder verließ. Zu ihrem richtigen Zuhause konnte sie erst zurückfinden, als die Wissenschaftler den weißen Karton wieder an seiner ursprünglichen Stelle anbrachten.[2] Das beweist, dass der Zielflug nicht durch den Geruchssinn gesteuert wird.

Der Mensch neigt dazu, Fischen nicht sehr viel zuzutrauen. Oberflächlich betrachtet scheinen Fische kalt, glitschig und – offen gesagt – ziemlich begriffsstutzig zu sein. Warum wären sie sonst so töricht, an einem Haken anzubeißen oder in ein Netz zu schwimmen? Diese Sichtweise verrät, wie so viele unserer Vorurteile, schlicht und einfach unsere Unwissenheit. Fische sind in freier Natur viel schwerer zu beobachten als Landtiere, daher wissen wir noch immer sehr wenig über sie. Aber eines ist sicher: Sie schwimmen nicht bloß ziellos herum, und Orientierungspunkte unterschiedlicher Art spielen bei ihrer Navigation eine große Rolle.

Fische verfügen über eine Vielzahl von Sinnesorganen, von denen uns einige recht fremdartig erscheinen. Ihr Seitenlinienorgan – eine Reihe von druckempfindlichen Poren entlang der Flanken – reagiert höchst sensibel auf die kleinsten Bewegungen im umgebenden Wasser. Dieses Organ verleiht Fischschwärmen die außergewöhnliche Fähigkeit, im Gleichtakt ihre Richtung zu ändern.

Der blinde mexikanische Höhlenfisch nutzt die Druckwellen, die durch seine eigene Fortbewegung entstehen, um die Position von Gegenständen in seiner Umgebung auszumachen. Während sich der Fisch in der Dunkelheit bewegt, nimmt sein Seitenlinienorgan charakteristische Resonanzen auf, und er kann lernen, anhand dieser »flüssigen Orientierungshilfen« bestimmten Routen zu folgen.[3]

Andere Fische stützen sich auf visuelle Anhaltspunkte, zum Beispiel der indische Kletterfisch, der sowohl in stehenden Gewässern wie Teichen als auch in strömungsstarken Flüssen lebt. Wissenschaftler setzten Fische aus diesen zwei sehr unterschiedlichen Lebensräumen in große Aquarien und brachten ihnen bei, sich eine Belohnung zu schnappen, indem sie durch eine Reihe enger Öffnungen in den Beckenwänden schwammen. Anfangs schnitten die Flussfische um einiges besser ab als die Teichfische, aber als neben jedem Durchgang eine kleine Pflanze angebracht wurde, kehrten sich die Ergebnisse um: Nun lagen die Teichfische vorn.

Es scheint so, als nähmen Fische in strömungsstarken Flüssen nur wenig Notiz von unbeständigen Objekten wie Pflanzen, weil diese zu schnell weggetrieben werden und deshalb keine geeignete Orientierungshilfe darstellen. Die Teichfische hingegen können sich darauf verlassen, dass die meisten Gegenstände an Ort und Stelle bleiben, und so haben sie gelernt, ihnen viel mehr Aufmerksamkeit zu schenken.[4]

Einige andere Fischarten, darunter Aale und Haie, reagieren auf elektrische Felder und nutzen elektrische Orientierungspunkte. So verfügt beispielsweise der schwach elektrische Fisch über ein besonderes Organ, das ihm erlaubt, Veränderungen des elektrischen Feldes im umgebenden Wasser wahrzunehmen. Dieser nachtaktive Fisch lebt auf dem Grund afrikanischer Seen und kann anhand seiner speziellen Methode lernen, eine Öffnung in einer Barriere zu finden, die mit einer Orientierungshilfe gekennzeichnet ist – ähnlich wie der indische Kletterfisch. Es besteht jedoch ein großer Unterschied zwischen den beiden Spezies: Der schwach elektrische Fisch bewältigt die Aufgabe in vollkommener Dunkelheit.[5]

Auch Insekten greifen gelegentlich auf elektrische Signale zurück, um Gegenstände zu lokalisieren.

Folgende Phänomene sind aus dem Alltag bekannt: Wenn man von eingeschweißter Ware die Plastikfolie abreißt, bleibt sie häufig an der Hand hängen, obwohl sie nicht klebrig ist. Es kann außerdem passieren, dass man durch den Kontakt mit einer metallenen Oberfläche einen winzigen elektrischen Schlag bekommt – besonders wenn man zuvor über einen Kunstfaserteppich gegangen ist. Diese eigenartigen Effekte rühren daher, dass sich eine statische Aufladung bildet. Und kurioserweise spielen sie eine entscheidende Rolle bei der ökologisch wichtigen Blütenbestäubung durch Bienen.

Hummeln können die statischen elektrischen Felder in der Umgebung von Blüten wahrnehmen und sogar verschiedene Blüten unterscheiden, je nachdem, welche Arten elektrischer Muster diese erzeugen. Die Hummeln nehmen die schwachen Signale mithilfe sensorischer Haare wahr, die durch die elektrischen Felder der Blüten gebogen werden. Anhand dieser elektrischen Signale können sie zwischen nektarreichen und weniger ergiebigen Blüten unterscheiden.[6]

Der Kiefernhäher

Vögel können über weite Strecken fliegen und müssen daher besonders schwierige Navigationsaufgaben bewältigen. Doch sie verfügen über ein erstaunliches Sehvermögen – und verschiedene andere Hilfsmittel. So wie der Mensch manchmal GPS nutzt oder gelegentlich eine Landkarte verwendet, wechseln auch Vögel ganz pragmatisch zwischen den unterschiedlichsten Methoden hin und her.

Die einzelnen Orientierungsmechanismen, auf die Vögel zurückgreifen, sind nur schwer zu durchschauen. Bis heute ist noch vieles ungeklärt – ein großes Dilemma, das alle Zweige der Verhaltensforschung betrifft. Die Ergebnisse von Experimenten mit komplexen Tierarten lassen sich nur selten klar deuten. Man denke nur an Intelligenztests beim Menschen. Wenn ein kleines Kind schlecht abschneidet, muss das nicht unbedingt heißen, dass es nicht besonders klug ist. Vielleicht war es einfach nur nervös, abgelenkt oder sogar gelangweilt – oder der Test war schlecht konzipiert.

Trotz dieser Probleme ist es vollkommen klar, dass die visuelle Wiedererkennung eine für Vögel wichtige Orientierungsmethode darstellt. Ein spezieller Vogel ist ein regelrechtes Genie auf diesem Gebiet.

Der Kiefernhäher gehört der hochintelligenten Familie der Rabenvögel an. Er lebt in den Hochgebirgen im westlichen Nordamerika. Erstmals beschrieben wurde er von William Clark, dem Begleiter von Meriwether Lewis, der Anfang des 19. Jahrhunderts die legendäre Überlandexpedition von St. Lewis zum Pazifik und zurück leitete und unterwegs Karten anfertigte.

Diese Spezies kann die langen, kalten Winter in den Bergen nur überleben, indem sie, ähnlich wie das Eichhörnchen, in den Sommermonaten Samen bunkert. Da der Kiefernhäher alles andere als dumm ist, versteckt er nicht alle an einem einzigen Ort; das wäre viel zu gefährlich, denn andere Tiere (selbst die eigenen Artgenossen) würden sie stehlen, wenn sie die Möglichkeit hätten. Und natürlich müsste der Vogel verhungern, wenn er sein geheimes Lager nicht mehr finden würde.

Es ist erstaunlich, was sich der Kiefernhäher beim Bunkern seiner Vorräte alles einfallen lässt. Er versteckt jeweils nur ein paar Samen an diversen Stellen, die über ein Gebiet von ungefähr 260 Quadratkilometern verteilt sind. Einige vergräbt er beispielsweise an windumtosten Steilhängen, andere in dichten Wäldern oder auf kahlen Berggipfeln. Ein einziger Kiefernhäher kann mehr als 30 000 Samen in nicht weniger als 6000 verschiedenen Verstecken einlagern. Die Vögel müssen in der Lage sein, sich über viele Monate hinweg an diese Orte zu erinnern. Ihr Gedächtnis ist zwar nicht lückenlos, aber sehr beeindruckend, und sicherlich mehr als ausreichend, um in ihrem unwirtlichen Habitat zu überleben.

Das Verhalten des Kiefernhähers beim Anlegen von Samenverstecken veranschaulicht ein wichtiges Grundprinzip, das für die Navigation besonders bedeutsam ist: Die Evolution begünstigt die Entwicklung von Systemen, die »gut genug« und nicht unbedingt perfekt sind. Die Natur selektiert jene Eigenschaften, die es dem Organismus ermöglichen, lange genug zu leben, um sich fortzupflanzen. Es hat keinen Sinn, eine komplexere Methode zu entwickeln, wenn eine einfachere diese Grundanforderung erfüllt – zumal für eine höhere Leistung ein größeres Gehirn erforderlich wäre. Und da der Energiebedarf bei einem größeren Gehirn enorm ist, wäre weit mehr Nahrung nötig, um es zu versorgen. Es zahlt sich folglich nicht aus, ein größeres Gehirn zu haben, als man wirklich braucht.

Man mag sich fragen, ob der Geruchssinn bei dem erstaunlichen Verhalten des Kiefernhähers eine Rolle spielt, doch das scheint nicht der Fall zu sein. Stattdessen prägt sich der Vogel kleinere Orientierungshinweise um jedes der Verstecke ein; er kann sich auch die geometrischen Beziehungen zwischen diesen merken.[7] In freier Natur mögen Steine oder Büsche als Erkennungszeichen dienen, aber in

Labortests geben sich die Vögel auch mit künstlichen Gegenständen zufrieden. Wenn die Forscher die Zeichen heimlich verändern, dabei aber deren Gesamtmuster beibehalten, suchen die Vögel häufig an der Stelle, die durch die verschobene Anordnung angezeigt wird.

Doch hinter der Methode, mit der Kiefernhäher ihre Verstecke finden, steckt offenbar noch mehr. Die jüngste Forschung deutet darauf hin, dass sich die Vögel eher auf größere, weiter entfernte Landmarken verlassen. Diese dürften aus der Entfernung leichter zu erkennen sein und unterliegen dank ihrer Größe auch weniger den Auswirkungen von Wind und Wetter.[8]

Es ist noch nicht genau geklärt, auf welche Zeichen die Vögel in freier Natur achten, aber sehr wahrscheinlich nehmen sie hervorstechende Merkmale in der Umgebung ihres Verstecks wahr – etwa Bäume oder große Felsbrocken – und machen vielleicht eine Art »Panoramaschnappschuss« der betreffenden Stelle. Das Auffinden eines Verstecks dürfte also in zwei Schritten erfolgen. Zuerst identifiziert der Vogel die Umgebung durch einen – wie auch immer gearteten – Bildabgleich, wobei größere Landschaftsmerkmale einbezogen werden, um sich dann auf kleinere Objekte zu konzentrieren, die näher am Versteck liegen und dessen genaue Position zu bestimmen helfen.

Seit Tausenden von Jahren hat sich der Mensch das außergewöhnliche Heimfindevermögen der Tauben zunutze gemacht, um Nachrichten schnell und häufig über große Entfernungen zu übersenden. Das Militär hat Tauben seit der Zeit der Römer eingesetzt, wenn nicht schon früher; und diverse Kombattanten haben allein im Zweiten Weltkrieg Hunderttausende verwendet. Einigen Tauben wurden sogar Tapferkeitsmedaillen verliehen, weil sie unter Feindfeuer zuverlässig Nachrichten überbrachten.

Im Jahr 1815 machte die Rothschild-Bank einer Legende zufolge ein Riesengeschäft, weil sie lange vor den Börsen per Taubenpost vom Ausgang der Schlacht von Waterloo erfuhr. Eine nette Geschichte, die aber wohl jeder Grundlage entbehrt. Allerdings entwickelten die Rothschilds tatsächlich ein Verständigungssystem mittels Brieftauben; es war ab den 1840er-Jahren in Betrieb[9], einige Jahre bevor die ersten elektronischen Telegrafensysteme verfügbar waren.

Tauben wurden in großem Umfang eingesetzt, als Paris 1870–1871 von der preußischen Armee belagert wurde. Um sie aus der Stadt zu bringen, nutzte man Ballons, die außer Reichweite des Feindes sicher landeten. Die Tauben wurden gefüttert und durften ausruhen, bevor sie aus eigener Kraft mit mikrofotografischen Nachrichten für die umzingelten Stadtbewohner zurückflogen.

Weil Tauben sehr leicht aufzuziehen sind und (im Gegensatz zu den meisten anderen Vögeln) beinahe jederzeit bereit sind, große Entfernungen zurückzulegen, wurden und werden sie seit Langem verwendet, um unterschiedliche Theorien über das Orientierungsvermögen von Vögeln zu testen. Mithilfe elektronischer Peilsender konnten Forscher in den vergangenen Jahren ihr Heimfindeverhalten sehr detailliert studieren. Es überrascht nicht, dass Tauben sich an visuellen Anhaltspunkten orientieren, allerdings können sie auch erlernten »Kompasskursen« folgen.[10]

Junge Brieftauben erkunden die Umgebung ihres Schlags gründlich und lernen dabei die räumliche Anordnung des heimischen Landstrichs kennen, häufig über recht weite Gebiete. Die auf diese Weise gesammelten Informationen nützen ihnen nichts, wenn sie sich in einer Gegend wiederfinden, in der sie noch nie zuvor waren; aber sobald sie in vertrautes Gebiet zurückkehren, orientieren sie sich an auffälligen Landschaftsmerkmalen wie Straßen, Bahntrassen und Flüssen. Auf den letzten Abschnitten ihrer Flüge folgen Brieftauben in der Regel gewohnten und nicht immer den direktesten Routen.[11] Aber wir sollten uns nicht überlegen fühlen; Brieftauben verhalten sich in dieser Hinsicht wie die Millionen menschlicher Pendler, die als Gewohnheitstiere häufig genau das Gleiche tun.

Den Tauben scheint es leichter zu fallen, eine neue Route zu lernen, wenn die überflogene Landschaft eine gewisse Abwechslung bietet – allerdings nicht zu viel.[12] Richard Mann, der Hauptautor der Studie, erklärt das folgendermaßen:

> Wenn wir beobachten, wie schnell sie sich unterschiedliche Routen einprägen, erkennen wir, dass visuelle Orientierungspunkte eine entscheidende Rolle spielen. Tauben fällt es schwerer, sich an Routen zu erinnern, wenn die Landschaft zu eintönig ist, wie etwa ein Feld, oder aber zu unruhig, wie ein Wald oder ein dichtes Stadtgebiet. Das Optimum liegt irgendwo dazwischen: relativ offenes Gelände mit einzelnen Hecken, Bäumen oder Gebäuden. Die Grenzgebiete zwischen ländlichen und urbanen Räumen sind ebenfalls günstig.[13]

Fledermäuse zeichnen sich ebenfalls durch ein erstaunliches Orientierungsgeschick aus. Entgegen der allgemeinen Auffassung sind sie nicht blind; viele verfügen über ein sehr gutes Sehvermögen. Einige wandernde Fledermausarten legen Tausende von Kilometern zurück; für sie ist die Fähigkeit, ferne Landmarken wahrzunehmen, offenbar enorm wichtig.

Vor ein paar Jahren statteten israelische Wissenschaftler Flughunde mit GPS-Peilsendern aus und brachten sie von ihrer heimischen Höhle zu einem etwa 84 Kilometer entfernten Krater in der Wüste. Einige Flughunde wurden am Boden des Kraters freigelassen, andere oben am Rand. Obwohl allen ausgesetzten Tieren die Gegend um den Krater nicht vertraut war, fanden die meisten wieder zurück zu ihrer Höhle.

Beide Flughundgruppen waren dabei gleich erfolgreich, doch zu Beginn ihres Fluges verhielten sie sich recht unterschiedlich. Diejenigen, die auf dem Grund des Kraters freigelassen wurden und die umgebende Landschaft zunächst nicht sehen konnten, waren desorientiert und flogen erst einmal eine Zeit lang im Kreis herum, bevor sie

Richtung Heimat steuerten. Die Gruppe, die am Kraterrand ausgesetzt wurde, nahm direkt Kurs auf ihre Höhle. Die Flughunde schienen sich an größeren Landmarken wie fernen Bergen zu orientieren und ihren Standort anhand dieser zu bestimmen – wie ein Wanderer mit Karte und Kompass.[14]

– – – –

Der winzig kleine Streifenwaldsänger fliegt jeden Herbst vom nordöstlichen Nordamerika nach Süden, bis in die Karibik und manchmal sogar bis Kolumbien und Venezuela. Sichtungen an Bord von Schiffen deuteten zwar darauf hin, dass die Zugvögel einer Route folgten, die direkt über den Atlantik führte, doch lange Zeit war unklar, wie lange sie über dem Ozean unterwegs waren. Das Rätsel wurde inzwischen gelöst. Mithilfe extrem kleiner Peilsender haben Wissenschaftler vor Kurzem nachgewiesen, dass die Vögel ohne Unterbrechung von Long Island bis nach Hispaniola oder Puerto Rico fliegen können – eine Entfernung von 2770 Kilometern über das offene Meer.

Selbst wenn sich die Streifenwaldsänger für ihren Wanderzug gemästet haben, wiegen sie normalerweise nur rund 17 Gramm – das entspricht etwa fünfzig Aspirintabletten. Der Rubinkehlkolibri, der nur drei bis vier Gramm wiegt, fliegt zwar auf seiner außergewöhnlichen Wanderung vermutlich über den Golf von Mexiko, doch das entspricht einer Distanz von nur 850 Kilometern. Laut den Autoren der genannten Studie ist der Nonstop-Überseeflug des Streifenwaldsängers »eine der ungewöhnlichsten Wanderleistungen auf dem Planeten«.[15]

4. KAPITEL

Von Wüstenkriegen und Ameisen

Bei einer Atlantiküberquerung Richtung England saß ich einmal etliche Tagesetappen von Halifax in Nova Scotia und Hunderte Kilometer von jeglichem Festland entfernt am Steuer einer Jacht, als ein kleiner brauner Vogel aus dem Nichts auftauchte und sich unsicher auf der Reling neben mir niederließ. Er war so erschöpft, dass er nicht versuchte wegzufliegen, als ich mich ihm näherte. Anders als die Eissturmvögel, die mühelos über die Jacht segelten, war dieses arme Geschöpf auf dem Meer offensichtlich nicht zu Hause; doch der Winzling schlug das Angebot von Nahrung und Wasser aus und flatterte schließlich verzweifelt davon. Es könnte durchaus ein Streifenwaldsänger gewesen sein, der durch den Wind von seinem Kurs abgekommen war. Oder er hatte einen verhängnisvollen Navigationsfehler gemacht und war deshalb in die vollkommen falsche Richtung aufgebrochen.

Jeder Navigator, ob Mensch oder Tier, muss als Allererstes sicherstellen, dass er die richtige Richtung einschlägt; hier kommt die Orientierung ins Spiel. Visuelle Zeichen liefern normalerweise die nötigen Hinweise, aber wenn man sich in unvertrautem Terrain aufhält oder auf dem offenen Meer, wo es keine Landmarken gibt, braucht man irgendeine Art von Kompass.

Die Sonne ist nicht immer sichtbar, aber sie geht zuverlässig im Osten auf und im Westen unter. Wenn sie am Mittag ihren höchsten Stand erreicht, steht sie vom Betrachter aus immer entweder genau im Norden oder genau im Süden; in den Tropen manchmal auch senk-

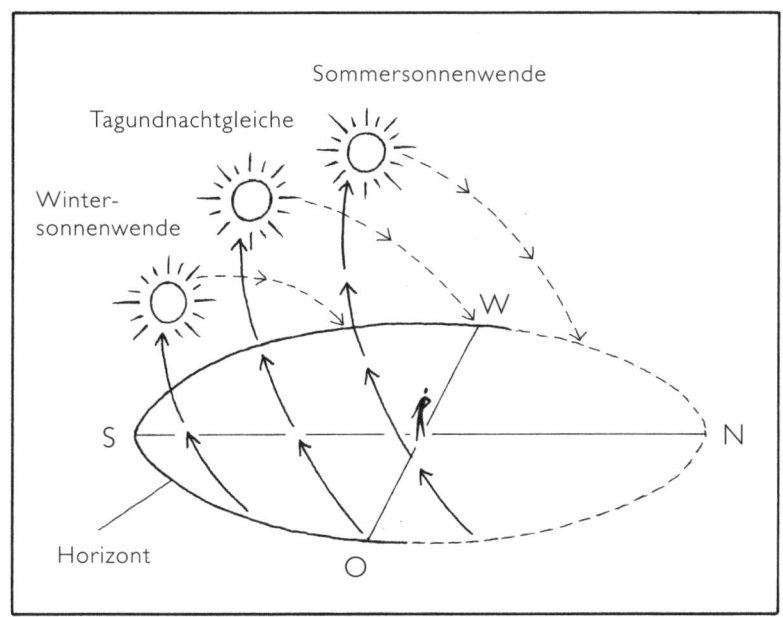

Sommersonnenwende

Tagundnachtgleiche

Winter-
sonnenwende

W

S — N

Horizont

O

Typische Sonnenläufe während des Tages auf der nördlichen Halbkugel (mittlerer Breitengrad)

recht über ihm.[1] Zumindest theoretisch könnte man also anhand der Sonne feststellen, in welche Richtung man blickt oder geht.

Allerdings ergibt es keinen geradlinigen Kurs, wenn man die Sonne als Kompass nutzt. Während sich die Erde um ihre Achse dreht, zeichnet die Sonne einen Bogen über den Himmel; die Punkte am Horizont, an denen sie auf- beziehungsweise untergeht, und die Höhe des Laufs, dem sie folgt, hängen von der Jahreszeit und dem Breitengrad ab. In den Tropen geht die Sonne beispielsweise am Vormittag fast senkrecht auf und am Nachmittag ebenso senkrecht wieder unter. In mittleren Breiten hingegen beschreibt sie eine längere und tiefere Bahn über den Himmel.[2] Und in Polarregionen bleibt die Sonne monatelang entweder über dem Horizont (dann spricht man von der Mitternachtssonne) oder aber darunter.

Der Lauf der Sonne über den Himmel wird nach dem sich verändernden *Azimut* bestimmt – dem Winkel zwischen rechtweisend Nord und dem Punkt am Horizont, der senkrecht unter ihr liegt.

Angenommen, Sie sind in England, es ist September, und Sie wollen wie eine Schwalbe nach Süden ziehen. Was passiert, wenn Sie Ihren Kurs nach der Sonne ausrichten? Nehmen wir an, dass Sie bei Tagesanbruch mit der Sonne zu Ihrer Linken aufbrechen (Azimut 90 Grad) und somit in die richtige Richtung starten. Doch während der Tag fortschreitet und sich der Azimut der Sonne allmählich ändert, krümmt sich Ihr Kurs nach rechts. Steht die Sonne am Mittag genau im Süden (Azimut 180 Grad), würden Sie nach Westen gehen; und wenn sie am Abend im Westen untergeht, bewegen Sie sich plötzlich in nördliche Richtung. Sie sind faktisch einem annähernd u-förmigen Kurs gefolgt – kein besonders befriedigendes Ergebnis.

Nur indem Sie den konstant sich verändernden Azimut der Sonne berücksichtigen, können Sie darauf hoffen, dass ihre Route geradlinig verläuft. Aber wie funktioniert das?

Die Lösung liefert der sogenannte Sonnenkompass mit Zeitausgleich. Es mag vielleicht überraschen, doch dieses Instrument hat den Verlauf des Zweiten Weltkriegs beeinflusst.

Nach dem Fall Frankreichs im Jahr 1940 drohte die britische Armee in Ägypten von einer weit überlegenen italienischen Streitkraft überrollt zu werden, die im Westen, in Libyen, stationiert war. Der Verlust sowohl Ägyptens als auch des gesamten Nahen Ostens schien damals kurz bevorzustehen. Ohne einen weiterhin gesicherten Zugang zum Sueskanal und zu den irakischen Ölfeldern hätte Großbritannien mit einer Niederlage rechnen müssen. Die Achsenmächte wären dann unbesiegbar gewesen, und die Weltgeschichte hätte einen gänzlich anderen Verlauf genommen.

In diesem kritischen Moment traf ein bemerkenswerter Mann namens Ralph Bagnold (1896–1990) rein zufällig in Kairo ein. Der meisterhafte Navigator hatte in den 1920er- und 1930er-Jahren mit umgerüsteten Ford-Automobilen das riesige und damals weitgehend unkartierte Innere der östlichen Sahara erkundet. Bagnold war zwar nur Major, doch er setzte sich mutig über die offiziellen Dienstwege hinweg und ließ dem neuen Oberbefehlshaber, General Sir Archibald Wavell, direkt eine Mitteilung zukommen.

Bagnold empfahl die Aufstellung von Spähtrupps, die aus speziell geschulten Freiwilligen bestehen und mit wüstentauglichen Fahrzeugen tief hinter die feindlichen Linien vordringen sollten, um Informationen zu sammeln und überfallartige Angriffe durchzuführen. Wavell ließ den Major sofort zu sich kommen und war sehr beeindruckt von dessen Vorschlägen.[3] Mit der vollen Unterstützung des Generals rekrutierte Bagnold schnell die nötigen Männer und baute die Einheit auf, die etwas nüchtern als Long Range Desert Group (LRDG, Langstrecken-Wüstengruppe) bezeichnet wurde.

Als die Italiener kurz darauf entlang der Mittelmeerküste nach Osten vorzurücken begannen, brachen die ersten LRDG-Patrouillen 500 Kilometer weiter südlich durch die Wüste heimlich nach Westen auf. Ihre Überraschungsangriffe zeigten eine tief greifende Wirkung: Die Italiener wurden derart aus dem Konzept gebracht, dass ihr Vormarsch für etliche Monate ins Stocken geriet. Diese Pause gab den Briten Zeit, ihre Truppen zu verstärken, und schon bald konnten sie die italienische Armee zurückdrängen. Die LRDG spielte auch in den späteren Wüstenfeldzügen eine wichtige Rolle, wurde bei Kriegsende jedoch aufgelöst. Vielleicht werden ihre bemerkenswerten Leistungen deswegen weniger gefeiert als die des Special Air Service (SAS), einer Spezialeinheit der britischen Armee, die etwa zur selben Zeit aufgestellt wurde.

Die präzise Navigation in der Wüste war entscheidend für den Erfolg der LRDG. Um bei den extremen Bedingungen im Wüsteninnern zu überleben, waren die Spähtrupps auf eine genaue Orientierung angewiesen. Es gab jedoch ein Problem: Mit Magnetkompassen konnten sie kaum etwas anfangen. Diese reagierten höchst empfindlich auf störende Einflüsse und waren nicht immer zuverlässig, weil die Stahlrahmen der Lastwagen starke Abweichungen verursachten. Die Magnetkompasse lieferten nur dann unverfälschte Ergebnisse, wenn sie in einiger Entfernung von den Fahrzeugen zurate gezogen wurden. Da die Patrouillen schnell vorankommen mussten, durften sie nicht zu oft anhalten. Sie brauchten also unbedingt ein anderes Hilfsmittel – eins, das auch an Bord eines holpernden und schlingernden Lastwagens gut funktionierte.

Der Sonnenkompass mit Zeitausgleich war die Lösung; Bagnold hatte ihn für seine Wüstenreisen zu Friedenszeiten erfunden. Er bestand aus einer verstellbaren, am Rand mit Gradangaben markierten Scheibe, auf die eine vertikale Nadel ihren Schatten warf. Verschiedene Karten, eine für jeweils drei Breitengrade, zeigten den Azimut der Sonne zu bestimmten Zeitintervallen über den Tag hinweg an.

Mithilfe dieser Karten wurde der Kompass kalibriert. Um die Mittagszeit im Sommer war das Instrument jedoch unbrauchbar, da der Schatten der Sonne zu kurz war, um die Skala am Rand der Scheibe zu erreichen. Dies war für die Männer ein willkommener Vorwand, um zu pausieren und sich vor der fast senkrecht stehenden Sonne zu schützen. Bei Nacht überprüften die Navigatoren ihre Position anhand der Sterne.[4]

In dem Bericht über seine Vorkriegsexpeditionen schilderte Bagnold sehr anschaulich, wie er den Sonnenkompass zur Navigation in der Wüste nutzte:

> Wir hatten nur einen Gedanken: dass wir wach bleiben und den schmalen Schatten auf der Scheibe des Sonnenkompasses an dem Pfeil halten müssen, der den Sollkurs anzeigte. Denn ich wusste, dass die kleine Oase schwer zu finden sein würde, und war darauf bedacht, direkt auf sie zu stoßen. Vergleichbar war das mit dem Versuch, in Newcastle mit einer Kompasspeilung zu starten und irgendwo in einer unbestimmten felsigen Senke, die ungefähr

die Größe Londons hatte und gleich weit entfernt war [ungefähr 450 Kilometer], einen kleinen Garten finden zu wollen …

Ich hatte den Kurs so bestimmt, dass wir uns der Oase von Südwesten näherten. […] Doch nun war uns alles fremd; nichts entsprach meiner Erinnerung an unseren früheren Anmarsch. Laut unserer Kartenposition lag [die Oase] acht bis zehn Meilen [etwa 13 bis 16 Kilometer] Richtung Nordost, aber nach einem solch langen Marsch konnten wir uns leicht um Meilen vertan haben. […] Im Halbdunkel des nächsten Morgens waren nur die vagen Umrisse nahe gelegener Hügel sichtbar. Der Wind wehte leicht von Nordost, und ich nahm deutlich Kamele wahr. […] [Daher beschloss ich,] in die Richtung zu fahren, aus der der Geruch kam, obwohl die Landschaft fremdartig aussah. Nach einigen Meilen erblickte ich die unmittelbare Umgebung der Oase direkt vor uns.[5]

Da andere Lebewesen natürlich nicht über die Navigationstabellen verfügen, die Bagnold zur Kalibrierung seines Sonnenkompasses benutzte, mag man vielleicht denken, dass sie sich unmöglich anhand des Sonnenstands orientieren können. Man sollte jedoch nie die Wirkkraft der natürlichen Selektion unterschätzen, besonders im Fall von Spezies, die bereits seit Hunderten Millionen Jahren existieren.

Den ersten Hinweis darauf, dass manche Tiere sich bei ihrer Wegfindung auf die Sonne verlassen, lieferten die Forschungsarbeiten des britischen Adeligen und Universalgelehrten Sir John Lubbock (1834–1913). Lubbock hatte zwar eine ganz andere Wesensart als der fast zeitgleich lebende Jean-Henri Fabre, aber auch er führte bahnbrechende Untersuchungen zu den Geheimnissen der Insektennavigation durch. Er war Bankier, Politiker, Archäologe, Anthropologe und Biologe sowie ein enger Freund, Nachbar und ergebener Schüler von Charles Darwin. Heute ist er beinahe vergessen, doch zu seiner Zeit war er eine bekannte Persönlichkeit des öffentlichen Lebens.

Ameisen hatten es Lubbock besonders angetan; er hielt ganze Kolonien in seinem Landhaus und untersuchte deren Orientierungsvermögen eingehend, wie Fabre – allerdings viel systematischer. Manche Wochenendbesucher hatten Glück und bekamen die gläsernen Anlagen zu sehen, in denen seine geliebten Ameisenkolonien lebten.

Lubbock wollte dahinterkommen, wie Schwarze Gartenameisen zu ihrem Nest zurückfanden. Zunächst stellte er fest, dass sie – anders als Fabres rote Ameisen – einer Geruchsspur folgen konnten. Doch dann bemerkte er etwas Sonderbares: Auch die Kerzen, die er beim Arbeiten anzündete, schienen das Verhalten der Ameisen zu beeinflussen. Das machte ihn stutzig, und er führte weitere Experimente durch; schließlich kam er zu dem Schluss, dass die Orientierung der Ameisen »stark von der Einstrahlrichtung des Lichts bestimmt« wurde.[6] Lubbock war zu vorsichtig, um eine allgemeinere These aufzustellen, doch wie spätere Untersuchungen ergaben, dienten die Kerzen eindeutig als Stellvertreter für die Sonne. Diese bemerkenswerte Entdeckung wurde 1882 veröffentlicht.

Ein eidgenössischer Arzt in Tunesien

Zu Beginn des 20. Jahrhunderts befassten sich einige Wissenschaftler mit dem Orientierungssinn von Ameisen. Der vielleicht bemerkenswerteste dieser Forscher war ein schrulliger Arzt aus dem schweizerischen Lausanne namens Felix Santschi (1872–1940), der 1901 im Alter von 29 Jahren nach Tunesien ging, sich in der alten ummauerten Stadt Kairouan niederließ und dort eine Praxis eröffnete.[7] In diesem abgelegenen Bollwerk, dem sogenannten Mekka des Maghreb, kümmerte er sich bis kurz vor seinem Tod um die Einheimischen.

In den 1890er-Jahren hatte Santschi als junger Student an einer groß angelegten Forschungsexpedition in Südamerika teilgenommen; dort entwickelte er ein ausgeprägtes Interesse für Ameisen. Als er später am Rand der Sahara lebte, konnte er in seiner Freizeit die vielen verschiedenen Arten beobachten und sammeln, die in dem trockenen Landstrich anzutreffen waren. Es dauerte nicht lange, bis Santschi wissenschaftliche Artikel über das Orientierungsvermögen von Ameisen veröffentlichte. Seine Erkenntnisse waren bahnbrechend, aber weil sie in unbekannten schweizerischen Fachzeitschriften erschienen, blieben sie damals weitgehend unbeachtet.

Santschis Experimente zeugten von großem Erfindungsreichtum. Anders als viele der führenden Forscher seiner Zeit entwickelte er seine Theorien auf der Grundlage genauer Beobachtung des *tatsächlichen* Verhaltens der Tiere in ihrem natürlichen Habitat – und nicht anhand von Laborversuchen, die auf Annahmen darüber beruhten, wie sich die Tiere *vermeintlich* verhalten sollten.

Obwohl Lubbock entdeckt hatte, welch wichtige Rolle das Licht spielte, beschränkte sich die Debatte über Ameisennavigation weitgehend auf die Frage, welche Funktion Geruchsspuren haben mochten. Santschi wusste jedoch von seinen Feldbeobachtungen, dass die Wüstenameisen, für die er sich interessierte, nicht auf demselben gewundenen Weg zu ihrem Nest zurückkehrten, auf dem sie es verlassen hatten. Vielmehr folgten sie einer mehr oder weniger direkten Route – sozusagen einem Ameisenpfad. Es war jedenfalls klar, dass die flüchtigen chemischen Stoffe, auf denen eine Geruchsspur beruhen musste, aufgrund der Hitze viel zu schnell verdunsteten und somit keine Anhaltspunkte liefern konnten.

Dieses bemerkenswerte Verhalten ließ sich schwer erklären. Victor Cornetz (1863–1936), ein französischer Bauingenieur, der ebenfalls in Nordafrika lebte und wie Lubbock Wüstenameisen erforschte, zeigte sich nicht minder ratlos. Er konnte nur mutmaßen, dass sich die Ameisen auf einen »absoluten inneren Orientierungssinn« verließen, hatte jedoch keine Ahnung, wie solch ein mysteriöser Mechanismus tatsächlich funktionieren mochte. Santschi war von Cornetz' Spekulationen nicht überzeugt. Er formulierte eine kühne Frage: Konnte es sein, dass die Ameisen die Sonne als Kompass nutzten?

Santschi ersann eine einfache, aber geniale Methode, um diese neuartige These zu überprüfen. Er stellte einen Schirm auf, der das Sonnenlicht blockierte, und ließ es dann mithilfe eines Spiegels aus der entgegengesetzten Richtung einfallen. In den meisten Fällen änderten die Ameisen ihren Kurs erwartungsgemäß um 180 Grad.

Unabhängig davon, ob Santschi mit Lubbocks früheren Arbeiten vertraut war, verdient er Anerkennung, weil er als Erster nachwies, dass ein Sonnenkompass beim Orientierungsvermögen einer Tierart eine Rolle spielte. Und er lieferte sogar noch weitere Erkenntnisse. Santschi belegte später, dass Ameisen sich in der Dämmerung nach Sonnenuntergang orientieren können – und auch während des Tages, wenn sie durch einen Pappzylinder, der über sie gehalten wurde, nur einen kleinen leeren Kreisausschnitt des Himmels sehen konnten.

Santschi folgerte, dass die Ameisen die Sonnenscheibe nicht direkt sehen mussten, um einen stetigen Kurs beizubehalten. Es fiel ihm schwer, diese Ergebnisse zu erklären, aber er mutmaßte, die Ameisen könnten sich die Abstufungen der Lichtintensität oder einen anderen Hinweis am Firmament zunutze machen; er fragte sich sogar, ob sie womöglich die Sterne auch bei Tag sehen konnten.[8]

Ihre verdiente Anerkennung erfuhren diese Entdeckungen erst nach Santschis Tod, nachdem ein ähnliches Verhalten auch bei Honigbienen beobachtet worden war.

– – – –

Die allerersten Vögel, deren Wanderungen mithilfe von Satellitentechnik verfolgt wurden, waren Wanderalbatrosse. Diese riesigen Vögel, die bis zu zwölf Kilogramm schwer sein können, gaben den Seeleuten jahrhundertelang Rätsel auf; sie segeln mühelos über den Wellen und steigen in große Höhen auf, wobei sie nur selten mit ihren gewaltigen

Flügeln schlagen müssen. Da sie imstande sind, Schiffen über Tage und sogar Wochen zu folgen, bestand kein Zweifel daran, dass sie lange Entfernungen zurücklegen können.

Welche Distanzen sie tatsächlich überwinden, wurde jedoch erst 1989 klar. Damals gelang es zwei französischen Forschern namens Pierre Jouventin und Henri Weimerskirch, die auf den abgelegenen Crozetinseln im südlichen Indischen Ozean arbeiteten, während der Brutzeit sechs Vogelmännchen mit Satellitenpeilsendern auszustatten.[9]

Bestückt mit den 180 Gramm schweren Sendern, wurden die Vögel zu ihren Nestern zurückgebracht, wo sie geduldig warteten, bis sie von ihren Weibchen abgelöst wurden. Dann brachen sie auf und flogen über das Meer, um Nahrung zu suchen. Die gewonnenen Erkenntnisse waren atemberaubend, und die Ergebnisse gingen weit über frühere Schätzungen hinaus.

Einer der Vögel legte in 33 Tagen mehr als 15 000 Kilometer zurück, ein anderer bewältigte 10 427 Kilometer in 27 Tagen, und ein dritter schaffte 936 Kilometer an einem einzigen Tag. Die Tiere erreichten Durchschnittsgeschwindigkeiten von bis zu 58 Stundenkilometern und in einem Fall ein maximales Flugtempo von 81 km/h. Diese majestätischen Vögel, die mit ihrer Spannweite von drei Metern durch die stürmischen Winde des Südmeeres gleiten, können ohne Schwierigkeiten den gesamten antarktischen Kontinent umkreisen.

Die beobachteten Albatrosse legten tagsüber viel größere Strecken zurück als bei Nacht und machten nur gelegentlich halt, vermutlich um zu fressen; aber auch nach Einbruch der Dunkelheit flogen sie weiter, wenn auch viel langsamer. Offenbar fällt ihnen die Navigation bei Tag leichter, weshalb es naheliegt, dass sie sich zumindest teilweise an der Sonne orientieren.

5. KAPITEL

Tanzende Bienen

Neben Konrad Lorenz (1903–1989) und Nikolaas Tinbergen (1907–1988) war Karl von Frisch (1886–1982) einer der Gründerväter der Ethologie, der vergleichenden Verhaltensforschung. Das außergewöhnliche Werk dieses unermüdlich arbeitenden Trios wurde 1973 mit der Verleihung eines gemeinsamen Nobelpreises gewürdigt. Ihre vielleicht beeindruckendste und sicherlich bekannteste Leistung war die Entdeckung der Tanzsprache von Honigbienen, deren Erforschung allerdings viele Jahre in Anspruch nahm.[1]

Honigbienen erkunden das Umfeld ihrer Stöcke auf der Suche nach dem Nektar und den Pollen, die die Lebensgrundlage des Bienenvolks bilden, und legen bei ihren Sammelflügen Entfernungen von bis zu zwanzig Kilometern zurück. Karl von Frisch untersuchte, wie Bienen zwischen verschiedenen Blüten unterscheiden, und richtete sie darauf ab, Schälchen mit Zuckerlösung aufzusuchen, als Ersatz für den Nektar, mit dem sie sich für ihre langen Flüge stärken.

Dabei machte von Frisch eine verblüffende Beobachtung. Er stellte fest, dass die Bienen gelegentlich zu einer leeren Schale zurückkehrten, so als wollten sie überprüfen, ob sie wieder aufgefüllt worden war; und wenn er tatsächlich Zuckerwasser nachgefüllt hatte, tauchten in erstaunlich kurzer Zeit zahlreiche weitere Bienen an der Futterstelle auf. Es schien, als wüssten sie irgendwie, was er getan hatte.

Im Jahr 1919 lieh sich von Frisch einen speziellen Bienenstock aus, bei dem er durch eine Glasscheibe beobachten konnte, wie sich die Bienen im Inneren verhielten – auf der vertikalen Oberfläche der

Honigwabe. Er brachte ein paar Bienen dazu, an einem Napf in der Nähe Nahrung aufzunehmen, und markierte sie dabei mit roten Farbpunkten. Dann wartete er, bis das Schälchen leer war, bevor er es wieder auffüllte. Nur kurze Zeit später kam eine der dressierten und farblich markierten Bienen zu dem Gefäß und flog schließlich zu ihrem Stock zurück.

Als von Frisch das Verhalten der Biene beobachtete, traute er seinen Augen nicht: Es war »so entzückend und fesselnd«. Die Biene schwirrte auf der Oberfläche der Wabe umher und wackelte dabei mit ihrem Hinterleib; die anderen Bienen sahen sich aufgeregt nach ihr um und berührten ihren Hinterleib mit den Fühlern. Wenn eine der gekennzeichneten Bienen in der Menge war, machte diese sich sofort auf den Weg zu der Futterschale, aber schon bald tauchten dort auch viele der nicht markierten Bienen auf.

Anfangs vermutete von Frisch, dass die Rekruten einem Kundschafter zu der Nahrungsquelle folgten, doch er konnte keinerlei Belege für diese These finden. Also richtete er seine Aufmerksamkeit – wie Fabre und Lubbock vor ihm – auf den Geruchssinn. Er dressierte die Bienen, sich an Näpfen zu bedienen, die auf stark duftenden Oberflächen standen; Gerüche wie etwa Pfefferminze oder Bergamotte blieben sicherlich an ihren Füßen und Körpern haften.

Die rekrutierten Bienen zeigten eine starke Vorliebe für Futterorte, die mit diesen Düften gekennzeichnet waren. Später führte von Frisch ähnliche Experimente im Innern eines Gewächshauses durch und benutzte dabei echte Blüten statt Schälchen mit Zuckerlösung. Die Versuche lieferten dieselben Ergebnisse. Er folgerte daraus, dass die Bienen mit ihren Tänzen ihre Artgenossen im Stock sowohl auf das *Vorhandensein* von Nahrung als auch auf deren *Qualität* aufmerksam machten. Von Frisch vermutete zu Recht, dass die Rekruten daraufhin die neue Nahrungsquelle ausfindig machten, indem sie einfach nach der Quelle jenes Geruchs suchten, den sie am Körper der Tänzerin wahrgenommen hatten.

Dass Bienen in der Lage sind, miteinander zu kommunizieren, war eine bahnbrechende Erkenntnis. Vielen Wissenschaftlern fiel es zwar schwer zu glauben, dass Insekten so raffiniert sein können; doch Karl von Frisch war aufgrund der Qualität seiner Arbeit – und der geistreichen Vorträge, Bücher und Filme, durch die er sein Werk verbreitete – eine weltbekannte Persönlichkeit geworden, bevor 1939 der Zweite Weltkrieg begann. Sein Ruf schützte ihn jedoch nicht vor den üblen Machenschaften des Naziregimes. Als jemand aufdeckte, dass von Frischs Urgroßeltern Anfang des 19. Jahrhunderts vom Judentum zum Christentum konvertiert waren, geriet der Wissenschaftler in Konflikt mit den antisemitischen Dekreten der Nazis und drohte seine Professur an der Universität München zu verlieren. Er konnte seine Stellung nur behalten, weil er mit seinen Untersuchungen zur Steigerung der Honigerzeugung einen wichtigen Beitrag für die Ernährung der Bevölkerung während der Kriegsjahre leistete.

Doch das Leben war hart: 1944 trafen die Bombenangriffe der Alliierten auch München. Das Haus und die Bibliothek des Professors wurden zerstört, ebenso sein kurz zuvor eingerichtetes Labor. Glücklicherweise fand er mit seiner Familie und einigen seiner Studenten Zuflucht auf seinem schönen Landgut in Brunnwinkl am Fuß der österreichischen Alpen unweit von Salzburg. Die Landung der Alliierten im Juni 1944 und die darauffolgenden Kämpfe in Nordfrankreich bildeten den düsteren Hintergrund, vor dem von Frisch und seine Kollegen eine bedeutsame Beobachtungsreihe starteten, die ihn veranlasste, seine ursprüngliche Theorie über die Bedeutung des Bienentanzes abzuändern und weitaus detaillierter auszuarbeiten.

Das Wetter im August 1944 war ideal für Bienenstudien. Eine Kollegin des Forschers führte ein Experiment durch, mit dem Bienen angeregt werden sollten, mehr Honig zu erzeugen und mehr Blüten zu bestäuben, indem sie zu besseren Nektarquellen an entfernteren Standorten geführt wurden. Von Frisch schlug seiner Kollegin vor, die Bienen darauf abzurichten, einen parfümierten Napf in der Nähe ihres Stocks aufzusuchen und das Gefäß dann an einer anderen, ferneren Stelle zu platzieren.

Seiner lange vertretenen Theorie zufolge durfte man darauf vertrauen, dass die Bienen den Napf an der neuen Position auffinden konnten. Dafür müssten sie einfach nur die Quelle des ihnen bekannten Duftes aufspüren. Aber von Frisch staunte nicht schlecht: Nachdem der Napf umgestellt worden war, tauchte keine einzige Biene auf, und die Kollegin stand ratlos da.

Im Laufe jenes Sommers dressierte von Frisch die Bienen, zu duftmarkierten Nahrungsquellen zu fliegen, von denen einige sehr nah am Stock platziert waren und andere bis zu 300 Meter entfernt. Er beobachtete Folgendes: Wenn die Kundschafter konditioniert waren, eine entfernte Nahrungsquelle aufzusuchen, flogen ihre Rekruten häufig direkt dorthin – und ignorierten eine viel nähere Stelle, auch wenn diese mit demselben Geruch gekennzeichnet war. Dieses Verhalten kam von Frisch sehr merkwürdig vor. Entgegen seiner ursprünglichen Theorie schien es so, als suchten die Rekruten nicht bloß irgendeine Nahrungsquelle, die »richtig« roch; sie spürten vielmehr aktiv eine *entferntere* Stelle auf und ignorierten dabei eine nähere. Von Frisch vermerkte in seinem Notizbuch lakonisch, dass es so wirkte, als seien die Bienen zu einer Art *Verständigung* über *Entfernungen* imstande.

Als von Frisch die Möglichkeit ausschloss, dass die Bienen einer ätherischen Duftspur folgten, wurde klar, dass sie tatsächlich auf Informationen zu Entfernungen reagierten. Darüber hinaus schienen sie auch Vorlieben für bestimmte Richtungen zu zeigen. Konnte es sein, dass die Tänze der Kundschafter nicht nur Angaben zur Qualität einer Futterquelle vermittelten, sondern auch die Richtung und die Entfernung zum Bienenstock verrieten?

Nach dem Krieg setzte von Frisch alles daran, diese faszinierenden Fragen zu beantworten. Mithilfe eines Farbmarkierungscodes, der es ihm ermöglichte, zahlreiche einzelne Kundschafter zu unterscheiden, wies er nach, dass die Geschwindigkeit des Tanzes tatsächlich eng mit der Entfernung der zuletzt besuchten Futterquelle korrelierte.

Bereits im Sommer 1945 hatte er einige Beobachtungen gemacht, die sogar noch verblüffender waren. Die Bienen, die am Nachmittag von einer bestimmten Nahrungsquelle zurückkehrten, bewegten sich bei ihrem Schwänzeltanz mit dem Kopf nach unten über die Oberfläche der Wabe, doch ihre Richtung änderte sich im Lauf des Tages allmählich – in Übereinstimmung mit dem sich verändernden Sonnenazimut.

Als Nächstes untersuchte von Frisch, in welchem Verhältnis die Richtung des Tanzes zu den Positionen der Futterquellen stand, die er in den vier Himmelsrichtungen – Nord, Ost, Süd und West – um den Stock herum aufgestellt hatte. Die Ergebnisse waren wahrlich verblüffend. Die Richtung des Tanzes spiegelte durchweg die Beziehung zwischen der Richtung der Futterquelle und dem Sonnenazimut wider. Frisch fasste seine Erkenntnisse folgendermaßen zusammen: »Tanzrichtung genau nach *oben* bedeutet: Du musst *in der Richtung des Sonnenstandes* fliegen, um zur Trachtquelle zu kommen. Schwänzellauf kopf*unten* heißt, genau *von der Sonne fort* führt der Weg zur Futterstelle.«[2]

Das war nicht nur der klare Beweis für eine Form von Himmelsnavigation bei einer Insektenart, sondern vor allem auch dafür, dass die Kundschafter ihren Artgenossen Informationen über den Standort einer Nahrungsquelle *mitteilen* konnten.

Anschließend stellte von Frisch einen Bienenstock in einer eigens konstruierten Hütte auf, damit er die für die Bienen verfügbaren visuellen Informationen systematisch manipulieren konnte, während sie ihren Schwänzeltanz vollführten. Wenn er kein Sonnenlicht in die Hütte eindringen ließ (die dann für den Beobachter mit – für die Bienen unsichtbarem – Rotlicht beleuchtet wurde), zeigten sich die Tiere vollkommen desorientiert. Schaltete er jedoch eine Taschenlampe an, richteten die Bienen ihre Tänze sofort so aus, als handelte es sich um die Sonne – genau wie Lubbocks Ameisen. Und indem von Frisch den Taschenlampenstrahl herumschwenkte, brachte er die Bienen dazu, in jede von ihm gewählte Richtung zu tanzen.

Dann bemerkte er, dass die Bienen ihre Tänze manchmal korrekt auszurichten vermochten, auch wenn sie nur ein kleines Stück vom Himmel sehen konnten. Und so ging er ähnlich vor wie Santschi bei seinen viel früheren Experimenten mit den Wüstenameisen (von denen er damals allerdings nichts wusste): Er brachte im Dach ein Ofenrohr an, sodass die Bienen nur einen kleinen Kreisausschnitt des Himmels ohne Sonne sahen. Solange der Himmel klar war, konnten die Bienen korrekt tanzen, aber sie wurden orientierungslos, wenn Wolken über den Lichtkreis zogen. Als Nächstes versuchte von Frisch, den Bienen durch die Öffnung ein zurückgespiegeltes Bild des Himmels zu zeigen, und stellte dabei fest, dass die Ausrichtung der Tänze umgekehrt wurde.

Als von Frisch diese rätselhaften Erkenntnisse mit Physikern erörterte, lieferten diese eine mögliche Erklärung. Sie äußerten die Vermutung, die Bienen könnten sensibel für die Polarisation des Sonnenlichts sein.[3]

Seit Langem war bekannt, dass das Licht der Sonne aus elektrischen und magnetischen Wellen besteht, die im rechten Winkel zueinander schwingen. Jede mögliche Ausrichtung dieser Wellen erscheint im Sonnenlicht, solange es luftleeren Raum durchdringt; wenn es aber die Erdatmosphäre durchquert, werden einige seiner Bestandteile herausgefiltert. Dieser Prozess wird als Polarisation bezeichnet. Die charakteristischen Muster am Himmel, die dabei entstehen, nennt man fachsprachlich »E-Vektoren« (abgekürzt für »elektrische Vektoren«). Mit bloßem Auge können wir diese Muster nicht sehen, aber mithilfe von Polarisationsfiltern bekommen wir eine vage Vorstellung davon, wie sie womöglich für Tiere aussehen, die sie wahrnehmen können.

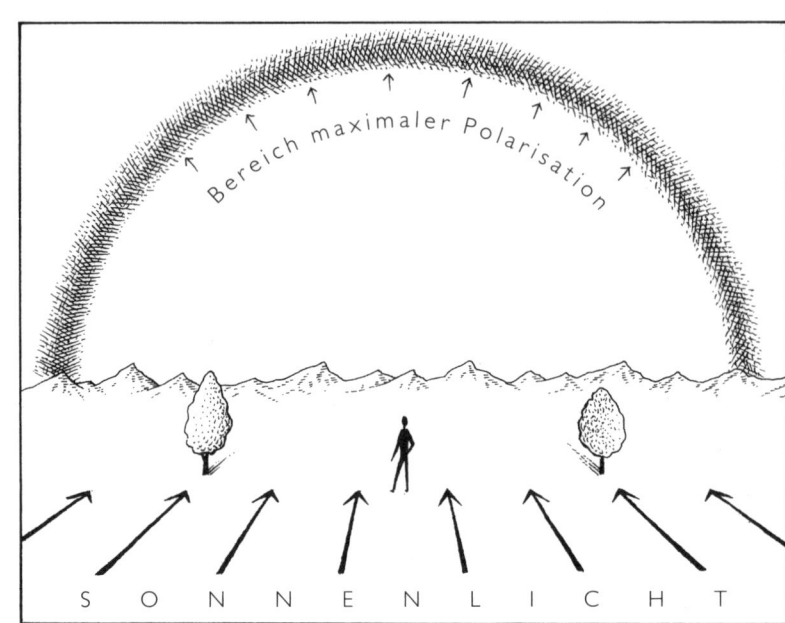

*Das Band der stärksten Polarisation an einem wolkenlosen Himmel
mit der Sonne im Rücken*

Versuchen Sie einmal, sich an einem wolkenlosen Vormittag mit dem Rücken zur Sonne zu stellen. Setzen Sie nun eine Sonnenbrille mit Polarisationsfilter auf. Wenn Sie direkt nach oben in den Himmel blicken, sollten Sie einen dunkelblauen Streifen sehen können, der vom linken zum rechten Rand des Horizonts verläuft. Sobald Sie sich nun langsam um neunzig Grad drehen, egal ob nach links oder nach rechts, werden Sie feststellen, dass sich der dunkle Streifen allmählich aufhellt. Er markiert den Bereich der stärksten Polarisation, und seine Ausrichtung am Himmel hängt vom Azimut der Sonne ab.

Von Frisch kam zu folgendem Schluss: Wenn die Bienen diese Muster wahrnehmen können, ist es überhaupt nicht nötig, dass sie die Sonne selbst sehen; die E-Vektoren allein ermöglichen es ihnen, den Sonnenazimut zu ermitteln. Diese These konnte er schon bald mithilfe von polarisierenden Filmen beweisen, die er während einer Vortragsreise durch die Vereinigten Staaten von Edwin Land, dem Erfinder der Polaroid-Kamera, erhielt.[4]

Honigbienenuhren

Die Entdeckung, dass Honigbienen Polarisationsmuster am Himmel wahrnehmen können und sich daran orientieren, auch wenn die Sonne selbst nicht sichtbar ist, war ein bedeutender Durchbruch. Doch nur, weil das Tier den Sonnenazimut kennt, kann es noch lange nicht einen direkten Kurs beibehalten – zumindest nicht auf Dauer. Irgendwie muss es die ständige Fortbewegung der Sonne über den Himmel ausgleichen. Und das bedeutet, dass es die Zeit mitverfolgen muss. War es möglich, dass Honigbienen zusätzlich zu ihren anderen erstaunlichen Fähigkeiten auch noch über eine innere Uhr verfügten?

Ein interessanter Hinweis war 1929 aufgetaucht, doch dessen Bedeutung war nicht sofort erkannt worden. Eine von Karl von Frischs Studentinnen, Inge Beling, hatte damals Folgendes festgestellt: Wurden Honigbienen mehrere Tage lang zur gleichen Zeit gefüttert, tauchten sie an den nachfolgenden Tagen genau zur selben Zeit am Futterplatz auf. Spätere Versuche zeigten, dass dieses bemerkenswerte Verhalten nicht auf irgendwelchen äußeren Hinweisen wie etwa dem sich verändernden Sonnenazimut beruhte. Damals fragte sich von Frisch, ob dieser Mechanismus »eine sinnlose Gabe der Natur« sei oder irgendeine biologische Bedeutung habe.[5] Erst zu Beginn der 1950er-Jahre konnte er eine eindeutige Antwort auf diese Frage geben.

Mit der Unterstützung seines Studenten Martin Lindauer (1918– 2008) richtete von Frisch einige Bienen darauf ab, am Nachmittag – wenn die Sonne im Westen stand – eine Futterquelle aufzusuchen, die sich ungefähr 180 Meter nordwestlich von ihrem Stock befand. Anschließend verfrachteten die Forscher den Stock an einen völlig neuen Standort, der den Bienen gänzlich unbekannt war (sodass sie sich auch nicht an vertrauten Landmarken orientieren konnten). Dann stellten sie im Abstand von 180 Metern rings um den Stock Schälchen mit Konditionierungsfutter auf, und zwar in vielen verschiedenen Richtungen. Weil es Vormittag war, stand die Sonne im Osten. Trotzdem fand die Mehrzahl der Bienen den Weg zu dem Futternapf, der im Nordwesten des Korbes stand, wo sie am Tag zuvor hindirigiert worden waren. Die einzige mögliche Erklärung war die, dass die Bienen den sich verändernden Azimut der Sonne berücksichtigten.[6] Und dazu mussten die Bienen eindeutig in der Lage sein, den Verlauf der Zeit nachzuverfolgen.

Auch eine weitere überraschende Beobachtung lieferte die Bestätigung dafür, dass Bienen über einen Sonnenkompass mit Zeitausgleich verfügen. Wenn Bienen ausschwärmen und sich einen Standort für ein neues Nest suchen, senden sie zunächst Kundschafter aus. Diese vollführen nach ihrer Rückkehr Tänze, die manchmal mehrere Stunden lang dauern und die Richtung des empfohlenen Standorts anzeigen. Daraufhin fliegen andere Bienen los, um diese Stelle zu inspizieren. Sobald ein Konsens gefunden wurde, fliegt der Schwarm zu dem demokratisch ausgewählten neuen Stammsitz. Im Lauf dieser Marathontänze verändert sich die Ausrichtung des Schwänzeltanzes der Kundschafter entsprechend dem sich verändernden Azimut der Sonne. Das wäre nicht sonderlich beeindruckend, wenn die Bienen die Sonne oder den Himmel sehen könnten, doch sie gleichen die Richtung ihres Tanzes selbst dann aus, wenn sich ihr Stock in einem abgedunkelten Raum befindet.[7]

Von Frischs Enthüllungen über das Orientierungsvermögen der Honigbiene erregten großes Aufsehen, denn sie schienen darauf hinauszulaufen, dass Insekten – obwohl sie so winzig sind – höchst anpassungsfähig und vielleicht sogar *intelligent* sind. Für viele Forscher seiner Zeit war das nur schwer zu akzeptieren. Sie waren aus Prinzip davon überzeugt, dass Tiere wie Bienen einfach nicht so hoch entwickelt sein konnten.

Als Problem sah man jedoch die Tatsache, dass von Frisch, genau wie Tinbergen, die meisten seiner Versuche im Freien durchführte, in einem natürlichen Umfeld, das sich nicht so exakt kontrollieren ließ wie ein Laboratorium in geschlossenen Räumen. Den Weißkitteln war es vermutlich schwergefallen, die Thesen eines Mannes ernst zu nehmen, der in Lederhosen über Bergwiesen stiefelte. Vielleicht mischte sich in ihre Skepsis auch ein wenig Neid.

Von Frischs Arbeiten waren jedoch von solcher Sorgfalt und Eleganz, dass sich die meisten Zweifler schon bald überzeugen ließen. Ein führender britischer Verhaltensforscher jener Zeit, William Thorpe (1902–1986), der von Frisch kurz nach dem Krieg besuchte, merkte in der wissenschaftlichen Fachzeitschrift *Nature* an: »Dem Zoologen sei in der Tat verziehen, wenn er anfangs Skepsis empfindet – trotz der immensen Ausführlichkeit und Gründlichkeit der Untersuchung.«

Thorpe erwähnte einen Kollegen, der beinahe »leidenschaftlich ungewillt« war, von Frischs Befunde anzuerkennen, deren Folgerungen zugegebenermaßen »sicherlich revolutionär« waren. Thorpe selbst war überzeugt und kam begeistert zu dem Schluss, das Verhalten der Arbeiterbiene zeuge von einer »elementaren Form des Kartierens und Kartenlesens, einer symbolischen Handlung, bei der die Richtung und Bewegung der Schwerkraft[8] ein Symbol für die Richtung und den Einfall der Sonnenstrahlen sind«.

Von Frischs revidierte Auslegung des Schwänzeltanzes fand zwar immer mehr Anerkennung und stieß auch weit außerhalb der Zoologie auf Interesse, doch nicht jeder konnte seinen Thesen etwas abgewinnen. Gegen Ende seiner Laufbahn wurden erneut Zweifel in einer besonders beunruhigenden Form laut; im Jahr 1967 veröffentlichten zwei junge amerikanische Forscher die Ergebnisse neuer Versuche mit Honigbienen samt umfangreichen Statistiken, die von Frischs zentrale Erkenntnisse direkt infrage stellten. Es war ein Glück für den alternden Wissenschaftler, dass Studien, die 1970 erschienen, zu den gleichen Ergebnissen kamen wie er und seine Schlussfolgerungen bestätigten.[9]

– – – –

Die Küstenseeschwalbe mit ihren pfeilförmigen Flügeln und ihrem geschickten Tauchflug genießt einen ewig währenden Sommer, indem sie zwischen dem hohen Norden und dem tiefen Süden pendelt. Doch bis vor Kurzem war das wahre Ausmaß ihrer saisonalen Wanderungen nicht klar. Im Juni 2011 fingen holländische Wissenschaftler in den Niederlanden sieben Küstenseeschwalben ein und brachten an deren Beinen sogenannte Geolokatoren an, die jeweils ganze 1,5 Gramm wogen. Diese Geräte zeichneten täglich den Zeitpunkt des Sonnenaufgangs und des Sonnenuntergangs auf. Nachdem fünf der Tiere ein Jahr später wieder eingefangen wurden, konnten die Forscher anhand dieser Informationen die Reisen der Vögel rekonstruieren. Die Küstenseeschwalben hatten sich im Durchschnitt 273 Tage fern von ihren Kolonien in den Niederlanden aufgehalten und 90 000 Kilometer zurückgelegt. Dies zählt (bisher) als der längste je dokumentierte Vogelzug; er übertrifft frühere Schätzungen für dieselbe Spezies um rund 20 000 Kilometer. Bei einer vorherigen Studie hatte man beobachtet, dass Küstenseeschwalben aus Grönland überwiegend im nördlichen und südlichen Atlantik verweilten, wobei sie in einer annähernden Achterkurve hinunter in die Antarktis und wieder zurück flogen. Die Vögel aus den Niederlanden hingegen wanderten zunächst bis zur Südspitze Afrikas und flogen dann quer über das Südmeer fast bis Australien, bevor sie nach Süden zur Antarktis steuerten und schließlich über den Atlantik nach Hause zurückkehrten. Sie bewältigten damit eine viel längere Runde.[10]

Bislang kann niemand mit Sicherheit sagen, wie die Küstenseeschwalbe über die riesigen Weiten des offenen Meeres navigiert beziehungsweise wie sie ihre Brutkolonien ausfindig macht.

6. KAPITEL

Koppelnavigation

Heutzutage erscheint es erstaunlich, dass einst so viele Seeleute bereit waren, ihr Leben bei der Überquerung der Ozeane aufs Spiel zu setzen – zu einer Zeit, als die verfügbaren Navigationsgeräte hoffnungslos unzulänglich waren. Sie gingen auf Reisen, die manchmal monatelang dauerten, und hatten keinerlei zuverlässige Hilfsmittel, um die eigene Position zu bestimmen. Da sich Frischkost nicht konservieren ließ und Trinkwasservorräte nur bei Regen aufgefüllt werden konnten, war die Hochseeschifffahrt ein weitaus riskanteres Unterfangen als heute. Navigationsfehler kosteten zahllose Seefahrer das Leben; allerdings fielen mehr Matrosen dem Skorbut, Durst oder Hunger zum Opfer als dem Schiffbruch. Und wie der erschöpfte Streifenwaldsänger deutlich zeigte, sind wir nicht die einzige Spezies, die vor solchen Problemen standen und stehen.

In der ferneren Vergangenheit war die Navigation auf offenen Gewässern ein so großes Wagnis, dass sich die meisten Seefahrer nach Möglichkeit vermutlich an vertraute Routen hielten – was aber gewiss nicht bedeutete, dass sie immer dicht an den Küsten blieben. Solange sie in etwa wussten, wie weit und in welche Richtung sie fahren mussten, und ihre Geschwindigkeit sowie ihren Kurs ungefähr schätzen konnten, durften sie allemal darauf vertrauen, ihr Ziel zu erreichen. Seeleute auf der nördlichen Halbkugel konnten anhand der Höhe des Polarsterns über dem Horizont bequem den Breitengrad feststellen. Und etwa ab dem Jahr 1500 war es dank der sorgfältigen Beobachtungen von Astronomen auch möglich, den Breitengrad zu bestimmen, indem man den Stand der Sonne zur Mittagszeit maß.

Sofern der Breitengrad eines Ziels bekannt war, konnten sich Seefahrer darauf verlassen, es früher oder später zu erreichen; sie mussten einfach entlang dieses Grades segeln. Aber außer Sichtweite von Land war eine genaue Positionsbestimmung aussichtslos, weil sie keine Möglichkeit hatten, ihren Längengrad zu ermitteln. Deshalb ließ sich nie genau sagen, wann sie an ihrem Ziel ankommen würden – eine gefährliche Lage, besonders bei üblem Wetter und schlechter Sicht.

Weil die Längengrade nicht gemessen werden konnten, gab es auch keine genauen Karten. Schätzungen etwa zur Breite des Pazifischen Ozeans schwankten um Tausende Kilometer. So waren beispielsweise die Positionsdaten der Salomoninseln, welche die Spanier Mitte des 16. Jahrhunderts entdeckt hatten, für zweihundert Jahre verloren gegangen. Selbst die Karten für vertraute europäische Gewässer waren häufig sehr ungenau. Das sogenannte Längengradproblem* wurde erst Mitte des 18. Jahrhunderts gelöst, obwohl verschiedene europäische Regierungen in den vorausgegangenen zweihundert Jahren hohe Belohnungen ausgesetzt hatten; und selbst danach dauerte es noch eine ganze Weile, bis die meisten Seeleute Zugang zu der neuen Technologie hatten und diese anzuwenden wussten.[1]

Wie also navigierten die Schiffer früher auf hoher See?

Abgesehen von astronomischen Beobachtungen standen ihnen drei einfache Hilfsmittel zur Verfügung: der Magnetkompass (der in Europa wohl ab dem 12. Jahrhundert genutzt wurde), das Handlog und das Handlot.

Der Kompass ermöglichte es natürlich, einen stetigen Kurs zu steuern, doch das war nicht annähernd so einfach, wie es vielleicht

---

* Der Begriff »Längenproblem« oder »Längengradproblem« bezeichnet die schwierige Bestimmbarkeit der *geografischen Länge* bei der Positionsermittlung, insbesondere von Schiffen auf offenem Meer; Anm. d. Übers.

klingt; diese Instrumente waren für eine potenziell gefährliche Störung anfällig, die sogenannte Kompassabweichung. Magnetische Eisenobjekte an Bord des Schiffs beeinflussten die Kompassanzeige, und verwirrenderweise variierte der Einfluss, je nachdem, in welche Richtung das Schiff fuhr.

Erst im 19. Jahrhundert verstand man dieses rätselhafte Phänomen und entwickelte entsprechende Hilfsmittel. Zudem dauerte es sehr lange, bis der Mensch begriff, dass mitunter eine große Abweichung zwischen rechtweisend Nord und missweisend Nord bestand und dass sich die Werte nicht nur von Ort zu Ort unterschieden, sondern auch im Lauf der Zeit veränderten.

Das Handlog war ein bleibeschwertes, dreieckiges Holzbrett am Ende einer langen, in regelmäßigen Abständen mit Knoten versehenen Leine. Das Log wurde achtern ins Wasser gelassen und für einen bestimmten Zeitraum, der mit einer Sanduhr gemessen wurde, hinter dem Schiff hergezogen. Anhand der Anzahl von *Knoten*, die an der Leine abgelaufen waren, ließ sich die Geschwindigkeit des Schiffes im Wasser errechnen. Ein Knoten wurde als eine Seemeile (1,852 Kilometer) pro Stunde definiert. Diese Methode war recht effektiv, auch wenn die Kalibrierung des Logs häufig Probleme bereitete.

Das Handlot war sogar noch simpler. Es bestand schlicht aus einer langen Leine mit einem konischen Bleiklumpen am Ende, die über die Reling geworfen wurde, um die Wassertiefe zu messen. Indem man etwas Fett oder Talg in eine Höhlung am unteren Ende des Bleiklumpens schmierte, konnte man auch die Beschaffenheit des Meeresbodens bestimmen; so ließ sich feststellen, ob er beispielsweise aus Sand, Kies oder Schlick bestand. Karten von Küstengewässern zeigten die Eigenschaft des Meeresgrundes an. Solche Informationen in Verbindung mit den Tiefenangaben konnten dabei helfen, die ungefähre Position des Schiffes zu ermitteln.

Das herkömmliche Handlot nützte auf dem offenen Meer – bei einer üblichen Wassertiefe von mehreren Tausend Metern – natürlich gar nichts. Dort draußen konnten die alten Seefahrer ihre Position nur anhand eines einfachen Hilfsmittels schätzen: Sie zeichneten auf, wie lange sie in eine bestimmte Richtung gesegelt waren. Zehn Stunden Fahrt mit fünf Knoten auf einem westlichen Kurs bedeutete also, dass man sich fünfzig Seemeilen weiter westlich befand als zehn Stunden zuvor. Das war jedenfalls zu hoffen.

Indem man jede Änderung der Geschwindigkeit und der Richtung protokollierte (meist an einer schlichten Stecktafel, da die meisten Seeleute Analphabeten waren), konnte man theoretisch errechnen, wo man sich relativ zum Ausgangspunkt befand – selbst nachdem man mehrere Male Kurs und Tempo geändert hatte. Diese Methode wird als Koppelnavigation bezeichnet.[2] Ihr Ursprung liegt weitgehend im Dunkeln, doch sie reicht mindestens bis ins 17. Jahrhundert zurück.

Bedauerlicherweise ist die Koppelnavigation sehr unzuverlässig. Sie ist ausgesprochen fehleranfällig, weil sich viele Störfaktoren nur sehr schwer kalkulieren lassen. Zum einen treten Strömungen auf, die selbst im tiefen Ozean stark sein können. Sie sind unmöglich zu erkennen, es sei denn, man kann die eigene Position irgendwie festmachen. Vielleicht fährt man dem Log zufolge mit fünf Knoten, und der Kompass mag als Fahrtrichtung West anzeigen; wenn aber der gesamte Ozean in Bewegung ist, segelt man möglicherweise in eine ganz andere Richtung und mit einer anderen Fahrgeschwindigkeit.

Zum anderen neigen Segelschiffe dazu, »durchzusacken«, wenn der Wind nicht genau von rückwärts weht. Mit anderen Worten: Sie driften seitlich ab, während sie sich vorwärtsbewegen. Das Ausmaß dieser Abdrift lässt sich zwar schätzen, indem man abgleicht, wie weit sich das Kielwasser gegenüber dem gesteuerten Kurs verschiebt, doch das ist keine exakte Methode.

Auch der Steuermann sollte berücksichtigt werden. Manche Rudergänger können ein Schiff gut auf Kurs halten, andere sind hingegen weniger zuverlässig. Am Ende einer jeden Wache mag dem Navigator versichert werden, dass das Schiff mit einer bestimmten Fahrt konstant nach Westen gesegelt ist, doch in Wahrheit ist es womöglich einem viel unregelmäßigeren Weg gefolgt, und auch das Tempo mag geschwankt haben. Und natürlich muss man auch immer das Wetter bedenken. Wenn ein Schiff vor einem Sturm hergetrieben wird, ist es unmöglich, überhaupt etwas zu protokollieren; und bei einer Flaute driftet es einfach dahin, den unsichtbaren Strömungen ausgeliefert. Unter solchen Umständen versagt die Koppelnavigation vollständig.

Der britische Konteradmiral George Anson leitete in den 1740er-Jahren eine berühmte Expedition, die lebhaft veranschaulichte, wie unzuverlässig die Koppelnavigation sein konnte. Nachdem Anson unter katastrophalen Bedingungen mühsam Kap Hoorn umrundet hatte, glaubte er, seine kleine ramponierte Flotte sei weit genug in den Pazifik vorgedrungen, um gefahrlos nach Norden drehen und die Westküste Südamerikas entlangsegeln zu können. Er sollte sich jedoch auf eine böse Überraschung gefasst machen.

Anson war sich sicher, die Flotte befinde sich weit draußen auf See und fernab von Land. Mitten in der Nacht feuerte das Leitschiff einen Warnschuss ab. Der Verband steuerte auf seinen Untergang zu und drohte an den Felsklippen von Feuerland zu zerschellen, doch mit knapper Not kam er noch einmal davon. Bei der Koppelnavigation hatte sich der Admiral um ungefähr 500 Seemeilen (926 Kilometer) vertan. Später scheiterte sein erster Versuch, die Juan-Fernández-Inseln ausfindig zu machen, und da die Expedition unterwegs so viel Zeit verloren hatte, starben Dutzende Seeleute an Skorbut.

Mark Twain bewegt sich im Kreis

In den 1950er-Jahren bahnte sich ein gänzlich neues navigatorisches Problem an, als Atom-U-Boote entwickelt wurden, die monatelang abgetaucht operieren konnten. Zu jener Zeit war die Himmelsnavigation zwar längst ausgereift, und auch verschiedene funkgestützte Formen der Positionsbestimmung waren verfügbar, doch für Schiffe, die tief unter der Meeresoberfläche patrouillierten, standen solche Instrumente nicht bereit.[3]

Die Lösung lieferte ein Navigationssystem, das Beschleunigungen in drei Dimensionen erfasste – also Änderungen der Fahrtgeschwindigkeit und Ausrichtung des Schiffes –, und zwar mithilfe verschiedener Gyroskope. Ein Computer, der die Daten dieser Trägheitssensoren kombiniert, kann jedes Manöver des U-Bootes verfolgen und zu jedem beliebigen Zeitpunkt eine genaue Positionsbestimmung liefern. Allerdings muss die Erdrotation berücksichtigt und das System von Zeit zu Zeit aktualisiert werden, weil es sonst allmählich abweicht. Dieses System, das als Trägheitsnavigation bezeichnet wird, kommt inzwischen häufig zum Einsatz, etwa bei Flugzeugen, Raketen und sogar Raumfahrzeugen.

Kurioserweise verwenden wir Menschen, und auch viele andere Wirbeltiere, einen ähnlichen Mechanismus: das Gleichgewichtssystem. Unser Innenohr kann Beschleunigungen wahrnehmen, ähnlich wie die Gyroskope an Bord eines U-Bootes. Allerdings funktioniert das menschliche Ohr auf andere Weise. Winzige Steinchen – sogenannte Otolithen – im Inneren der halbkreisförmigen Kanäle üben Druck auf reizempfindliche Härchen aus, die ihre Signale an das Gehirn weiterleiten, welches dann ermitteln kann, wie schnell und in welche Richtung sich der Körper bewegt. Das ist aber noch nicht alles. Das Gehirn erhält gleichzeitig wertvolle Rückmeldung von den Gelenken und Muskeln. Zählt man beispielsweise, wie viele Schritte man gegangen ist, kann man die zurückgelegte Strecke schätzen; und wenn man das Gefälle des Bodens und die erforderliche Anstrengung spürt, lässt sich beurteilen, ob man bergauf oder bergab geht.

Indem wir Informationen dieser verschiedenen »Selbstbewegungshinweise«[4] kombinieren, können wir im Prinzip jederzeit nachverfolgen, wo wir gerade sind. Doch in der Praxis funktioniert dieses System leider nicht so gut, wie die folgende Geschichte verdeutlicht.

Nach einem Schneesturm sieht die Welt völlig anders aus. Viele der Landmarken, auf die sich der Reisende normalerweise verlässt, sind unsichtbar, und ohne ausreichende Ortskenntnis – beziehungsweise die Fähigkeiten eines Inuit-Jägers – kann er schnell in Schwierigkeiten geraten.

Genau diese Erfahrung machte der berühmte amerikanische Schriftsteller Mark Twain (1835–1910), als er Mitte des 19. Jahrhunderts mit seinen Gefährten auf dem Weg in die Grenzstadt Carson City in Nevada war.

In seinem halb autobiografischen Reisebuch *Durch Dick und Dünn* schildert Twain, wie er und seine Begleiter, darunter ein besserwisserischer Preuße namens Ollendorff und ein gewisser Ballou, beinahe ihr eisiges Grab gefunden hätten. Eine dicke Schneeschicht bedeckte die Landstraße, und aufgrund der schlechten Sicht konnten sich die Reisenden nicht an der fernen Bergkette orientieren:

Die Sache sah bedenklich aus, doch Ollendorff erklärte, sein Instinkt reagiere so empfindsam wie ein Kompass und er fände schon den Weg nach Carson City, und zwar »Luftlinie«, ohne davon abzuweichen. Er sagte, wenn er einen einzigen Teilstrich von der richtigen Richtung abwiche, würde sein Instinkt ihm zusetzen wie ein empörtes Gewissen. Glücklich und zufrieden schlossen wir uns also seiner Führung an. Eine halbe Stunde lang tappten wir reichlich vorsichtig dahin, stießen dann aber auf eine frische Fährte, und Ollendorff rief stolz aus: »Hab doch gewusst, mein Instinkt ist so sicher wie ein Kompass, Jungs! Da sind wir genau in der Spur von Leuten, die uns den Weg ausfindig gemacht haben, ohne dass wir uns selber zu bemühen brauchen. Beeilen wir uns, damit wir uns ihnen anschließen können.«

Twain und seine Gefährten ließen ihre Pferde traben. Da die Spuren ihrer Vorgänger immer deutlicher wurden, folgerten sie, dass sie jene bald einholen mussten. Eine Stunde später sahen die Spuren »noch neuer und frischer« aus, und die Zahl der Reisenden vor ihnen schien erstaunlicherweise stetig zuzunehmen:

> Wir fragten uns, wie denn ein solch großer Trupp dazu komme, zu so einer Zeit und in so einer Einsamkeit unterwegs zu sein. Einer von uns meinte, vielleicht sei es ein Trupp Soldaten aus dem Fort, und diese Lösung nahmen wir dann an und trabten noch ein bisschen schneller voran, denn sie konnten jetzt nicht mehr weit ab sein. Doch es wurden immer mehr Spuren, und wir dachten langsam, die Rotte Soldaten vermehre sich auf geheimnisvolle Weise zu einem Regiment – Ballou meinte, sie wäre bereits auf fünfhundert Mann angewachsen! Auf einmal hielt er sein Pferd an und sagte: »Mann, das sind ja unsere eigenen Spuren, und wir sind tatsächlich über zwei Stunden hier draußen in dieser blinden Wüste immerzu rundum im Kreis geritten. Verdammt und dreimal zugenäht, das ist glattweg hydraulisch.«[5]

In der Literatur und in volkstümlichen Überlieferungen findet man viele solcher Geschichten, die durch wissenschaftliche Studien tatsächlich bestätigt werden, wenngleich die Ursachen dieses Phänomens recht umstritten sind.

Bereits in den 1920er-Jahren argumentierte ein Forscher namens A. A. Schaeffer, der Mensch habe eine seltsame, angeborene Tendenz zur Spiralbewegung, die automatisch einsetze, wenn er nicht mehr sehen könne, wohin er geht. Das führe dazu, so Schaeffer, dass wir uns »im Kreis bewegen«.[6] Andere dagegen behaupteten, sie hätten Beweise dafür, dass unterschiedliche Beinlängen, Änderungen der Körperhaltung, Ablenkungen oder Fehler beim Platzieren der Füße (um nur ein paar Beispiele zu nennen) dazu führen könnten, dass unser inneres Navigationssystem versagt.

Erst in jüngerer Zeit führte Jan Souman ein Experiment durch, bei dem er seine Probanden aufforderte, mit verbundenen Augen über ein großes ebenes Flugfeld zu gehen. Es gab keinerlei Geräusche, an denen sie sich hätten orientieren können. Souman fand heraus, dass die Versuchsteilnehmer keinen geraden Kurs beibehalten konnten – selbst über kurze Entfernungen. Sie folgten gewundenen und scheinbar willkürlichen Pfaden und bewegten sich häufig im Kreis. Am Ende zeigte sich, dass im Durchschnitt nicht mehr als etwa hundert Meter vom Ausgangspunkt zurückgelegt wurden.[7]

Soweit Souman feststellen konnte, wiesen diese Fehler keinerlei Muster auf, und es deutete auch nichts darauf hin, dass körperliche Merkmale wie unterschiedlich lange oder unterschiedlich starke Beine dafür verantwortlich waren. Ein anderer Forscher hatte zuvor untersucht, wie lange Probanden einen geraden Kurs auf ein Ziel hin beibehalten konnten, nachdem dieses plötzlich verdeckt wurde; sie schafften es nur rund acht Sekunden lang.[8]

Selbst wenn gewisse visuelle Informationen vorliegen, können wir nur für begrenzte Zeit einem direkten Kurs folgen – es sei denn, die Sonne oder der Mond scheint. Souman führte einen Test mit Personen durch, die sich ohne Augenbinden in zwei extrem unterschiedlichen Umgebungen ohne nützliche Orientierungspunkte bewegten: Sie marschierten durch einen deutschen Wald beziehungsweise die tunesische Wüste. Die Ergebnisse waren interessanterweise nicht einheitlich.

Bei bedecktem Himmel fiel es sämtlichen Versuchspersonen sehr schwer, geradeaus zu gehen, aber wenn die Sonne sichtbar war, schlugen sie sich viel besser und folgten oft über erstaunlich lange Distanzen einem direkten Kurs, selbst in unübersichtlichem und dichtem Wald. Auch ein Proband, der nachts in der tunesischen Wüste losmarschierte, schnitt recht gut ab, solange er den Mond sehen konnte; verschwand dieser jedoch hinter Wolken, machte der Versuchsteilnehmer mehrere scharfe Kurven und kehrte schließlich auf demselben Weg zurück.

Diese Ergebnisse deuten darauf hin, dass sich die meisten Menschen am Licht der Sonne oder des Mondes orientieren können, indem sie eine einfache Form des Zeitausgleichs anwenden. Doch es gibt einen guten Grund für unsere Unfähigkeit, allein anhand von inneren Selbstbewegungssignalen einen konstanten Kurs beizubehalten: Es schleichen sich unweigerlich systematische Irrtümer ein, die sich vielfach anhäufen. Eine Richtungsverzerrung tritt daher irgendwann zwangsläufig auf. Wenn ein Lebewesen (jedweder Spezies) also auf dem richtigen Pfad bleiben will, muss es auf äußere Kontrollfaktoren zurückgreifen können, sei es in Form von Landmarken oder einer Art von Kompass. Ist dies nicht der Fall, gleicht sein Weg früher oder später einer Spirale.[9]

Womöglich hatte Schaeffer also doch recht – vielleicht besitzen wir tatsächlich eine angeborene Neigung, uns in Spiralen zu bewegen.

– – – –

Im Jahr 2009 verfolgte man den Flug eines Landvogels namens Pfuhlschnepfe, der ohne Unterbrechung in nur etwas mehr als acht Tagen den Pazifik überquerte, von Alaska bis Neuseeland – eine Distanz von 11 680 Kilometern.[10] Da mehrere andere Vögel nur geringfügig kürzere Routen bewältigten, war dies eindeutig kein außergewöhnlicher Einzelfall. Doch dass ein Vogel, der mit den Flügeln schlagen muss, um Auftrieb zu gewinnen – im Gegensatz zum gleitenden Wanderalbatros –, so weit wandert, ist beinahe unvorstellbar und sehr beeindruckend; zumal Pfuhlschnepfen nicht auf dem Wasser landen können, denn wenn sie einmal nass sind, kommen sie nicht mehr in die Luft.

Diese bemerkenswert langen Flüge stellen extreme körperliche Anforderungen an die Pfuhlschnepfen, die den Grundumsatz ihres Stoffwechsels um den Faktor acht bis zehn erhöhen müssen, allein um in der Luft zu bleiben. Dieses Niveau der Kraftanstrengung müssen sie dann für die Dauer ihres Fluges aufrechterhalten. Um ihren Energiebedarf zu decken, mästen sich die Vögel vor dem Aufbruch, und ihre lebenswichtigen Organe schrumpfen, damit das Startgewicht auf ein Minimum reduziert wird. Wenn sie – mehr tot als lebendig – in Neuseeland ankommen, haben sie ein Drittel ihrer Körpermasse verloren.[11] Doch das ist noch nicht alles. Die Vögel müssen auch ihren Weg über Tausende Kilometer offenen Meeres finden und unterwegs mit ungünstiger Witterung fertigwerden. Wie sie das schaffen, ist bislang unklar. Interessant ist allerdings, dass sie den Zeitpunkt ihres Abfluges von Alaska sorgfältig wählen, um von Rückenwinden zu profitieren.[12]

Warum aber fliegen die Pfuhlschnepfen direkt über das offene Meer, wenn sie ebenso gut dem Kontinentalrand Asiens folgen könnten? Hier scheinen mehrere Faktoren zusammenzuspielen. Die Vögel sparen wohl durch den Direktflug nicht nur wertvolle Zeit, sondern verringern auch den Gesamtbedarf an Energie. Indem sie über das Meer fliegen, meiden sie außerdem Räuber, wie etwa den Wanderfalken, und den Befall durch Parasiten und Krankheitserreger. Die Abwägung von Vor- und Nachteilen muss allerdings anders ausfallen, wenn sie wieder nach Norden ziehen, da sie dann weitgehend dem Verlauf der Küste folgen.

Jegliche Veränderungen der jahreszeitlichen Winde über dem Pazifik, die durch den Klimawandel bedingt sind, stören die Wanderung der Pfuhlschnepfe über den Ozean. Bedroht ist diese Art auch durch den rapiden Schwund der Sumpfgebiete in China, in denen sie auf ihrem Flug nach Norden Rast machen und auftanken.

7. KAPITEL

Das Rennpferd der Insektenwelt

Trotz aller Unzulänglichkeiten ist die Koppelnavigation die einzige geeignete Methode, um die eigene Position zu bestimmen – sofern keine eigenständigen Mittel zur Verfügung stehen, um den genauen Standort zu ermitteln, wie etwa Landmarken oder ein Navigationssystem. Und über sehr kurze Spannen, bevor sich die verschiedenen Fehler anhäufen, kann sie durchaus effektiv sein. Es ist also naheliegend, sich zu fragen, ob auch andere Lebewesen die Koppelnavigation nutzen. Die Tatsache, dass Wüstenameisen bei ihrer Futtersuche einem komplizierten Zickzackkurs folgen und dann auf direktem Weg zurückkehren, könnte darauf hindeuten, dass sie diese Methode nutzen. Ich wollte mehr über die Orientierungsfähigkeiten von Ameisen erfahren, also reiste ich nach Zürich, um den weltweit führenden Experten auf diesem Gebiet zu treffen: Rüdiger Wehner.

Wehners zielstrebiges Ringen darum, das Heimfindeverhalten der Wüstenameise zu verstehen, ist wahrlich beeindruckend. Wie Karl von Frisch hat er Hunderte Feldversuche durchgeführt, aber auch die Hilfsmittel der Neurowissenschaft, der Anatomie, der Molekularbiologie und selbst der Robotik eingesetzt, um die vielen verschiedenen Orientierungsmechanismen zu erforschen, die es der Wüstenameise ermöglichen, in einem äußerst unwirtlichen Umfeld zu leben. In der Welt der Wissenschaft wird viel über den Wert interdisziplinärer Forschung diskutiert, doch nur wenige Forscher haben diesem Ideal mit so viel Entschlossenheit und Erfolg nachgestrebt wie Wehner.

Obwohl mein Zug erst spätnachts ankam, bestand Wehner darauf, mich am Zürcher Hauptbahnhof abzuholen. Dank seiner hochgewachsenen Figur und der dunkel gerahmten Brille war er inmitten der riesigen, fast leeren Eingangshalle ein unübersehbarer Orientierungspunkt. Am nächsten Morgen frühstückten wir in der Universitätskantine und fuhren anschließend zu seiner Wohnung, die einen herrlichen Blick über den See auf die Berge bot. Wir verbrachten den ganzen Tag in seinem Arbeitszimmer und sprachen über sein Werk. Die meisten Bücher in den Regalen waren wissenschaftliche Titel, ich entdeckte aber auch Dramen und Romane sowie Bände über Philosophie und Kunstgeschichte. Unser Gespräch zog sich ohne Unterbrechung über die Mittagszeit und das Abendessen hin. Als ich spät in jener Nacht in mein Hotel zurückkehrte, war ich erschöpft, doch weil mir der Kopf schwirrte, konnte ich nur schwer einschlafen.

Was Wehner mir offenbarte, machte mich demütig: Ein kleines Insekt kann Navigationsleistungen vollbringen, die wir Menschen nur mithilfe technischer Geräte schaffen. Aber ich konnte nicht umhin, auch über etwas anderes zu staunen: die Findigkeit und Hingabe der Forscher, die all diese Entdeckungen gemacht hatten.

Wehner wurde 1940 in Nürnberg geboren. Seine frühesten Erinnerungen stammen jedoch aus der Kindheit in Dresden, wo er nach den Luftangriffen der Alliierten aus den Trümmern der weitgehend zerstörten Stadt geborgen wurde. Während seiner Grundschulzeit wohnte er am Stadtrand in einem Haus mit großem Garten, und in dieser »herrlichen Idylle« erwachte sein Interesse für die Naturkunde.

Später zog die Familie nach Westdeutschland. Er und seine Schulfreunde beobachteten in ihrer Freizeit Singvögel und nahmen alles Mögliche unter die Lupe – »Gelegegrößen, Brutzeiten, Fressverhalten sowie die Ankunfts- und Aufbruchszeiten von Zugvögeln«. Obwohl sein Vater Philologe und einer seiner Großväter Sprachforscher war, fühlte sich der Junge stark zu den Naturwissenschaften hingezogen. Im Jahr 1960 schrieb sich Wehner an der Universität in Frankfurt am Main ein, um dort Zoologie, Botanik und Chemie zu studieren. Sein Interesse verlagerte sich aber »mehr und mehr vom Feld zum Labor, von der Naturgeschichte zur Physiologie, besonders hin zur Biochemie und Neurophysiologie«. Damals konnte er jedoch nicht ahnen, dass Ameisen zum Schwerpunkt seiner Arbeit werden sollten.

Wissenschaftlern – zumindest den besten unter ihnen – ist die Förderung neuer Talente ebenso wichtig wie ihre eigene Forschungsarbeit. Karl von Frisch zählte zu diesem Kreis; er rekrutierte und betreute viele ausgezeichnete Studenten, die später ihre eigene wichtige Forschung betrieben. Einer derjenigen, die an von Frischs Erkenntnissen anknüpften, war Martin Lindauer, der wiederum den jungen Rüdiger Wehner unter seine Fittiche nahm.

1963 wurde Lindauer Direktor des Instituts für Zoologie in Frankfurt. Seine Arbeit über die sensorischen Fähigkeiten von Honigbienen erregte Wehners Aufmerksamkeit. Ihn faszinierte die Aussicht, gründliche Experimente mit Tieren durchzuführen, die sich frei bewegten. Von da an war Wehner bestrebt, sämtliche Mechanismen zu verstehen, die für bestimmte Verhaltensweisen verantwortlich sind; eine Kausalkette, die von den Sinnesorganen bis zu den Gehirnzellen führte, die konkrete Bewegungen auslösten. Mit Lindauer als Doktorvater erforschte Wehner, wie Honigbienen ungleiche Muster unterscheiden, und ging dann an die Universität Zürich, wo er sich habilitierte und bis zu seiner Emeritierung als Professor tätig war.[1]

Während wir an jenem Frühsommertag zusammensaßen und auf das ruhige Wasser des Sees hinunterblickten, erzählte mir Wehner, wie Lindauer ihn einige Monate nach seiner Promotion von Frisch auf dessen bekanntem Landgut in Brunwinkel vorgestellt hatte – ein ausgesprochen symbolträchtiges Ereignis. Wehners Schilderung erinnerte mich an das »Handauflegen«, das die apostolische Nachfolge in der christlichen Kirche kennzeichnet.

Der alte Meister entwickelte zwar auf geniale Weise Experimente, aber mit den modernen Statistikmethoden tat er sich schwer. Am

Ende des Gesprächs fragte von Frisch den jungen Wissenschaftler mit einem Pokergesicht: »Was meinen Sie, Dr. Wehner, wie viele Beine hat ein Insekt?«

Dies war, gelinde gesagt, eine überraschende Frage. Wehner war darauf überhaupt nicht gefasst und meinte zögernd, dass die meisten Leute von sechs ausgingen. Daraufhin erwiderte von Frisch mit einem Grinsen: »Da wäre ich mir heutzutage nicht mehr so sicher. Ich würde sagen 5,9 plus/minus 0,2!« Das Gespräch fand zu jener Zeit statt, als seine Arbeit in den Vereinigten Staaten massiv angegriffen wurde, doch seinen trockenen Humor schien sich von Frisch bewahrt zu haben.

Nach der Promotion wollte Wehner in von Frischs Fußstapfen treten und Honigbienen erforschen, doch wie so häufig bescherte ihm der Zufall einen anderen Werdegang. Er plante einige Feldversuche im Frühling, und da Honigbienen zu dieser Jahreszeit in Europa noch nicht unterwegs sind, reiste er nach Israel, wo er in Ramla inmitten eines Orangenhains seine Apparaturen aufbaute. Doch leider war der Ort schlecht gewählt. Die Bäume waren übersät mit Blüten, und so überraschte es kaum, dass sich die Bienen lieber auf das reichhaltige Angebot an natürlichem Nektar stürzten und der von Wehner angebotenen Zuckerlösung keinerlei Beachtung schenkten.

Während sich Wehner entmutigt fragte, wie er die Bienen anlocken könnte, fielen ihm ein paar langbeinige Ameisen ins Auge. Er sah eine Weile zu, wie sie hin und her krabbelten, und wurde immer mehr von ihrem Verhalten in Bann gezogen. So kam es, dass er einige Pilotexperimente zu den Navigationsfähigkeiten der Wüstenameise durchführte. Die Ergebnisse waren vielversprechend, aber zu jenem Zeitpunkt wusste Wehner nichts über die Tiere, die er beobachtete, nicht einmal ihren wissenschaftlichen Namen: *Cataglyphis*.

Er war sich dessen zwar nicht bewusst, aber er hatte seinen idealen Versuchsgegenstand gefunden.

Wieder zurück in Zürich, kündigte Wehner an, er wolle neben

seinen bestehenden Projekten zur Honigbiene auch *Cataglyphis* erforschen. Seine Mentoren rieten ihm allesamt, seine Zeit nicht mit solch einem »eigenartigen Organismus« zu verschwenden. Wehner hörte sich ihre Ratschläge an, ignorierte sie aber, was sich als gute Entscheidung herausstellte. Doch bevor er zur Tat schreiten konnte, musste er Gelder auftreiben. Er musste auch einen Ort finden, an dem die Wüstenameise lebte, der aber nicht so weit entfernt war wie Israel. Also schlug er einen Atlas auf und stellte fest, dass der nächstgelegene geeignete Standort Tunesien war, wo sechzig Jahre zuvor schon Santschi gelebt und gearbeitet hatte. Damals kannte Wehner Santschis Werk allerdings noch nicht.

Abenteuer in Nordafrika

Im Jahr 1969 machte sich Wehner, begleitet von ein paar Studenten, mit dem Auto und der Fähre auf den Weg nach Nordafrika. Der Trupp fuhr nach Süden bis zum Schott el-Dscherid, einer Salzpfanne nahe der Oase Gabès im südlichen Tunesien. Dort stießen sie erstmals auf eine Wüstenameise, die sie später als Vertreterin der Spezies *Cataglyphis fortis* identifizierten. Dieses langbeinige Insekt jagte unter der glühenden Sonne umher, um Nahrung zu suchen, und gabelte schließlich die Überreste einer toten Fliege auf. Wehner beobachtete erstaunt, dass die Ameise nun direkt zu ihrem Nest zurücklief – nicht mehr als ein kleines Loch im Boden, über hundert Meter entfernt. Da das Tier den Eingang aus dieser Entfernung keinesfalls gesehen haben konnte, stellte sich die Frage, wie das möglich war.

Sechs Wochen lang arbeiteten die Forscher in der Wüste bei Gabès, doch sie wurden so häufig von neugierigen Passanten gestört, dass Wehner beschloss, einen abgelegeneren Ort zu suchen. Später im selben Jahr kehrte er mit einem kleinen Team von Studenten nach

Tunesien zurück und fand den idealen Fleck. Nahe dem Küstenort Maharès, der zu jener Zeit kaum mehr als ein Dorf war, befand sich ein salziges Sandwatt, und dort schlugen sie ihr Lager auf. Damals hatte Wehner keine Ahnung, dass diese Expedition den Beginn einer weitgehend der Wüstenameise gewidmeten wissenschaftlichen Laufbahn markieren sollte und dass er mehr als dreißig Jahre lang jeden Sommer nach Tunesien zurückkehren würde.

Maharès war 1969 kein Urlaubsziel, doch Wehner und seine Frau Sibylle – ebenfalls Biologin und bei fast all seinen Wüstenexpeditionen mit dabei – waren tatkräftig und erfinderisch. Lebensmittel waren nur schwer zu beschaffen, und bei der Arbeit waren sie der zehrenden Hitze der Wüste ausgesetzt. Mit der Unterstützung eines Verwalters fanden sie eine einfache Unterkunft im Haus eines Einheimischen, doch ihre Tätigkeit sorgte unter den Dorfbewohnern für einige Verwirrung und bisweilen sogar Argwohn. Einmal wurden die Wehners von der Polizei für Spione gehalten, und nur Sibylles Sprachkenntnisse bewahrten sie vor ernsthaften Problemen.

Santschi hatte schon einige Zeit zuvor nachgewiesen, dass Wüstenameisen ihren Weg zurück finden können, selbst wenn sie vom Himmel nur einen kleinen Kreisausschnitt sehen. Und von Frisch war später zu der Erkenntnis gekommen, dass Honigbienen über eine Art Sonnenkompass verfügen, der sich auf polarisiertes Licht stützt. Es war zu vermuten, dass die Ameisen das gleiche System nutzten, doch das wusste noch niemand so genau. Und auch die Frage, wie solch ein System – selbst bei Bienen – eigentlich funktionierte, war immer noch ein Rätsel. Wehner nahm diese lohnende Herausforderung gerne an.

Zuerst wollte er untersuchen, welche Rolle die Augen der Ameisen für ihre Orientierung spielten. Ameisen kann man natürlich viel leichter folgen als Bienen. Schon bald spürte Wehner ihnen durch den glühend heißen Sand nach, indem er ein kunstvoll konstruiertes Gestell auf Rädern mit verschiedenen Filtern über den Pfaden hin und her rollte. Dieses bewegliche »optische Laboratorium« schirmte die Ameisen auch vom Wind ab und verhinderte, dass sie mögliche Orientierungspunkte sehen konnten. Mithilfe dieser Apparatur wies Wehner nach, dass das Heimfindevermögen der Ameisen zum Teil tatsächlich von ihrer Sensitivität für polarisiertes Licht abhängig ist.

Daraufhin ging Wehner zurück ins Labor. Er entdeckte anhand eines Elektronenmikroskops entlang des nach oben zeigenden (dorsalen) Randes des Ameisenauges einen Bereich von Zellen, die ideal geeignet erschienen, um auf diese Art von Licht zu reagieren. Indem Wehner verschiedene Teile der winzigen Facettenaugen der Ameisen übermalte, konnte er zeigen, dass dieser sogenannte »dorsale Randbereich« (*dorsal rim area*, DRA) nicht nur entscheidend dafür war, dass die Ameisen polarisiertes Licht wahrnehmen können; er unterstützte außerdem einen Sonnenkompass mit Zeitausgleich. Diese Entdeckung, die bald auch durch Experimente mit Honigbienen bestätigt wurde, bedeutete einen großen Durchbruch. Beinahe jedes seither untersuchte Insekt weist eine ähnliche spezialisierte Region für die Wahrnehmung von polarisiertem Licht auf. Der dorsale Randbereich bildet tatsächlich die Grundlage für einen herkömmlichen Insektenkompass, dessen entwicklungsgeschichtliche Ursprünge sehr weit zurück liegen müssen.

Als Nächstes wollte Wehner herausfinden, welche Bereiche des Ameisengehirns die Signale des dorsalen Randbereichs verarbeiten. Doch das Gehirn ist so winzig – kleiner als eine Stecknadelspitze –, dass sich das Verhalten einzelner Zellen darin unmöglich untersuchen ließ. Wehner und seine Kollegen mussten sich stattdessen auf Analogien stützen, die von der Forschung an den viel größeren Gehirnen von Grillen und Heuschrecken gezogen wurden; nur so konnten sie eine Vorstellung von den Prozessen gewinnen, auf denen der Polarisationslichtkompass der Ameisen beruht. Schon bald machten sie Hirnzellen aus, die auf polarisiertes Licht reagierten. Seither wurde ein Großteil der Schaltungen enträtselt, die bei der Verarbeitung von Informationen aus polarisiertem Licht eine Rolle spielen.[2]

Die Ameise ist sicherlich keine Miniaturversion des menschlichen Navigators, der sich am Himmel orientiert. Sie führt keine komplexen Berechnungen durch, um den Lauf der Sonne am Himmel auszugleichen. Das muss sie auch nicht, denn sie verfügt über ein viel einfacheres System.

Dieses System besteht aus zwei Teilen. Zum einen nutzt die Wüstenameise etwas, das Wehner in Anlehnung an die Nachrichtentechnik als »Optimalfilter« (*matched filter,* auch Signal-angepasster Filter) bezeichnet.[3] Die Ameise gleicht das, was sie sieht, förmlich mit einem Modell der E-Vektor-Muster am Himmel ab, das in ihren Augen eingebaut ist. Diese physikalische Schablone erfasst automatisch die Richtung der Sonne, und dementsprechend wählt die Ameise ihren Kurs.

Zum anderen kommt ein zweiter Mechanismus ins Spiel – wie bei der Honigbiene. Dabei handelt es sich um eine innere Uhr, die im Gehirn der Ameise vor sich hin tickt und es ihr ermöglicht, den sich verändernden Sonnenazimut auszugleichen. Unter normalen Bedingungen funktioniert dieser Prozess gut, doch die Ameisen kommen mitunter vom Weg ab, wenn sie nicht das gesamte Polarisationsmuster sehen können, etwa bei einem teilweise bedeckten Himmel.

Die Futter suchende Wüstenameise verlässt sich, genau wie Bagnolds LRDG-Navigatoren, auf einen Sonnenkompass, um in den eintönigen Salzebenen einen geraden Kurs beizubehalten. Ein Kompass allein wäre jedoch kein ausreichendes Hilfsmittel, um den Weg nach Hause zu finden, und die Koppelnavigation erfordert eine Methode, um Entfernungen zu messen. Wie um alles in der Welt soll eine Ameise so etwas bewerkstelligen?

Möglicherweise nutzt die Ameise einen visuellen Effekt, den Wissenschaftler als »optischen Fluss« bezeichnen. Dieses Phänomen klingt zwar sehr komplex, ist im Grunde aber sehr einfach: Wenn wir uns bewegen, scheint die Umgebung an uns vorbeizufliegen, und zwar in einer Geschwindigkeit, die davon abhängt, wie weit einzelne Objekte von uns entfernt sind und wie schnell wir uns bewegen. Wenn wir zur Seite blicken, wirkt es so, als bewegten sich nähere Gegenstände schneller als weiter entfernte. Und solche, die direkt vor uns sind, scheinen größer zu werden, wenn wir uns auf sie zubewegen. Ausgeklügelte Experimente haben gezeigt, dass Bienen diesen optischen Fluss nutzen, um Hindernissen auszuweichen, sicher zu landen und auch um nachzuverfolgen, wie weit sie auf ihren Sammelflügen geflogen sind.[4] Diese Messungen des optischen Flusses sind einer der Faktoren, die über die Form der Tänze entscheiden, welche die Bienen auf der Oberfläche der Wabe vollführen.

Wüstenameisen nutzen den optischen Fluss ebenfalls, um zu bestimmen, wie weit sie sich auf ihren Sammelmärschen bewegt haben. Aber wie sich zeigt, ist das nicht die maßgebende Methode; sie haben noch einen weiteren Trick auf Lager.

Der Ameisenschrittmesser

Bereits 1904 wurde die Vermutung geäußert, dass Ameisen vielleicht Entfernungen messen, indem sie ihre Schritte zählen – so wie sich die LRDG-Navigatoren zur Ermittlung der zurückgelegten Strecken auf die Kilometerzähler ihrer Lastwagen verließen (mit denen Radumdrehungen gezählt wurden). Das war eine interessante Theorie, aber niemand hatte eine Möglichkeit gefunden, sie zu überprüfen, bis Wehners Student Matthias Wittlinger auf die geniale Idee kam, die Länge der Ameisenschritte physikalisch zu verändern. Dafür dachte er sich eine praktische, wenn auch drastische Methode aus.[5]

Zunächst richtete Wittlinger normale Ameisen darauf ab, zu einer zehn Meter von ihrem Nest entfernten Futterstelle zu marschieren und wieder zurückzukehren. Anschließend setzte er sie auf demselben Terrain in einen hochwandigen Testkanal, von dem aus sie keine Orientierungspunkte sehen konnten, die die Position ihres Nestes verraten hätten. Nachdem Wittlinger die Ameisen an der Futterstelle am Ende der Rinne ausgesetzt hatte, maß er, wie weit sie heimwärts krabbelten, bevor sie anfingen, sich nach ihrem Nest umzusehen. Diese trainierten Ameisen wurden schließlich einer Prozedur unterzogen, die euphemistisch als »experimentelle Manipulation« bezeichnet wurde.

Wittlinger befestigte an den Beinen einiger Ameisen Stelzen aus Schweineborsten (wodurch sich deren Schritte verlängerten); bei anderen Ameisen verkürzte er die Beine (mit der gegenteiligen Auswirkung) – ein drakonisches Vorgehen, das die Ameisen scheinbar mit überraschender Gelassenheit erduldeten. Die Stelzenläufer wie auch die Amputierten wurden dann erneut am hinteren Ende des Testkanals ausgesetzt. Der Forscher wollte herausfinden, ob die veränderte Beinlänge sich darauf auswirkte, wie weit die Ameisen marschierten, bevor sie nach ihrem Nest suchten. Die Ergebnisse waren spektakulär: Die mit den Stelzen krabbelten über den Standort des Nestes hinaus, während die mit den Stümpfen weit vorher innehielten. Wie von der Theorie vorausgesagt, schätzten die Stelzenläufer die Entfernung zurück zum Nest zu groß und die Amputierten diese dagegen zu gering ein.

Damit war das Experiment aber noch nicht abgeschlossen. Als Nächstes sollten die manipulierten Ameisen die Strecke zur Futterstelle ohne Wittlingers Einwirkung zurücklegen. Auf dem Rückweg verhielten sich die Versuchstiere fast genauso wie normale Ameisen und schätzten korrekt, wo das Nest lag. Dies erschien einleuchtend: Unabhängig davon, ob die Beine verlängert oder verkürzt worden waren, erforderte der Rückweg die gleiche Anzahl von Schritten wie der Hinweg.

Mithilfe ihres Sonnenkompasses und ihres Schrittzählers findet die Wüstenameise ihren Weg direkt zurück zum Ausgangspunkt, dem Nest. Mehr noch: Dabei spielt es keine Rolle, wie gewunden ihr Hinweg ist. Dies ist ein treffendes Beispiel für konkret eingesetzte Koppelnavigation. Doch genau wie die Koppelnavigation des Menschen ist das System der Ameise nicht vollkommen. Es ist anfällig für sich häufende Fehler, und da sich *Cataglyphis* manchmal mehrere Hundert Meter von ihrem Nest fortbewegt, können diese Abweichungen zunehmen.

Um herauszufinden, wie die Ameisen mit diesem Problem fertigwerden, stellte Wehner an gegenüberliegenden Seiten des Nests in gleicher Entfernung zwei schwarze Zylinder auf. Die Ameisen lernten rasch, diese auffälligen Erkennungszeichen zu nutzen, um ihr Heim zu orten. Es war jedoch nicht klar, auf welche Merkmale der Zylinder die Ameisen achteten. Möglicherweise schätzten sie den Standort des Nestes, indem sie dessen Entfernung von den beiden Zylindern maßen, oder sie errechneten, welche Kompasskurse die Zylinder mit dem Nest verbanden – eine Form der Triangulation. Daher brachten Wehner und sein Kollege die Ameisen in ein Testareal, das weit von ihrem Zuhause entfernt war, und bauten die gleiche Anordnung auf, allerdings mit ein paar Veränderungen.

Als die Forscher den *Abstand* zwischen den Zylindern verdoppelten (nicht aber deren Größe veränderten), suchten die Ameisen nicht, wie man vielleicht erwarten würden, genau in der Mitte. Vielmehr wuselten sie um einen von beiden herum. Als aber auch die *Größe* der Zylinder verdoppelt wurde, verhielten sich die Ameisen gänzlich anders: Nun steuerten sie auf den Punkt in der Mitte zu.

Wehner folgerte daraus, dass die Ameisen eine Position suchten, von der aus die Zylinder genauso *aussahen* wie während der ersten Trainingseinheit. Auf der Suche nach ihrem Nest versuchten die umplatzierten Ameisen, eine zweidimensionale »Momentaufnahme« der ursprünglichen Anordnung mit der aktuellen Ansicht abzugleichen. Daher trippelten sie umher, bis sich die beste Entsprechung ergab –

zwischen der erlernten »Mustervorlage« und dem gegenwärtigen Bild der Zylinder, das ihre Facettenaugen wahrnahmen.

Wie bereits erwähnt, drehen sich die von Eric Warrant erforschten Schweißbienen um und sehen sich ihr Nest aus verschiedenen Richtungen an, wenn sie ausfliegen. Wüstenameisen verhalten sich ähnlich; sie machen »Lernspaziergänge«, auf denen sie ihr Nest in immer größer werdenden Schleifen umkreisen. Hin und wieder halten sie kurz inne und blicken zu dem fast unsichtbaren Nesteingang zurück. Dabei prägen sie sich die Ansichten aus verschiedenen Blickwinkeln ein.

Wenn die Ameisen von der Futtersuche zurückkehren, rufen sie diese Bilder ab, um ihren Heimweg zu finden. Für dieses System des Bildabgleichs muss die Ameise die geometrischen Verhältnisse zwischen den Orientierungspunkten nicht verstehen. Insofern unterscheidet sie sich von der Honigbiene, die bemerkenswerterweise lernen kann, wie sich verschiedene Landmarken zu einer Nahrungsquelle hinsichtlich der sie verbindenden Kompasspeilungen verhalten – genau wie der Kiefernhäher.[6]

Auf diesen Erkenntnissen aufbauend, ist es Wehner und seinen Kollegen sogar gelungen, ein Roboterfahrzeug zu programmieren, das den Polarisationslichtkompass und die Landmarkenerkennung der Ameise nachahmt. Das Fahrzeug mit dem verspielten Namen »Sahabot« (als Kurzform für »Sahara-Roboter«) kann genau die gleichen Manöver durchführen wie eine echte Ameise.[7] Die Wissenschaftler deckten auch viele weitere Navigationswerkzeuge der Wüstenameisen auf. So dienen den Tieren unter anderem die Windrichtung sowie Vibrationen und Gerüche als zusätzliche Richtungshinweise. Die Ameisen können sogar den unebenen Boden für die Einschätzung der zurückgelegten Strecke nutzen. Und dass sich diese bemerkenswerten Tiere auch anhand des Magnetfelds der Erde orientieren können, ist die neueste Erkenntnis.[8] Ihre Fähigkeiten scheinen unbegrenzt zu sein.

Das Habitat der Wüstenameise ist extrem unwirtlich, und sie muss mitunter so hohe Temperaturen überstehen, dass sie nur kurze Zeitspannen im Freien aushalten kann. Aus diesem Grund hat sie lange Beine; so ist sie weiter vom glühenden Boden entfernt und kann auch sehr schnell laufen. Wehner hat sie treffend als »das Rennpferd der Insektenwelt« bezeichnet. Eine Spezies hat sogar besonders geformte Haare auf dem Leib, mit denen sie ihre Körpertemperatur besser regulieren kann.[9] Dass sie in der Lage ist, die kürzeste Route zurück in den Schutz des heimisches Nestes zu finden, ist mehr als nur eine Frage der Effizienz – es geht schlichtweg ums Überleben.

Darwin war tief beeindruckt von dem kleinen Geschöpf: »So sind ja die wunderbaren verschiedenen Instincte, geistigen Kräfte und Affecte der Ameisen allgemein bekannt, und doch sind ihre Kopfganglien nicht so gross als das Viertel eines kleinen Stecknadelkopfs. Von diesem letzteren Gesichtspunkte aus ist das Gehirn einer Ameise das wunderbarste Substanzatom in der Welt und vielleicht noch wunderbarer als das Gehirn des Menschen.«[10] Es hätte ihn sicher erfreut und fasziniert, von Wehners Entdeckungen zu erfahren.

Der Neurowissenschaftler Stanley Heinze, der an der Universität Lund Insektennavigation erforscht, stellte Folgendes fest: »Eine der Hauptfunktionen aller Gehirne besteht darin, ausgehend von sensorischen Informationen eine Einschätzung des aktuellen Zustands der Welt zu generieren und diese dann mit dem erwünschten Zustand der Welt abzugleichen. Stimmen die beiden nicht überein, wird kompensierendes Handeln eingeleitet, das wir als Verhalten bezeichnen.«[11] Das gilt für Insekten ebenso wie für komplexere Lebewesen wie den Menschen.

Verglichen mit Vögeln und Säugetieren haben Insekten winzige Gehirne. Während das menschliche Gehirn ungefähr 85 Milliarden Nervenzellen aufweist, verfügt das einer Wüstenameise gerade einmal über rund 400 000. Aber obwohl das Gehirn der Wüstenameise klein und weit weniger vielseitig ist als das des Menschen, ist es absolut geeignet für die begrenzte Bandbreite an Aufgaben, die es erfüllen muss. Das Verhalten der Wüstenameise wird zwar weitgehend von Hirnschaltungen bestimmt, die »fest verdrahtet« sind, doch Ameisen und Bienen (sowie andere Insekten) können, wie wir gesehen haben, aus der Erfahrung lernen und sich ein bestechend vielfältiges Repertoire an Navigationshilfsmitteln zulegen. So verwundert es nicht, dass Konstrukteure von Robotern und autonomen Fahrzeugen sich einiges von ihnen abschauen.[12]

Die Gehirne solch unterschiedlicher Insektenarten wie Wüstenameisen, Fruchtfliegen, Nachtfaltern, Bienen, Heuschrecken und Kakerlaken weisen zwei Strukturen auf, die für die Navigation von großer Bedeutung zu sein scheinen. Der sogenannte Pilzkörper dient als Langzeitgedächtnisspeicher für olfaktorische und visuelle Eindrücke, und der Zentralkomplex steuert den Kurs, dem das Tier folgt, wobei hier in vielen Fällen die Polarisationsmuster des Himmels genutzt werden. Weil diese Strukturen so häufig vorkommen, geht man davon aus, dass sie sich in einem sehr frühen Stadium des Evolutionsprozesses entwickelt haben müssen. Wie genau das Tier entscheidet, welchen Weg es einschlägt, und die entsprechenden Bewegungen einleitet, ist immer noch ein ungelöstes Rätsel; doch Wechselwirkungen zwischen dem Pilzkörper und dem Zentralkomplex scheinen dabei eine entscheidende Rolle zu spielen.[13]

– – – –

Die Leistenkrokodile in Südostasien und Australasien sind die größten Reptilien der Welt – und haben die unliebsame Gewohnheit, unvorsichtige Menschen zu fressen. Sie erwecken vielleicht den Anschein, nur träge herumzudümpeln, doch sie können sich über kurze Entfernungen sehr schnell bewegen und in gemächlicherem Tempo sogar Hunderte Kilometer zurücklegen.

Im Jahr 2007 zeigte eine faszinierende Studie, dass diese Tiere außerdem sehr gut darin sind, den Weg zurück zu ihrem angestammten Habitat zu finden. Drei ausgewachsene männliche Krokodile wurden eingefangen und mit Satellitenpeilsendern ausgestattet. Dann wurden sie in Schlingen unter einem Helikopter an verschiedenen Stellen auf der Kap-York-Halbinsel im australischen Queensland ausgesetzt. Nachdem sie scheinbar eine Zeit lang darüber nachdachten, was zu tun war, machten sich alle drei auf den Weg und kehrten genau an jene Orte zurück, an denen sie eingefangen worden waren.

Eines der Krokodile legte in fünfzehn Tagen 99 Kilometer entlang der Küste zurück. Ein weiteres schaffte 52 Kilometer in nur fünf Tagen. Das war recht beeindruckend, aber nichts im Vergleich zu der Distanz, die das dritte Krokodil bewältigte. Es wurde quer über die gesamte Kap-York-Halbinsel transportiert, von West nach Ost, Luftlinie 126 Kilometer. Selbstverständlich konnte das Tier seine Reiseroute nicht zurückverfolgen, aber es gelangte dennoch nach Hause zurück, indem es um die Nordseite der Halbinsel herumpaddelte. Für 411 Kilometer benötigte es nur zwanzig Tage.

Niemand weiß, wie diese Tiere zurückfanden, doch das Experiment liefert eine wertvolle praktische Lektion: Es ist offensichtlich wenig sinnvoll, Krokodile, die eine Gefahr für den Menschen darstellen, einfach nur umzusiedeln.[14]

8. KAPITEL

Navigieren nach der Gestalt des Himmels

Mehr als der Hälfte der Menschheit bleibt das erhabenste Schauspiel, das die Natur zu bieten hat, verwehrt. Da die meisten Menschen in Städten und Metropolen leben, in denen der Nachthimmel in künstlichem Licht erstrahlt, können sie nur wenige der unzähligen Sterne wahrnehmen, die an Orten ohne Lichtverschmutzung sichtbar sind. Langsam, aber sicher haben wir uns selbst die Möglichkeit genommen, einen Blick ins Universum zu werfen.

Als die Stromversorgung für Los Angeles 1994 durch ein Erdbeben lahmgelegt wurde, war der Anblick eines tiefdunklen Nachthimmels so ungewohnt, dass viele Bewohner die Notdienste anriefen und beunruhigt eine seltsame »riesige silbrige Wolke« am Himmel meldeten. Stand etwa eine Alien-Invasion kurz bevor? Nein, aber es war tatsächlich etwas, was die Einwohner von Los Angeles noch nie zuvor gesehen hatten: die Milchstraße.[1]

Laut neueren Studien, die auf Satellitenbildern beruhen, leben mehr als 80 Prozent der Weltbevölkerung und über 99 Prozent der Bewohner Europas und der USA unter einem lichtverschmutzten Himmel.[2] Die Milchstraße bleibt mehr als einem Drittel der Menschheit verborgen, darunter 60 Prozent der Europäer und fast 80 Prozent der Nordamerikaner. Die Plage der Lichtverschmutzung hat sich so langsam angeschlichen, dass sich kaum jemand darüber im Klaren ist, wie viel sie uns gekostet hat; außerdem wird sie stetig schlimmer.[3]

Sie ist schädlich für die menschliche Gesundheit[4], und andere Lebewesen, die für vielerlei Zwecke, einschließlich der Orientierung, auf natürliches Licht angewiesen sind, leiden sogar noch stärker unter ihren negativen Folgen.[5] Viele Tiere sterben unmittelbar aufgrund der zerstörerischen Auswirkungen des künstlichen Lichts auf ihre normalen Lebensprozesse. Lichtverschmutzung ist ein ernsthaftes Umweltproblem, dem viel zu wenig Beachtung geschenkt wird.[6]

Um die samtene Schwärze eines Himmels voller Sterne zu erleben, muss man einen Ausflug in die Wüste oder in die Berge machen oder weit hinaus auf das offene Meer fahren. Wer die Gelegenheit hat, einen abgelegenen Ort in einer klaren Nacht aufzusuchen, wird herausfinden, wie der Himmel einst für alle Lebewesen ausgesehen haben muss.

Zunächst kann man nur die hellsten Sterne erkennen, aber wenn sich die Augen an die Dunkelheit angepasst haben, werden immer mehr sichtbar, bis der Himmel schließlich von Tausenden funkelnder Lichtpunkte übersät ist. Man stellt dann auch allmählich fest, dass sich die Sterne voneinander unterscheiden; nicht nur in Bezug auf die Helligkeit, sondern auch im Farbton. Einige haben einen rötlichen, andere einen gelben Farbstich, während die heißesten in einem eisigen blauweißen Licht erstrahlen. Wir können mit bloßem Auge nur unsere nächsten himmlischen Nachbarn sehen, und auch diese sind unvorstellbar weit entfernt – der Stern Deneb beispielsweise mehr als tausend Lichtjahre. Da die Lichtgeschwindigkeit in etwa 300 000 Kilometer pro Sekunde beträgt, ist das eine immense Entfernung.

Solch einen sternenübersäten Himmel habe ich selbst erstmals auf dem offenen Meer gesehen – und es war eine Offenbarung. Obwohl mich die Sterne schon seit Langem faszinierten, war mir nie bewusst gewesen, welch überwältigenden Anblick sie in all ihrer Pracht bieten können. Während ich dann stundenlang Wache hielt, beobachtete ich zum ersten Mal, wie sich die Gestirne bewegten.

Der gesamte Nachthimmel mit all seinen Sternen drehte sich auf majestätische Weise um den unbeweglichen Polarstern – im Gleichtakt mit der langsamen Rotation der Erde. Und als ich auf einer kleinen Jacht inmitten eines weiten Ozeans so dasaß und in die Tiefen des Alls hinausschaute, wurde mir meine eigene Bedeutungslosigkeit erschreckend bewusst. Doch eigentümlicherweise war dieses Gefühl überhaupt nicht betrüblich; es war im Grunde sogar seltsam beruhigend.

Die Menschen blicken bereits seit Urzeiten zu den Sternen empor, nämlich seit rund 300 000 Jahren, wenn die jüngsten Schätzungen des Alters des Homo sapiens zuverlässig sind. Und unsere frühesten Vorfahren haben den Nachthimmel sicherlich mit mindestens ebenso viel Staunen betrachtet, wie wir es heute tun. Sie müssen auch erkannt haben, dass er bestimmte Regelmäßigkeiten aufwies, auf die sie zurückgreifen konnten. Und es wäre äußerst merkwürdig, wenn nicht andere Lebewesen bereits lange vor dem Homo sapiens begonnen hätten, die Sterne als Orientierungshilfe zu nutzen.

Unabhängig davon, wie die verschiedenen Konstellationen entsprechend dem Lauf der Jahreszeiten zu kommen und zu gehen scheinen, dürften die ersten Menschen bemerkt haben, dass jeder Stern einer regelmäßigen täglichen Bahn folgt, genau wie die Sonne. Abgesehen von jenen Gestirnen, die nah an den Himmelspolen liegen – den Punkten am Himmel direkt vertikal über den geografischen Polen der Erde –, gehen alle im Osten auf und im Westen unter. Und wie die Sonne stehen sie immer genau im Norden beziehungsweise Süden des Beobachters, wenn sie den Zenit ihrer Laufbahn erreichen beziehungsweise den Meridian des Betrachters überqueren. Der Polarstern hat zwar nicht immer den nördlichen Himmelspol markiert (so wie er es heutzutage tut), doch vorgeschichtliche Astronomen haben sicherlich bemerkt, dass es einen unbeweglichen Punkt inmitten der Sterne gab, die um den nördlichen wie auch den südlichen Himmelspol kreisten.

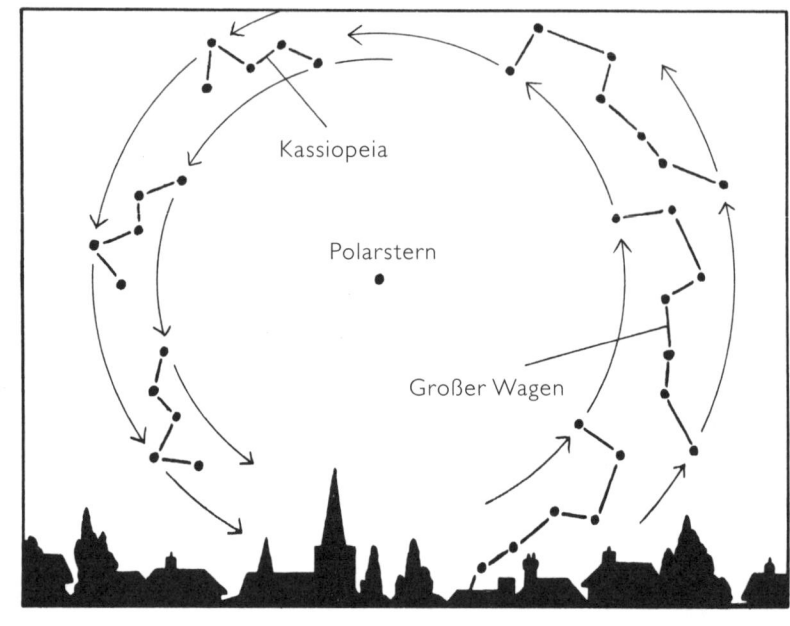

Kassiopeia

Polarstern

Großer Wagen

Unsere Vorfahren in der Steinzeit dürften den Himmel sehr genau beobachtet haben. Sie wussten über astronomische Ereignisse wie die Sommer- und Wintersonnenwenden durchaus Bescheid und errichteten zahlreiche Bauwerke (Stonehenge ist eines der bekanntesten Beispiele), die sorgfältig danach ausgerichtet waren. Später bildeten die außergewöhnlich differenzierten Beobachtungen der Babylonier, Griechen und Araber die Grundlagen für die Entwicklung der modernen Astronomie. Wir wissen auch, dass europäische, orientalische und chinesische Seefahrer des Altertums lange Fahrten über das offene Meer unternahmen, weitab von Land. Sie haben gewiss die Sonne und die Sterne zur Orientierung genutzt; historische Dokumente geben allerdings nur wenig Auskunft darüber, wie genau sie dabei vorgingen.

Es gibt einige flüchtige Hinweise, etwa die Passage in Homers *Odyssee*, in der Circe dem Helden aufträgt, einen beständigen Kurs nach Osten zu steuern, indem er den Großen Bären stets zu seiner Linken hält. Die ältesten ausführlichen Aufzeichnungen über die Praxis dieser Art der Navigation stammen jedoch erst aus dem 16. Jahrhundert; die Zeit davor liegt weitgehend im Dunkeln. Da nur eine sehr kleine privilegierte Elite lesen und schreiben konnte, wurde die Kunst der astronomischen Navigation vermutlich durch mündliche Überlieferung und praktische Anwendung weitergegeben.

Dennoch können uns die wenigen indigenen Völker, die nicht komplett der westlichen Vorherrschaft zum Opfer gefallen sind, einige Anhaltspunkte liefern. Mitte des 20. Jahrhunderts wurden vorzeitliche Navigationsmethoden nur noch in einigen wenigen abgelegenen Gegenden genutzt; das bekannteste und am eingehendsten studierte Beispiel ist die traditionelle Technik der Pazifikinsulaner.

Die europäischen Seefahrer, die im 16. Jahrhundert erstmals den Pazifik erreichten, staunten über die navigatorischen Fähigkeiten der Menschen, denen sie dort begegneten, und sie hatten große Mühe, diese zu verstehen. Erst als Wissenschaftler in der zweiten Hälfte des 18. Jahrhunderts auf den Plan traten, erschienen kurze Schilderungen der Navigationstechniken der Polynesier in gedruckter Form.

Der große französische Entdecker Louis-Antoine de Bougainville (1729–1811), der 1768 – kurz vor James Cook – in Tahiti eintraf, stellte erstaunt fest, dass die Insulaner weit entfernte Archipele ganz ohne Instrumente oder Karten zielsicher erreichten, nachdem sie Hunderte oder sogar Tausende Kilometer über offenes Meer gefahren waren. Und Cook war so beeindruckt von den Kenntnissen und Fähigkeiten eines tahitianischen Seefahrers, dass er ihn mit an Bord nahm, um mit seiner Hilfe die benachbarten Inseln sowie schließlich auch Neuseeland zu erforschen.

Die Schilderungen der polynesischen Navigationskünste durch Bougainville, Cook und deren Begleiter sind jedoch enttäuschend dürftig. Möglicherweise stellten die Entdecker die falschen Fragen, oder vielleicht widerstrebte es den Insulanern, solch lebenswichtiges –

und sogar heiliges – Wissen preiszugeben. Von Verständigungsproblemen einmal abgesehen, dürften auch die radikal unterschiedlichen Auffassungen von Navigation eine erfolgreiche Kommunikation zwischen den Europäern und den Polynesiern verhindert haben. Auf jeden Fall führte der erdrückende Einfluss der Kolonialmächte im Lauf der folgenden zwei Jahrhunderte fast zum Untergang der Methoden, die es den polynesischen Völkern über mehrere Tausend Jahre hinweg nicht nur ermöglicht hatten, Inseln zu bevölkern, die über den halben Pazifik verstreut waren, sondern auch den regelmäßigen Austausch zwischen diesen aufrechtzuerhalten. Die westlichen Forscher, die in den 1960er-Jahren die wenigen noch lebenden Meister der uralten Techniken aufspüren wollten, kamen fast schon zu spät.

Sternenkurse

Mitte des 20. Jahrhunderts war die traditionelle Navigation in der Inselwelt Polynesiens längst in Vergessenheit geraten. Im mikronesischen Archipel wurde sie allerdings noch eingesetzt. Die dortigen Seefahrer verließen sich nach wie vor auf die uralten Methoden, wenn sie Hunderte Kilometer weit über das offene Meer fuhren. Ihre Fähigkeiten beruhten weitgehend auf den langen Lehrzeiten, die sie bereits im Alter von zehn Jahren oder sogar früher antraten und in denen sie durch endloses Wiederholen und Abfragen die »Sternenkurse« lernten, welche sämtliche Inseln im näheren und weiteren Umkreis verbanden.[7]

Die Bestimmung dieser Kurse beruhte auf dem Wissen, wo genau am Horizont zweiunddreißig namentlich bekannte Sterne auf- und untergingen. Das System des »Sternenkompasses« war so gründlich erfasst und wurde so sehr verinnerlicht, dass der Navigator stets einen präzisen Kurs wählen konnte – und zwar nicht nur, wenn ein ver-

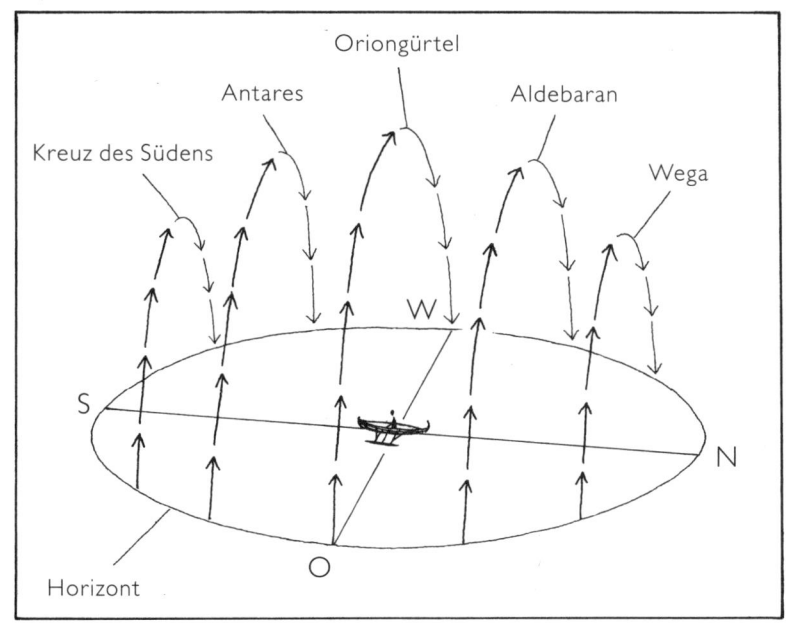

*Einige der hellsten Sterne, die einen Teil des »Sternenkompasses«
der pazifischen Insulaner bilden*

trauter Stern direkt vor ihm auftauchte, sondern auch, wenn er an
jedem anderen Punkt des Himmels zu sehen war (allerdings nicht,
wenn er direkt vertikal über dem Beobachter stand).[8] Der Seefahrer –
nur Männer durften dieser Tätigkeit nachgehen – zielte nicht auf einen einzigen Lichtpunkt, sondern navigierte »nach der Gestalt des
Himmels«.[9]

Der Sternenkompass mochte den Kern des mikronesischen Navigationssystems gebildet haben, reichte allein jedoch nicht aus, um
die Seefahrt über weite Strecken praktikabel zu machen.[10] Man musste auch bei Tag einen Kurs steuern können, und dazu richtete man
sich nach der Sonne. In den Tropen geht die Sonne gewöhnlich fast
genau im Osten auf und fast genau im Westen unter. Wenn sie zur
Mittagszeit ihren höchsten Punkt am Himmel erreicht, verrät sie

dem Navigator auch, wo Nord und Süd sind – vorausgesetzt, sie steht nicht direkt über ihm.

Sobald die Sonne untergegangen ist, muss der Seefahrer wiederum nach der Gestalt des Himmels navigieren. Dazu schrieb David Lewis, ein ausgesprochen erfahrener und unerschrockener Kleinbootsegler, der sich auch bestens mit der traditionellen Navigationstechnik der pazifischen Insulaner auskannte: »Wenn man die Himmelsrichtungen der Sonne beim Auf- und Untergang sowie ihre Bahn über den Himmel kennt, wird es mit ausreichender Übung zur Gewohnheit, beinahe automatisiert im Kopf die notwendigen Berechnungen durchzuführen, um nach der Sonne zu navigieren.«[11] Wie wir bereits festgestellt haben, können sogar ungeübte Menschen – wenn nötig – überraschend gut mithilfe der Sonne und des Mondes einen konstanten Kurs beibehalten.

Darüber hinaus musste der fachkundige Seefahrer die Kunst der Koppelnavigation beherrschen. Er musste in der Lage sein, die Geschwindigkeit seines Kanus genauestens zu beurteilen und die häufig starken Auswirkungen von Meeresströmungen einzuberechnen. Veränderungen in der Farbe des Wassers und der Form der Wellen lieferten ihm Hinweise auf Unterwasserriffe. Und anhand der Riffe konnte er seine Position auf der Route überprüfen, selbst wenn kein Land in Sicht war.[12]

Lokale, windgetriebene Wellen verhalten sich wechselhaft und können sich in jede Richtung bewegen; sie sind daher auf dem offenen Meer von geringem navigatorischem Wert. Die reguläre Dünung, die von großräumigen Wettersystemen verursacht wird, ist dagegen sehr viel aufschlussreicher. Sie rollt majestätisch dahin und kann sich durchaus über Hunderte oder sogar Tausende Kilometer fortbewegen; dabei behält sie – bis sie auf Land trifft – stets dieselbe Richtung bei. Der Seemann nutzte solche Dünungen als Kompass und kam so nicht von seinem steten Kurs ab, selbst wenn der Himmel vollkommen bedeckt war.[13]

In einigen Gebieten des Pazifiks konnten Seefahrer eine ferne Insel ausmachen, noch bevor sie diese sahen, und zwar indem sie darauf achteten, wie sich die reguläre Dünung veränderte.[14] Auf den Marshallinseln wurden mithilfe von Stöcken spezielle Karten gefertigt, um die charakteristischen Muster zu veranschaulichen, die durch die Brechung von Dünungen um eine Insel herum entstanden. Diese Karten wurden zwar nicht auf See benutzt, scheinen aber als nützliche Lehrmittel gedient zu haben.

Wolken, die an den Hängen bergiger Inseln festhingen, fungierten als Leuchttürme mit großer Reichweite. Sie reflektierten darüber hinaus das typische blassgrüne Licht einer seichten Lagune innerhalb eines entfernten Atolls. Um eine noch nicht sichtbare angesteuerte Insel zu lokalisieren, beobachtete man jedoch in der Regel die Flugrichtung von Vögeln, die bei Sonnenuntergang zu ihren Schlafplätzen zurückkehrten. Da Landvögel auf der Suche nach Nahrung häufig weit aufs Meer hinausfliegen, können sie den kundigen Seefahrer auf eine Landmasse hinweisen, die bis zu siebzig oder achtzig Kilometer entfernt sein mag.[15]

Die vielfältigen traditionellen Fertigkeiten, die von den Seefahrern der pazifischen Inseln eingesetzt wurden, sind in den letzten Jahren wieder aufgegriffen worden. Die Polynesian Voyaging Society, die in Hawaii ansässig ist, leistete dabei Pionierarbeit; unter ihrer Federführung unternahm man mit Nachbauten traditioneller Langstreckenkanus bemerkenswerte Fahrten, auf denen man auch die alten Navigationstechniken nutzte. Eines dieser Kanus mit dem Namen *Hōkūle'a*, »Stern der Freude« – der hawaiianische Name für den Himmelskörper, der bei uns als Arkturus bekannt ist –, vollendete 2017 eine dreijährige Weltumrundung.

– – – –

Neben den Ozeanen stellen die großen Gebirgsketten der Erde die schwierigsten Hindernisse für wandernde Tiere dar, aber einige Spezies sind selbst dieser Herausforderung gewachsen.

Der Bergsteiger George Lowe, der an der Mount-Everest-Expedition von 1953 teilnahm und auch ein ausgewiesener Vogelkundler war, behauptete, Streifengänse gesichtet zu haben, die über den Gipfel flogen, während er an den hohen Hängen des Berges saß. Und der Naturforscher Lawrence Swan schilderte später, wie er Gänse über sich hinwegfliegen hörte, als er in einer kalten, stillen Nacht auf dem Barun-Gletscher unterhalb des 8485 Meter hohen Gipfels des Makalu im Himalaja stand: »Aus dem fernen Summen, das von Süden kam, wurde ein Ruf. Dann hörte ich, gleichsam wie von den Sternen über mir, die Schreie von Streifengänsen.«[16]

Im Unterschied zu menschlichen Bergsteigern, die sich zuerst akklimatisieren müssen, bevor sie versuchen, große Höhen zu erklimmen, kommen Streifengänse anscheinend mit der extrem dünnen Luft klar, indem sie ihren Herzschlag massiv erhöhen.[17] Im Normalfall folgen sie allerdings den Tälern, wenn sie den Himalaja überqueren, anstatt die Gipfel zu überfliegen. Das gewaltige Gebirge existierte noch gar nicht, als die Vorfahren der heutigen Gänse ihre Wanderzüge unternahmen; erst vor rund zwanzig Millionen Jahren erhob es sich infolge von Erdplattenverschiebungen. Man geht davon aus, dass sich nachfolgende Generationen von Gänsen allmählich an die wachsenden Anforderungen anpassten, vor die sie gestellt wurden.

9. KAPITEL

Wie Vögel rechtweisend Nord finden

Die schrillen Rufe der Mauersegler, die an meinem Fester vor-
beischwirren, während sie Insekten jagen, scheinen von einer wilden Freude erfüllt zu sein. Ich begrüße die Ankunft
der Vögel als ersten Beweis dafür, dass der Sommer endlich da ist.
Diese wunderbar flinken und wendigen Flieger landen nur, wenn sie
ihre Nester bauen und ihre Jungen füttern. Inzwischen wissen wir,
dass sie außerhalb der Brutzeit bis zu zehn Monate lang in der Luft
bleiben können. Solange sie unterwegs genügend Nahrung und Wasser finden, bereitet ihnen eine Reise von Afrika nach Nordeuropa keinerlei Probleme. Ob sie allerdings im Flug schlafen – wie es einige
Fregattvögel offenbar tun –, ist nach wie vor ein Rätsel.[1]

Das jahreszeitliche Kommen und Gehen von Vögeln verwunder-
te bereits die Menschen der Antike, die mitunter seltsame Erklärungen für das fanden, was sie beobachteten. Aristoteles (384–322 v. Chr.)
glaubte, die Rotschwänzchen, die er im Sommer sah, seien genau dieselben Vögel wie die Rotkehlchen, die im Winter auftauchten, allerdings verwandelt; seiner Meinung nach zogen sie nicht weg, sondern
veränderten sozusagen lediglich ihre Färbung.[2] Wie wir inzwischen
wissen, ziehen diese unterschiedlichen Arten in Wirklichkeit in entgegengesetzte Richtungen und tauschen damit ihre Standorte.

Das im Jahr 1555 erschienene Buch des schwedischen Bischofs
Olaus Magnus enthielt einen Holzschnitt, der zwei Männer zeigte,
die mit einem Netz durch ein Eisloch Schwalben aus einem zugefro-
renen See fischten. Magnus behauptete, die Vögel verbrachten dort

die Wintermonate und könnten, wenn man sie einfängt, durch Wärme wiederbelebt werden, auch wenn sie nicht lang überdauerten.³ Und noch im Jahr 1703 erklärte ein Engländer namens Charles Morton scheinbar allen Ernstes in einem Pamphlet, Störche weilten während der Wintermonate auf dem Mond.⁴

Ein Geistlicher namens Gilbert White (1720–1793), der in dem kleinen englischen Dorf Selborne lebte, hatte keine Erklärung für das Phänomen des Vogelzugs, zweifelte aber nicht daran, dass es real war. 1771 schrieb er einem skeptischen Briefpartner, der nicht viel von der Vorstellung einer Wanderung hielt, warum er davon überzeugt sei – auch wenn einige Schwalben die Wintermonate im Schlummer verbrachten:

> [...] der Vogelzug existiert in der Tat an einigen Orten, wie mein Bruder in Andalusien mir ausführlich mitgeteilt hat. Für die Bewegungen dieser Vögel hat er augenfällige Beweise über viele Wochen hinweg, sowohl im Frühling als auch im Herbst: in diesen Zeiträumen überqueren Myriaden der Schwalbenart die Straße von Gibraltar von Norden nach Süden beziehungsweise von Süden nach Norden, je nach Jahreszeit.⁵

Der vielleicht erste wirklich stichhaltige Nachweis für den Vogelzug über lange Distanzen – wohl zu stichhaltig aus Sicht des fraglichen Vogels – galt als erbracht, als man im Jahr 1822 in einem norddeutschen Dorf einen noch lebenden Storch fand, in dem ein Pfeil von zweifellos afrikanischem Ursprung steckte. Der Vogel wurde schließlich ausgestopft und landete in der Zoologischen Sammlung Rostock, wo er noch heute zu sehen ist. Dieser sogenannte Pfeilstorch, dem später weitere zähe Opfer der afrikanischen Bogenschützen folgten, lieferte den Beweis dafür, dass einige Vögel während ihrer jährlichen Wanderungen tatsächlich gewaltige Entfernungen überwanden.⁶

Der legendäre amerikanische Ornithologe und Künstler John

James Audubon (1785–1851) trug auch einen Teil zur Lösung des Rätsels bei. Seine prächtige Serie von Drucken mit dem Titel *Die Vögel Amerikas* erschien in den 1830er-Jahren; im Begleittext schilderte er, wie er jungen Waldschnäppern in ihrem Nest unweit seines Hauses in Pennsylvania dünne Silberfäden um die Beine band. Er beobachtete, dass die gleichen Vögel, die im Herbst nach Süden gezogen waren, im Frühling wieder an ihren Geburtsort zurückkehrten. Aufgrund ihrer silbernen Verzierung waren sie leicht wiederzuerkennen. Damit war bewiesen, dass zumindest einige Zugvögel Jahr für Jahr ergeben zu ihren Nistplätzen zurückkehrten.[7]

Der dänische Lehrer und Ornithologe Hans Christian Mortensen (1856–1921) führte 1899 die ersten erfolgreichen Versuche mit Vogelberingung durch. Anstelle von Silberfäden verwendete er Aluminiumanhänger mit einem Erkennungscode und einer Rücksendeadresse. Diese Methode hat seither wesentlich dazu beigetragen, die Muster der Wanderungen zahlreicher Vogelarten zu bestimmen. Das Einfangen mit Fallen und Netzen hat sich ebenfalls als zweckdienlich erwiesen, besonders an Knotenpunkten des Vogelzugs, an denen unzählige Vögel vorbeifliegen, wie etwa Rybatschi auf der Kurischen Nehrung.

Unser Wissen über die Navigation von Tieren wurde durch die digitale Revolution vollkommen umgewälzt. Seit der Entwicklung des Radars während des Zweiten Weltkriegs findet diese Technik breite Verwendung, um Zugvögel und auch Fluginsekten wie Bienen und Nachtfalter zu beobachten. Neben verschiedenen Arten von »Datensammlern«, die Informationen speichern, welche später heruntergeladen werden können, melden Peilsender mit eingebauten GPS-Chips die genaue Position eines Tieres in Echtzeit an einen Satelliten. Und durch die Miniaturisierung können diese Hilfsmittel nun selbst bei winzigen Vögeln eingesetzt werden.

Wir sind inzwischen in das »goldene Zeitalter der Tierpeilung« eingetreten und können zahlreiche Entdeckungen erwarten, die nicht nur über das Navigationsverhalten Aufschluss geben, sondern auch ein breites Spektrum wichtiger ökologischer Themen beleuchten.[8]

Rund die Hälfte aller Vogelarten wandert, und es liegen Unmengen an Daten über ihre Züge vor. Einige legen gewaltige Strecken zurück; die Küstenseeschwalbe ist nur ein extremes Beispiel. Der nordamerikanische Bobolink fliegt von seinen Brutgebieten in Kanada bis hinunter nach Uruguay. Der Präriebussard folgt einer ähnlichen Route; er zieht in großen Schwärmen von den Prärien Nordamerikas bis zu den Pampas Argentiniens. Ringelgänse brüten in der hohen Arktis – nördlicher als jede andere Gänseart; einige wandern von der Wrangelinsel vor der Nordostküste Sibiriens bis nach Mexiko und bewältigen dabei einen Nonstop-Flug von 4800 Kilometern über den Pazifik.

Greifvögel meiden es zumeist, über Wasser zu fliegen, allerdings gibt es eine eindrucksvolle Ausnahme. Der Amurfalke, eine kleine insektenfressende Spezies, brütet während der Sommermonate in der Mongolei, in Sibirien sowie Nordchina und fliegt gegen Jahresende rund 13 000 Kilometer bis ins südliche Afrika. Dabei überquert er zwischen Südwestindien und Ostafrika etwa 4000 Kilometer offenes Meer; keine andere Raubvogelart legt solch eine Entfernung über den Ozean zurück.[9] Möglicherweise halten sich die Amurfalken unterwegs bei Kräften, indem sie im Flug Wanderlibellen erbeuten, die in dieselbe Richtung ziehen (siehe S. 183 f.).[10]

Viele Vögel wandern in gemischten Gruppen aus Alt- und Jungtieren, was einen großen Vorteil bietet: Die Jungvögel können die richtige Wanderroute von den Älteren lernen.[11] Im Prinzip könnten sich Vertreter dieser Arten vollkommen auf erlernte Informationen über wichtige Orientierungspunkte verlassen, da jede Generation ihr Wissen an die nachfolgende weitergibt. Es ist jedoch schwer zu verstehen, wie Vögel, die über weite Strecken offenes Meer überfliegen, auf solch eine Technik setzen. Und Vögeln, die allein fliegen, gelingt dies ohnehin nicht.

Der Jungkuckuck im Alleinflug

Doch nicht alle jungen Zugvögel genießen den Vorteil, einem Alttier folgen zu können. Wenn ein junger europäischer Kuckuck das Nest seiner Zieheltern verlässt, sind seine biologischen Eltern längst nach Süden zu ihren Winterquartieren in Süd- und Zentralafrika aufgebrochen. Der Jungvogel muss sich daher allein zurechtfinden. Ebenso wie viele andere Zugvogelarten fliegen Kuckucke bei Nacht; zum einen, weil die Luft kühler ist (Überhitzung kann für Vögel im Flug ein ernsthaftes Problem werden), zum anderen, um Raubvögeln zu entgehen. Ein junger Kuckuck, der die Reise noch nie gemacht hat, kann natürlich keiner erlernten Route folgen. Welche Navigationsmethoden nutzt er also?

Seit Langem wird vermutet, dass sich junge Kuckucksvögel auf einen angeborenen Orientierungssinn stützen, der sie im Grunde in die richtige Richtung lenkt und ihnen sagt, wie weit sie fliegen sollen. Der Theorie nach können sie mithilfe eines solchen Systems aus »Kompass und Uhr« zumindest grob das richtige Gebiet erreichen. Diese Vermutung deckt sich jedoch nicht ganz mit den Ergebnissen eines neueren Experiments zur Routenverfolgung.

Die Studie offenbarte, dass die jungen Kuckucke einem überraschend engen Korridor folgen und unterwegs immer an denselben Transitpunkten haltmachen, um auszuruhen und aufzutanken. Es zeigte sich, dass der durchschnittliche Abstand zwischen einzelnen Vögeln nach mehr als 5000 Flugkilometern lediglich 164 Kilometer betrug.[12] Diese Beobachtungen deuten darauf hin, dass wahrscheinlich mehrere Faktoren eine Rolle spielen: unter anderem vielleicht eine angeborene Fähigkeit, wichtige Landschaftsmerkmale zu erkennen, die die richtige Route markieren.

Das außergewöhnliche Navigationsgeschick des jungen Kuckucks bleibt rätselhaft, doch diese Vögel müssen – genau wie andere Einzelgänger und Zugvögel, die lange, eintönige Etappen über das offene Meer überwinden – zumindest über eine Art von Kompass verfügen, der es ihnen ermöglicht, einen bestimmten Kurs einzuschlagen und diesem beständig zu folgen.

Wie wir von Insekten wissen, richtet sich solch ein Kompass möglicherweise nach astronomischen Anhaltspunkten, also nach den Mustern, die am Himmel beobachtet werden können.

Vögel auf der nördlichen Halbkugel könnten sich an den Polarstern halten. Sein Azimut verweist stets genau auf Nord – rechtweisend (geografisch) Nord und nicht missweisend (magnetisch) Nord; der magnetische Pol wandert umher und befindet sich zurzeit ungefähr 500 Kilometer vom geografischen Nordpol entfernt. Wenn man also den Polarstern direkt vor sich hat, blickt man Richtung Norden; steht er zur Rechten, blickt man nach Westen, und so weiter. Ein Vogel könnte daher einen steten Kurs in jede Richtung beibehalten, indem er einfach darauf achtet, dass die relative Position des Polarsterns unverändert bleibt. Dementsprechend wäre es unnötig, eine wie auch immer geartete Uhr zu verwenden oder irgendwelche Berechnungen vorzunehmen.

Eines der am häufigsten verwendeten Hilfsmittel zur Erforschung des Zugverhaltens von Vögeln ist der Emlen-Trichter. Die von Stephen Emlen und John Emlen erfundene, beinahe absurd einfache Apparatur nutzt den Umstand, dass sich eingefangene Vögel wiederholt in ihre bevorzugte Zugrichtung wenden, wenn sie versuchen, aus dem Käfig zu entkommen. Im ursprünglichen Emlen-Trichter steht der Vogel im engen Fuß des Trichters auf einem Stempelkissen mit Tinte und hinterlässt Tintenspuren an den mit Papier bedeckten Innenseiten der sich weitenden Wände, wenn er auf und ab springt, um herauszufliegen. Die Markierungen, die er dabei hinterlässt, sollen anzeigen, in welche Richtung der Vogel fliegen will.

Ende der 1950er-Jahre hatte Franz Sauer die glänzende Idee, zu untersuchen, wie Vögel auf die Muster der Sterne reagierten, die in einem Planetarium projiziert wurden. Anhand einer zugegebenermaßen kleinen Stichprobe kam er zu dem Schluss, dass die Vögel diese Sterne für navigatorische Zwecke nutzen konnten.[13] Spätere Studien von Emlen, die mithilfe seines berühmten Trichters durchgeführt wurden, zeigten, dass Indigofinken nicht auf einen bestimmten Stern zu achten schienen. Allerdings waren sie in der Lage, das sich drehende Muster der Gestirne um den Polarstern herum zu erkennen.[14]

Die Indigofinken konnten das Zentrum dieses rotierenden Musters ausmachen; die genaue Anordnung der Sterne innerhalb dieses Musters tangierte sie jedoch nicht. Präsentierte man den Vögeln einen Nachthimmel, der sich nicht um den Polarstern drehte, sondern um Beteigeuze – einen hellen Stern im Sternbild Orion –, blieben sie vollkommen gefasst und richteten ihren Kurs entsprechend aus.[15] Die Tatsache, dass sie orientierungslos werden, wenn sie die Sterne nicht sehen können, macht deutlich, wie wichtig die Muster für sie sind. Es ist also einleuchtend, warum die Lichtverschmutzung ein so großes Problem für sie darstellt; eine genaue Navigation nach den Sternen ist nur möglich, wenn diese sichtbar sind.

Viele andere Zugvögel, die nachts fliegen, scheinen rechtweisend Nord auf dieselbe Weise zu finden.[16] Diese Methode hat einen großen Vorteil: Einmal gelernt, ist sie einfach anzuwenden und erfordert, im Gegensatz zum Sonnenkompass, keine Form des Zeitausgleichs. Es ist jedoch längst nicht klar, wie Vögel lernen, diese Muster am Nachthimmel zu erkennen; kaum vorstellbar, dass sie die sehr langsame Bewegung der Sterne wahrzunehmen vermögen. Aber vielleicht können sie diese ableiten, indem sie »Momentaufnahmen« des nächtlichen Himmels in bestimmten Abständen miteinander vergleichen.

– – – –

Bereits in den 1930er-Jahren hat der Ornithologe und Autor Ronald Mathias Lockley, der auf der kleinen Insel Skokholm vor der Südwestküste von Wales lebte, nachgewiesen, dass Schwarzschnabelsturmtaucher in der Langstreckennavigation zu erstaunlichen Leistungen fähig sind. Er brachte zwei dieser wilden Seevögel per Flugzeug von Skokholm nach Venedig – einem Ort, den sie normalerweise nie aufsuchen würden. Einer der beiden fand trotzdem innerhalb von nur zwei Wochen zu seiner Bruthöhle zurück.

Das war aber nichts verglichen mit einem Experiment, das Lockley 1953 wagte. Der Vogelkundler überredete einen gastierenden Musiker namens Rosario Mazzeo, bei seinem Rückflug ein Sturmtaucherpaar in die Vereinigten Staaten mitzunehmen. Mazzeo berichtete später:

> Ich brach an jenem Abend mit dem Nachtzug von Tenby in Pembrokeshire nach London auf. Die Vögel sorgten für einige Verwunderung und Belustigung unter den anderen Passagieren, die nicht verstehen konnten, woher das Kreischen und Schnattern stammte, das spätabends aus meinem Abteil drang. Am nächsten Tag blieben die Vögel im Karton, jeder in seinem eigenen Fach; und am Abend saß ich in der Maschine nach Amerika, mit den Vögeln unter meinem Sitz.

Bedauerlicherweise überlebte nur einer der Vögel die sicherlich sehr anstrengende Reise. Mazzeo ließ ihn sofort nach seiner Ankunft in Boston frei. Die Entfernung von dort bis Skokholm betrug knapp 5000 Kilometer, doch der Vogel (der beringt worden war) erreichte seine Bruthöhle nach nur zwölfeinhalb Tagen; er kam sogar früher an als der Brief, mit dem seine Freilassung gemeldet wurde. Verständlicherweise war die Person, die den Vogel entdeckte, »vollkommen perplex«.[17]

10. KAPITEL

Himmlische Mistkäfer

I m Süden Frankreichs beobachtete ich eine halbe Mußestunde lang gebannt einen glänzenden schwarzen Mistkäfer, der wiederholt und unermüdlich versuchte, seine Kugel über eine kleine, aber steile Schwelle zu rollen. Immer wieder verlor er kurz vor der Kante die Kontrolle, sodass er wieder herunterkrabbeln und von Neuem beginnen musste, aber schließlich schaffte er es, und ich hatte fast Lust zu applaudieren.

Die alten Ägypter verehrten den Mistkäfer. Ihrer Auffassung nach symbolisierte er den Sonnengott Chepre, der die Sonnenkugel über den Himmel rollte. Eric Warrant, der den Mistkäfer über viele Jahre studiert hat, bewundert diese Tiere beinahe ebenso sehr: »Sie sind sehr willensstark. Deswegen kann man so gut mit ihnen arbeiten. In vielerlei Hinsicht sind sie wie kleine Maschinen: Sie rollen unentwegt Kugeln, zu jeder Zeit.«

Eine Kugel in einer geraden Linie zu rollen, mag nicht unbedingt eine sonderlich eindrucksvolle Leistung sein. Aber wir dürfen nicht vergessen, dass der Käfer den Dung zunächst sorgfältig zu einer runden Kugel formen muss (sonst rollt sie überhaupt nicht); dann muss er rückwärts gehen und die Kugel mit seinen Hinterbeinen lenken, mitunter über äußerst unebenen Grund.

Im Lauf der letzten zwanzig Jahre haben Warrant und seine Kollegin Marie Dacke eine Reihe faszinierender Experimente zu den Navigationsfähigkeiten von Mistkäfern durchgeführt, die sehr viel Aufmerksamkeit erregt und ihnen sogar einen Ig-Nobelpreis eingebracht haben. Die Ig-Nobelpreise [von *ignoble* – »unwürdig«; auch als »Anti-Nobelpreis« bezeichnet, Anm. d. Übers.] werden jedes Jahr in Boston für wissenschaftliche Studien und Leistungen vergeben, die einen »zuerst zum Lachen und dann zum Nachdenken bringen«. Die Auszeichnung soll auf all die merkwürdigen Phänomene, die es auf der Welt gibt, aufmerksam machen – und auf das außergewöhnliche, häufig exzentrische Engagement der Wissenschaftler, die sie erforschen.

Die Auszeichnungen sollen zwar nicht allzu ernst genommen werden, doch sie sind auf ihre eigene Art prestigevoll, und den Preisverleihungen wohnen stets auch echte Nobelpreisträger bei. In dem Jahr, in dem Warrant und sein Team den Ig-Nobelpreis erhielten, stand ein kleines Mädchen auf der Bühne, während jeder Wissenschaftler in einer kurzen Ansprache dem großen Publikum seine Arbeit schilderte. Wenn das Mädchen das Gefühl hatte, ein Redner werde langweilig, sollte es ihm das Wort abschneiden. Warrants Vortrag war einer der wenigen, die nicht unterbrochen wurden.

Zu Beginn seiner wissenschaftlichen Laufbahn untersuchte Warrant, wie Mistkäfer im Dunkeln sehen können. Afrikanische Mistkäfer (die auch als Skarabäus-Käfer bezeichnet werden) wurden nach Australien eingeführt, um ein Problem aus der Welt zu schaffen, das ein früherer Tierimport verursacht hatte – die Kuh. Die einheimischen Mistkäfer waren es lediglich gewohnt, Kängurudung anzupacken, und hatten keine Ahnung, was sie mit den stetig wachsenden Bergen von Kuhmist anfangen sollten, die schwere landwirtschaftliche Schäden verursachten. Den neu eingeführten afrikanischen Skarabäen muss Australien wie der Himmel vorgekommen sein – riesige Haufen Dung und keinerlei Konkurrenz. Sie machten sich rasch und effizient daran, all das Material zu vergraben, das ihre heimischen Artverwandten verschmäht hatten, und stellten damit die Produktivität der australischen Weideflächen wieder her, anscheinend ohne anderen Tierarten irgendwelche Schwierigkeiten zu bereiten.

Im Jahr 1996 besuchte Warrant eine Konferenz zur Biologie des

Mistkäfers im südafrikanischen Kruger-Nationalpark. Dort hörte er erstmals etwas über die sogenannten Pillendreher, jene Mistkäfer, die Dung zu Kugeln rollen. Im Gegensatz zu den Arten, mit denen er vertraut war, schaufeln diese Käfer den Dung zusammen, formen ihn geschickt zu kleinen Kugeln und rollen diese dann so schnell wie möglich weg. Sie ernähren sich von dem Dung oder legen ihre Eier darin ab und vergraben die Kugeln, damit sich die geschlüpften Larven davon ernähren können.

Warrant erinnert sich, wie ein Redner erklärte: »Es ist verblüffend, sie rollen ihre Kugeln ständig in geraden Linien, und ich verstehe nicht, wie sie das machen.« Warrant saß unter den Zuhörern und dachte aufgeregt: »Ich weiß, wie.« Bestimmt nutzten sie die Polarisationslichtmuster am Nachthimmel. Er hob die Hand, stellte eine Frage und änderte damit den Kurs seiner Laufbahn.

Warrant und seine Kollegen wiesen binnen kurzer Zeit nach, dass der Pillendreher über einen dorsalen Randbereich zur Wahrnehmung von polarisiertem Licht verfügt – genau wie die Wüstenameise. Dann untersuchten er und Marie Dacke, wie die Käfer diesen Randbereich konkret für Navigationszwecke nutzen. Offenbar herrscht unter den Käfern ein heftiger Konkurrenzkampf um Dung, und um sich rasch aus dem Staub zu machen, muss das Tier seine Kugel in einer möglichst geraden Linie von dem Misthaufen wegrollen. Andernfalls läuft es Gefahr, in eine Rangelei mit den Artgenossen zu geraten und seiner wertvollen Fracht beraubt zu werden. Bevor er loskrabbelt, klettert der Mistkäfer auf seine frisch geformte Kugel; dort vollführt er einen merkwürdigen Rundtanz und mustert dabei sorgfältig den Himmel über sich.[1]

Viele Insekten sind nachtaktiv, aber verglichen mit den Augen von Vögeln und Menschen ist die Sehschärfe ihrer – zwar auch bei geringer Lichtstärke sehr reizempfindlichen – Facettenaugen viel weniger stark ausgeprägt. Sie können also im Dunkeln viel besser sehen als wir, doch was sie sehen, ist um einiges verschwommener. Es ist zu bezweifeln, dass der Mistkäfer viele einzelne Sterne erkennen kann, ausgenommen vielleicht die allerhellsten.

Sehr wahrscheinlich nutzt er die hellste Lichtquelle am Nachthimmel, den Mond. Da seine Beutezüge kurz sind, besteht für den Mistkäfer keine Notwendigkeit, den sich verändernden Mondazimut zu berücksichtigen. Doch der Mond ist trotzdem ein unbeständiger Wegweiser; während seiner diversen Phasen reflektiert er unterschiedlich viel Sonnenlicht, zudem geht er jeden Tag zu einer anderen Zeit auf und unter. Noch komplizierter wird das Ganze dadurch, dass es in jedem Lunarmonat mehrere Nächte gibt, in denen der Neumond am Himmel so nah zur Sonne steht, dass er überhaupt nicht zu sehen ist. Und die Lichtstärke – selbst des Vollmondes – ist weitaus geringer als die der Sonne, auch wenn sein Lichtspektrum recht ähnlich ist. Es enthält auch ultraviolettes Licht; theoretisch könnte man einen »Mondbrand« bekommen, was allerdings sehr lang dauern würde.

Der Mistkäfer kommt gut mit den Launen des Mondes zurecht. Zunächst einmal orientiert er sich nicht an der Mondscheibe selbst, sondern vielmehr an den Polarisationsmustern (E-Vektoren) seines Lichts, und zwar in der gleichen Weise, wie Bienen und Wüstenameisen das Polarisationslicht der Sonne bei Tag nutzen.[2]

Ein komplett bedeckter Nachthimmel ist in der Region Südafrikas, in der Warrant und Dacke ihre Experimente durchführten, eher selten. Aber was macht der Mistkäfer, wenn der Mond nicht zu sehen ist?

Die Entdeckung, dass Käfer anhand von polarisiertem Mondlicht einen Kurs bestimmen können, sorgte für großes Aufsehen, und der entsprechende Bericht wurde sogar in der führenden Fachzeitschrift *Nature* veröffentlicht. Einige Jahre später erlebten Warrant und Dacke jedoch einen Schock. Sie hatten ihr Lager in einer sternenklaren Nacht am Rand der Kalahari-Wüste aufgeschlagen. Der samtig schwarze Himmel war übersät mit Sternen, und die Forscher warteten auf den Mondaufgang, um mit einem neuen Experiment zu beginnen. Warrant schilderte mir, was dann geschah:

> Wir hatten etwas Dung ausgelegt, um die Käfer anzulocken, und sie kamen angeflogen. Dann fingen sie an, Kugeln zu formen – die Mistkerle! – und in schnurgeraden Linien wegzurollen, ohne Polarisationslicht … Wir wurden beide sehr nervös, denn plötzlich sah es so aus, als müssten wir den Artikel in der *Nature* zurückziehen!

Einen Beitrag in einem Fachblatt widerrufen zu müssen, weil er sich als sachlich falsch erwiesen hat, stellt eine ungeheure Blamage dar; und die Rücknahme aus einer Prestigezeitschrift wie *Nature* war das schlimmstmögliche Szenario. Zunächst wussten die beiden nicht mehr weiter, doch dann kam ihnen ein Gedanke:

> Moment mal, da ist ein großer Lichtstreifen quer über dem Himmel! Die Milchstraße. Vielleicht nutzen sie die – wäre das möglich? Immerhin gibt es hier sonst nichts, auf das sie sich stützen könnten.

Gut behütete Käfer

Um ihre neue Theorie zu überprüfen, befestigten Warrant und Dacke zunächst einmal kleine Papphüte an den Mistkäfern, sodass diese den Himmel nicht mehr sehen konnten. Daraufhin fiel es den Tieren deutlich schwerer, einen geraden Kurs beizubehalten, als bei ungestörter Sicht. Als die Papphüte durch transparente Plastikhauben ausgetauscht wurden, kamen sie wieder einwandfrei zurecht; sie wurden also definitiv nicht aufgrund der Hüte an sich aus dem Tritt gebracht.

Als Nächstes testeten die Forscher die Käfer in einem runden Experimentierfeld mit hohen Sperrwänden, die jegliche Orientierungspunkte in der Umgebung verdeckten. Sie entfernten auch die Deckenkamera, mit der die Bewegungen der Käfer aufgezeichnet wurden – für den Fall, dass auch sie einen Richtungshinweis lieferte.

Die Forscher setzten immer wieder einen Käfer mit einer Mistkugel in die Mitte des Testfelds und beobachteten, wie lange er brauchte, um den Außenrand zu erreichen, der von einer kreisrunden Rinne umgeben war. Das Geräusch, das der Käfer verursachte, wenn er in die Rinne purzelte, verriet, wann er den Rand erreicht hatte, und die benötigte Zeit zeigte an, wie geradlinig sein Weg verlaufen war. Mit dieser Testanordnung konnten die Wissenschaftler nachweisen, dass die Käfer tatsächlich den Sternenhimmel sehen mussten, um einen geraden Kurs beizubehalten; allerdings schnitten sie viel besser ab, wenn der Mond ebenfalls sichtbar war. Unter bewölktem Himmel waren sie jedoch orientierungslos.

Als Nächstes brachten die Forscher die Käfer und ihr Experimentierfeld in ein Planetarium. Beim ersten Testdurchlauf konnten die Tiere den vollständigen projizierten Sternenhimmel sehen – ohne Mond, aber einschließlich eines langen Lichtstreifens, der die Milchstraße simulierte. In einem weiteren Durchgang war nur die Milchstraße sichtbar. Die Mistkäfer schnitten nicht viel schlechter ab als bei Sicht des Mondes, wenn sie den ganzen Sternenhimmel samt Milchstraße sehen konnten. Und wenn sich nur die Milchstraße über ihnen ausbreitete, schlugen sie sich beinahe ebenso gut. Bei einem Spektrum von viertausend matten Sternen *ohne Milchstraße* verschlechterte sich die Leistung der langmütigen Käfer jedoch erheblich. Das Ergebnis bei lediglich achtzehn Leitsternen war sogar noch schlechter.[3]

Daraus wurde ersichtlich, dass sich die Käfer nicht auf irgendwelche einzelnen Leitsterne verließen. »Damit wurde erstmals überzeugend nachgewiesen«, so Dacke, »dass Insekten den Sternenhimmel zur Orientierung nutzen, und es wurde zum ersten Mal belegt, dass die Milchstraße im Tierreich der Orientierung dient.«

Offenkundig wussten die Käfer mit den einzelnen Leitsternen nicht viel anzufangen, doch Warrant erklärte mir, dass es noch immer unklar war, ob die Tiere sie überhaupt sehen konnten. Seiner Meinung nach sind sie wohl dazu fähig, und er hofft, dies belegen zu können, indem er die Reaktionen einzelner lichtempfindlicher Zellen im Auge des Käfers misst – so wie er es bereits in Experimenten mit der Schweißbiene getan hat.

Mistkäfer sind nicht die einzigen Gliederfüßer, die sich am Licht des Mondes orientieren können. Die sogenannte Hausmutter, ein Eulenfalter, ist dazu anscheinend ebenfalls in der Lage[4], wie auch der Sandfloh, ein kleines Krebstier, das auf sandigen Böden in Küstennähe lebt. Diese Tiere, die mit den Landasseln verwandt sind, tragen ihren Namen zu Recht, denn ihre angeborene Fluchtreaktion besteht darin, sich mit ihren Sprungbeinen in die Luft zu katapultieren. Wer je eine Sandburg gebaut hat, dürfte ihnen schon einmal begegnet sein; allerdings sind sie vielerorts nicht mehr so häufig anzutreffen.

Auf den ersten Blick ist es nicht klar ersichtlich, warum sich ein so kleines und scheinbar primitives Lebewesen für die Position des Mondes interessieren sollte. Der Sandfloh ist extrem wählerisch in Bezug auf Feuchtigkeit. Er geht ein, wenn er austrocknet, und ertrinkt, wenn er von Salzwasser überspült wird. Also muss er sich im Takt von Ebbe und Flut unentwegt vor und zurück bewegen und nach seiner nächtlichen Futtersuche auch wieder zu einem behaglichen Fleck feuchten Sandes zurückfinden. Dabei ist es natürlich absolut lebenswichtig, dass er die richtige Richtung wählt. Der Sandfloh ist das Goldlöckchen der Gliederfüßer – er muss stets das richtige Mittelmaß zwischen zwei Extremen finden.

Bereits in den 1950er-Jahren machten zwei italienische Forscher, Leo Pardi (1915–1990) und Floriano Papi (1926–2016), die außergewöhnliche Entdeckung, dass Sandflöhe sowohl die Sonne als auch den Mond als Kompasse nutzten, um sich je nach Notwendigkeit entweder zum Strand hin oder vom Strand weg zu bewegen. Diese Fähigkeit stützt sich offenbar auf zwei separate innere Uhren: Eine ist auf die täglichen Bewegungen der Sonne und die andere auf den geringfügig abweichenden Mondzyklus kalibriert.[5]

Der Sonnenkompass des Sandflohs befindet sich in seinem Gehirn, der Mondkompass hingegen in seinen Fühlern. Die Mechanismen, die diese Prozesse steuern, sind noch unklar, aber auf jeden Fall angeboren, denn ein Sandfloh, der in Gefangenschaft aufgezogen wird, bricht stets in Richtung seines Herkunftsortes auf. Dementsprechend wird ein Sandfloh, dessen Vorfahren an einer nach Süden gewandten Küste beheimatet waren, grundsätzlich nach Süden gehen, um den Strand zu finden, während ein Artgenosse mit Vorfahren von einem nach Norden gerichteten Strand in der Regel nach Norden marschieren wird.

– – – –

Nach derzeitigem Befund gibt es neben dem Homo sapiens nur ein einziges Lebewesen, das sich anhand einzelner Sterne – und nicht nur an deren zirkumpolaren Mustern – zu orientieren vermag. Bei dem fraglichen Tier handelt es sich um den Seehund. In einem eigens konstruierten schwimmenden Planetarium wurde eine Studie durchgeführt, allerdings mit nur zwei Exemplaren, weshalb das Ergebnis nicht sehr aussagekräftig ist.[6]

Beide Seehunde wurden darauf abgerichtet, an einem projizierten Nachthimmel, wie er auf der nördlichen Halbkugel zu sehen ist, einen Leitstern (Sirius) zu erkennen und dessen Position anzuzeigen, indem sie an den direkt darunter liegenden Punkt am Rand des Beckens schwammen. Nach einiger Zeit konnten beide diese Aufgabe einigermaßen genau ausführen; sie zielten mit einer geringen Abweichung von ein bis zwei Grad auf den Azimut des Sirius. Aufgrund dieser Resultate argumentierten die Autoren der Studie, Seehunde könnten ein Sternenkompass-System entwickeln, das mit dem der Lotsen in Mikronesien und Polynesien vergleichbar sei:

> Wir gehen davon aus, dass Meeressäugetiere lernen können, Leitsterne am Nachthimmel zu erkennen und diese als ferne Orientierungspunkte zu nutzen. Dies könnte zumindest ein möglicher Mechanismus der Orientierung auf offener See sein, bis ein erweitertes Ziel etwa in Form einer Küstenregion erreicht ist und die Schwimmrichtung durch zielbezogene terrestrische Orientierungsinstrumente korrigiert werden kann.

Eine reizvolle Vorstellung, die – falls sie richtig ist – besser verständlich machen könnte, wie zahlreiche Meeressäuger navigieren. Doch wie es im Wissenschaftsjargon immer so schön heißt: Weitere Forschungsarbeiten sind erforderlich.[7]

II. KAPITEL

Der Nase nach

K omm schnell. Komm und schau dir diese Schmetterlinge an,
die sind groß wie Vögel!« Mit diesen Worten stürmte Jean-
Henri Fabres kleiner Sohn Paul eines Nachts aufgeregt in
das Zimmer seines Vaters. Riesige männliche Nachtpfauenaugen[1]
schienen fast das gesamte Haus in Beschlag genommen zu haben.
Das Dienstmädchen hielt sie für Fledermäuse und scheuchte sie wie
verrückt umher. Mit einer Kerze in der Hand ging Fabre in sein Arbeitszimmer, wo im Lauf des Tages ein Weibchen aus dem Kokon
geschlüpft war, welches er unter einer Drahtglocke eingesperrt hatte.
Das Geschehen schilderte er wie folgt:

> Was wir sehen, ist unvergesslich. Mit sanftem Flippflapp flattern
> die großen Schmetterlinge um die Glocke, setzen sich, fliegen
> fort, kommen zurück, steigen zur Zimmerdecke und wieder
> hinunter. Sie stürzen sich auf die Kerze und löschen sie mit einem
> Flügelschlag; sie landen auf unseren Schultern, klammern sich an
> die Sachen, streifen das Gesicht. Dies ist die Höhle eines Geister-
> beschwörers mit seinen schwirrenden Fledermäusen. Um sich
> Mut zu machen, fasst Paul meine Hand fester als sonst. [...] Sie
> waren aus allen Richtungen gekommen und hatten es auf eine mir
> unbekannte Art erfahren, diese vierzig Verliebten, die es eilig ha-
> ben, der am Morgen im geheimnisvollen Bereich meines Arbeits-
> zimmers geborenen Heiratskandidatin ihre Aufwartung zu ma-
> chen.[2]

Fabre fragte sich, welche eigenartige Kraft so viele liebeshungrige Falter durch die warme provenzalische Nacht in sein Haus gelockt hatte.

Er vermutete zu Recht, dass ein von dem Weibchen ausgehender Geruch der Grund sein musste und dass die Männchen diesen vielleicht mithilfe ihrer ausgeprägten gekämmten Fühler wahrnehmen konnten. Inzwischen wissen wir, dass männliche Nachtfalter wie diese den Geschlechtsduft einer potenziellen Paarungspartnerin über mehrere Kilometer hinweg ausmachen können und bis zu seiner Quelle verfolgen. Viele Insekten setzen auf Gerüche, um Partner, Nahrung oder geeignete Laichplätze zu finden.

Weil die Duftfahnen, denen die Insekten folgen, rasch schwächer werden, während sie sich ausbreiten, reagieren die Tiere anfangs vielleicht auf ein einziges Geruchsmolekül, doch in einem sich bewegenden Luftstrom löst sich eine Duftwolke häufig vollständig auf. Es ist also nicht leicht, die Quelle eines durch die Luft getragenen Geruchs ausfindig zu machen; es genügt nicht, wie man einst glaubte, einfach einer Spur nachzujagen, die (gleichsam in einem »Konzentrationsgradienten«) bis zu ihrem Ursprung immer stärker wird.[3]

Die Frage, wie Insekten diese schwierige sensorische Herausforderung bewältigen, wurde ausführlich debattiert.[4] Fabres Große Nachtpfauenaugen schossen nicht nur hin und her und flogen im Allgemeinen gegen den Wind, um eine verlorene Duftspur wiederzufinden, sondern nutzten wohl auch die Signale, die sie von ihren zwei außergewöhnlich reizempfindlichen Fühlern empfingen.

Honigbienen ändern auf jeden Fall ihren Kurs, wenn die chemische Zusammensetzung der Luft, die über ihre Fühler hinwegstreicht, variiert.[5] Das Gleiche gilt für Fruchtfliegen.[6] Zudem haben neuere Experimente mit der Respekt einflößenden Wüstenameise gezeigt, dass sie (neben all den visuellen Anhaltspunkten, die bereits genannt wurden) nicht nur olfaktorische Hinweise nutzt, um ihr Nest zu finden, sondern dazu auch beide Fühler braucht.[7] Der Abgleich der Informationen, die von den Fühlern eingehen, wird anschaulich als

»Stereoriechen« (»Räumliches Riechen«) bezeichnet und liefert dem Tier vielleicht sogar so etwas wie einen »Geruchskompass«.

Ende der 1940er-Jahre wollte Arthur Davis Hasler als junger Forscher herausfinden, wie Fische anhand von Gerüchen zwischen einzelnen Pflanzen unterscheiden können. Er war tief beeindruckt von den Arbeiten des Ethologen Konrad Lorenz, der kurz zuvor das Prinzip der Prägung entdeckt hatte – eine rasche, irreversible Form des Lernens, durch die bei einigen Tierarten starr festgelegte Verhaltensmuster entstehen. Lorenz hat in seinen berühmten Studien nachgewiesen, wie frisch geschlüpfte Gänse auf das erste sich bewegende Objekt geprägt werden, das sie sehen, und diesem blind folgen, selbst wenn es sich dabei zufälligerweise um einen Forscher in Gummistiefeln handelt – und nicht um die Mutter Gans persönlich.

Hasler war auch davon fasziniert, wie ausgewachsene Lachse, die sich mehrere Jahre lang im offenen Meer getummelt haben und dort herangereift sind, zum Laichen genau in jene Flussläufe zurückkehren, in denen sie geboren wurden. Dies war gründlich nachgewiesen worden, indem man Jungfische markiert und später wieder eingefangen hatte. Wie sie diese außergewöhnliche Leistung vollbrachten, war aber nach wie vor ein vollkommenes Rätsel.

Während Hasler in den abgeschiedenen Wasatch Mountains in Utah wanderte, hatte er ein Offenbarungserlebnis:

Ich hatte mich einem Wasserfall genähert, der durch eine Felswand vollkommen dem Blick verborgen blieb; als jedoch ein kühler Lufthauch den Duft von Moosen und Akelei um den Felsvorsprung herumwehte, sah ich vor meinem inneren Auge plötzlich die Einzelheiten dieses Wasserfalls und seiner Umgebung. Dieser Geruch war so eindrücklich, dass er eine Flut von Erinnerungen an Abenteuer mit Jugendfreunden hervorrief, die aus dem bewussten Gedächtnis längst verschwunden waren.

Die Assoziation war so stark, dass ich sie sofort auf das Problem der Zielfindung von Lachsen anwandte. Aufgrund der Verknüpfung formulierte ich die These, dass jeder Fluss ein besonderes Bouquet von Düften aufweist, auf das Lachse geprägt werden, bevor sie ins Meer abwandern; später nutzen sie es als Hinweis, um ihren Geburtsort zu erkennen, wenn sie vom Meer zurückkehren.[8]

Ausgehend von dieser Erkenntnis, konnten Hasler und seine Kollegen in einer Reihe genialer Experimente nachweisen, dass Lachse im Prinzip auf genau jene besonderen Gerüche geprägt werden, die ihren Geburtsfluss kennzeichnen, und diese nutzen, um den Weg dorthin zurück zu finden.

In den 1970er-Jahren gelang es Hasler, in Fischbrutbetrieben großgezogene Lachse in Flüsse zu locken, die mit einem von zwei synthetischen Duftstoffen markiert waren. Jahre zuvor hatte man die Fische diesen Gerüchen kurz ausgesetzt. In der Zwischenzeit konnten die Lachse keinem dieser Gerüche begegnet sein; trotzdem behielten die Tiere sie im Gedächtnis. Eben dieses Verfahren erwies sich später als nützlich, um Lachse in die gesäuberten Großen Seen in Nordamerika zurückzulocken – aus denen sie zuvor aufgrund der Verschmutzung vertrieben worden waren.[9]

Dass sich zurückkehrende Lachse auf Geruchssignale verlassen, ist inzwischen gründlich nachgewiesen. Aber in freier Natur wirken in unterschiedlichen Phasen im Lebenszyklus der Fische wahrscheinlich Kombinationen von Gerüchen; die Tiere folgen wohl einer Reihe eigenständiger »olfaktorischer Wegmarken«, wenn sie den Fluss hinab- oder hinaufwandern.[10]

Menschen können einen wohligen von einem üblen Geruch unterscheiden, doch normalerweise werden olfaktorische Informationen – zumindest bewusst – kaum beachtet. Sehen und Hören stehen im Zentrum unserer Aufmerksamkeit.

Wir können Gerüche jedoch gut zur Orientierung nutzen, wenn die Gegebenheiten stimmen. Ich erinnere mich an ein persönliches Erlebnis: Als ich eines Nachts auf die Küste von Luzon in den Philippinen zusteuerte, nahm ich einen intensiven Geruch von feuchter Erde und Fäulnis wahr, während die Jacht noch weit draußen auf See war. Eine sanfte ablandige Brise trug ihn von den urwaldbedeckten Bergen, die noch im Dunkel lagen, zu uns herüber. Wären wir uns der eigenen Position nicht sicher gewesen, hätte uns dieser exotische Geruch verraten, dass wir uns der Insel näherten. Gerüche können sich auch in viel kälteren Gewässern als nützlich erweisen. Der Gestank von Guano kann offenbar auf Eisberge hinweisen, die im Nebel oder in der Finsternis lauern; ich selbst kam allerdings noch nicht in den Genuss dieser Erfahrung. Vorwarnungen dieser Art dürften nicht wenigen Seeleuten das Leben gerettet haben.

Harold Gatty, ein Meisternavigator des frühen 20. Jahrhunderts, schilderte die Geschichte des Bergführers Enos Mills, der schneeblind wurde, als er in den Rocky Mountains allein bis auf 3650 Meter aufstieg, weitab von jeder Siedlung. Die meisten Menschen würden in Panik geraten, wenn sie in eine so ernste Notlage gerieten, aber Mills bewahrte Ruhe: »Meine Geisteskräfte waren ungeheuer wach. Der Gedanke eines tödlichen Endes kam mir gar nicht in den Sinn.«

Mills konnte nichts sehen. Die Pfade und Spuren waren von hohem Schnee bedeckt, doch vor seinem geistigen Auge hatte er eine klare Karte des Weges, den er gehen musste. Er stapfte mit seinen Schneeschuhen vor sich hin und tastete mit seinem Stock nach den Bäumen, denn er wollte die Kerben ausfindig machen, die er auf dem Hinweg mit seiner Axt in die Rinden geschlagen hatte.

Nachdem er eine beinahe tödliche Schneelawine überlebt, einige riesige Felsen überwunden und sich durch dichtes Gestrüpp gekämpft hatte, nahm er den vertrauten Geruch von Espenrauch wahr. Während er stetig gegen den Wind ging, wurde der Geruch immer stärker. Schließlich blieb Mills, noch immer blind, stehen und lauschte nach Lauten menschlichen Lebens. Da hörte er ein kleines Mädchen freundlich fragen: »Werden Sie heute Nacht hier bleiben?«[11]

Darwin, Sexualität und Jagd

Häufig wird Aristoteles die Schuld daran zugeschrieben, dass die meisten Menschen ihrer Nase mit Geringschätzung begegnen.[12] Er hatte in der Tat keine hohe Meinung vom menschlichen Geruchssinn und erklärte kategorisch, dieser sei weniger unterscheidungsfähig und insgesamt schwächer ausgeprägt als der vieler Tierarten. Seiner Meinung nach diente der Geruchssinn einzig und allein dazu, unsere Gesundheit zu schützen, indem er uns vor verdorbenen Nahrungsmitteln warnt.[13]

Der französische Anthropologe und Gehirnanatom Paul Broca (1824–1880) trug jedoch sicherlich eine Mitschuld. Merkwürdigerweise waren Brocas Ansichten über den menschlichen Geruchssinn eng mit seiner Skepsis gegenüber der Religion verknüpft.[14] Als Verfechter der darwinistischen Anschauungen argumentierte Broca, die »aufgeklärte Intelligenz« des menschlichen Wesens habe nichts mit dem Besitz einer gottgegebenen Seele zu tun, sondern sei vielmehr durch die außergewöhnliche Größe der Stirnlappen unseres Gehirns bedingt. Darüber hinaus seien wir, im Gegensatz zu den meisten anderen Lebewesen, nicht von unserem Geruchssinn beherrscht, und dies bedeute, wir könnten über unser Verhalten selbst entscheiden.

Unser hochgeschätzter freier Wille war demnach lediglich eine Folge davon, dass wir in Sachen Geruch nicht sonderlich begabt sind. Die römisch-katholische Kirche war nicht erfreut.

Brocas These stützte sich auf die Feststellung, dass der menschliche Riechkolben *(Bulbus olfactorius)* – der Teil des Gehirns, der Signale von den Geruchsrezeptoren der Nase empfängt – im Verhältnis zur

Gesamtgröße unseres Gehirns eher klein sei. In dieser Hinsicht unterschieden wir uns deutlich von »niedereren« Tierarten wie Hunden oder Ratten, die seiner Meinung nach Sklaven ihrer Geruchsorgane waren. Von diesem Standpunkt aus war es nur ein kurzer, aber falscher Schritt bis zur Behauptung, Menschen hätten einen schwachen Geruchssinn. Brocas Ansicht wurde von späteren Forschergenerationen unkritisch übernommen. Sobald sich dieser pseudowissenschaftliche Glaubenssatz einmal festgesetzt hatte, wurde er immer wieder nachgebetet.

Darwin selbst war der Meinung, der Geruchssinn sei für den Menschen »von äußerst untergeordnetem Nutzen«; er mutmaßte, wir hätten ihn »in einem abgeschwächten und insofern rudimentären Zustande von irgend einem früheren Vorfahren« geerbt. Er erkannte allerdings an, dass der Geruchssinn beim Menschen »in einer merkwürdig wirksamen Weise Ideen und Bilder bereits vergessener Scenen und Orte wieder erweckt«.[15] Sigmund Freud trug das Seine dazu bei, den Mythos zu verbreiten, indem er Folgendes behauptete: Während der Geruchssinn bei anderen Tieren ein instinktives Sexualverhalten hervorrufe, trage seine schwache Ausprägung beim Menschen zu sexueller Verdrängung und psychischen Störungen bei.[16]

Aristoteles, Broca, Darwin und Freud – sie alle irrten sich in Bezug auf den Geruchssinn. Einige vage Berechnungen, die in den 1920er-Jahren angestellt wurden, legten den Schluss nahe, wir könnten nur rund 10 000 verschiedene Gerüche unterscheiden, doch in Wirklichkeit schneiden wir sehr viel besser ab. Eine neuere Studie kam zu dem Ergebnis, dass die Zahl auf mindestens eine Billion nach oben korrigiert werden sollte.[17]

Dieser Befund wurde zwar aus methodischen Gründen infrage gestellt, doch unser Geruchssinn ist alles andere als schwach. Ein Experte stellte vor Kurzem fest:

Menschen mit intakten Geruchssystemen können praktisch alle flüchtigen chemischen Stoffe wahrnehmen, die größer als ein oder zwei Atome sind, und zwar so umfassend, dass es inzwischen von wissenschaftlichem Interesses ist, die wenigen Geruchsstoffe zu dokumentieren, die einige Menschen nicht riechen können.[18]

Wie der führende Geruchsforscher Jay Gottfried erklärt, wurden die chemischen Sinne – Geruchssinn und Geschmackssinn – vor rund einer Milliarde Jahren herausgebildet:

Für ein Bakterium, das durch die präkambrische Brühe aus chemischen Stoffen taumelte, stellte die Entwicklung des Geruchssinns eine prägnante, wenn auch rudimentäre biologische Anpassung dar, die für die chemische Erkennung von Zuckerarten, Aminosäuren und anderen kleinen Molekülen ausreichte. [...] [Und während] Insekten, Nagetiere und Hunde einen besonders feinen Geruchssinn haben, erstaunt selbst der menschliche Geruchssinn: Menschen können zwei Geruchsstoffe auseinanderhalten, die sich nur durch ein einziges Kohlenstoffatom unterscheiden, und können bestimmte Geruchsstoffe mit einer ausgeprägteren Riechschärfe wahrnehmen als Ratten.[19]

Der menschliche Riechkolben mag im Verhältnis zur Gesamtgröße unserer sehr großen Gehirne klein sein, doch absolut gesehen ist er recht umfangreich – größer etwa als der von Ratten und Mäusen; und er birgt eine ungewöhnlich große Zahl der entscheidenden Verarbeitungseinheiten, die als *Glomeruli cerebellares* bezeichnet werden. Hunde verfügen zwar über rund zehnmal so viele Geruchsrezeptoren wie wir Menschen, doch wir haben eine größere Anzahl von Glomeruli.[20] Zudem verfügt der menschliche Riechkolben über eine »Hotline« zum präfrontalen Kortex, also zu jener Hirnregion, die Entscheidungsprozesse auf höherer Ebene steuert. Der Geruchssinn unterscheidet sich folglich von unseren anderen Sinnesorganen, die ihre Signale allesamt zuerst an einen anderen Teil des Gehirns senden, nämlich den Thalamus – eine Art Filter, der entscheidet, was unsere bewusste Aufmerksamkeit verdient.

Und das ist noch nicht alles. Im Vergleich zu anderen Spezies widmet sich ein großer Teil des menschlichen Gehirns der Auswertung jener Informationen, die vom Riechkolben stammen. Wir sind imstande, einen charakteristischen Geruch selbst auf der Grundlage bruchstückhafter Signale zu erkennen, weil unser Gehirn »die Lücken ausfüllen« kann.[21] Und wir verbinden unterschiedliche Gerüche zu Wahrnehmungseinheiten, die mit Bedeutung und Gefühlen aufgeladen sind.

Genau solch einen Prozess der Verknüpfung hat Marcel Proust geschildert:

> In der Sekunde nun, da dieser mit den Gebäckkrümeln gemischte Schluck Tee meinen Gaumen berührte, zuckte ich zusammen und war wie gebannt durch etwas Ungewöhnliches, das sich in mir vollzog. Ein unerhörtes Glücksgefühl, das ganz für sich allein bestand und dessen Grund mir unbekannt blieb, hatte mich durchströmt. […] es erfüllte mich mit einer köstlichen Essenz; oder vielmehr: diese Essenz war nicht in mir, ich war sie selbst. […] Und mit einem Mal war die Erinnerung da. Der Geschmack war der jenes kleinen Stücks einer Madeleine, das mir am Sonntagmorgen in Combray […] meine Tante Léonie anbot, nachdem sie es in ihren schwarzen oder Lindenblütentee getaucht hatte.[22]

Der namhafte Neurowissenschaftler (und Gastronom) Gordon Shepherd erklärte dazu: Durch die ungewöhnlich komplexen Mechanismen, mit denen wir Geruchssignale verarbeiten können, »eröffnet sich den Menschen eine reichhaltigere Geruchswelt als anderen Lebewesen«.[23]

Lucia Jacobs ist Professorin für Psychologie an der University of California, Berkeley. Sie verteidigt energisch die zentrale Bedeutung des Riechens und Schmeckens, nicht nur beim Menschen, sondern auch in der gesamten Tierwelt. Jacobs zufolge spielen diese beiden eng verwandten chemischen Sinne eine sehr wichtige Rolle in unserem Leben – auch wenn wir uns häufig nicht darüber bewusst sind, welchen Einfluss sie auf uns haben. So bevorzugen beispielsweise Frauen männliche Sexualpartner, deren Immunsystem sich stark von ihrem eigenen unterscheidet.[24] Diese unbewusste Vorliebe ist durchaus sinnvoll, da sie wahrscheinlich zu gesünderem Nachwuchs führt, und sie beruht auf Unterschieden in der Art und Weise, wie Männer riechen. Was könnte wichtiger sein als das? Die deutlich ausgeprägten »Körpergeruchs-Cocktails«, die jeder von uns erzeugt, geben zudem Aufschluss über das jeweilige Angst- und Aggressionslevel. Dies erklärt vielleicht, warum wir unbewusst an unserer Hand riechen, nachdem wir Fremden die Hand geschüttelt haben.[25]

Ein Grund, warum wir unser Riechvermögen zu gering einschätzen, besteht darin, dass unsere Nasen so weit vom Boden entfernt sind. Daher entgehen uns viele der Gerüche, die wir andernfalls mitbekommen würden. Wer jedoch bereit ist, das lebhafte Schnupperverhalten eines Hundes nachzuahmen, wird überrascht sein, wie viel er entdecken kann. Mit dieser Methode können die Botocudos in Brasilien und die Ureinwohner der Malaiischen Halbinsel Wild verfolgen und jagen. Und selbst Studenten in Kalifornien sind überraschend geschickt beim Verfolgen einer Geruchsspur, wenn sie auf die Hände und Knie gehen.[26]

Jacobs selbst hat nachgewiesen, dass Menschen, denen sowohl visuelle als auch akustische Signale vorenthalten werden, einen bestimmten Ort aufgrund seiner einzigartigen Geruchsmischung erkennen und später allein dank ihres Geruchssinnes dorthin zurückfinden können.[27] Der Forscherin zufolge ist dies eine erstaunliche

Erkenntnis: »Wir nehmen an, dass Menschen selbst dann, wenn sie einen ausgeprägten Geruchssinn hätten, diesen nicht für die räumliche Orientierung nutzen würden, sondern vielmehr für das Erkennen und Unterscheiden von Gerüchen.«

Wir sind »blind vom Sehen«, wie Jacobs es prägnant formuliert. Sehen ist unser Standardmodus und beherrscht die Art und Weise, wie wir mit unseren Sinnen die Welt erfassen. Unser starkes Vertrauen auf das Sehen schränkt auch unsere Vorstellung davon ein, was möglich ist, sowohl für uns selbst als auch für unsere Verwandten in der Tierwelt. Dieses Versäumnis ist für die Navigation und Orientierung von besonderer Bedeutung.

Der Geruchssinn ist Jacobs zufolge der »grundlegende Befehlsweg« bei Wirbeltieren. Sie weist darauf hin, dass Gerüche »unendlich kombinierbar« sind. Dementsprechend existiert eine unbegrenzte Zahl möglicher Gerüche, von denen jeder einzelne im Prinzip als einzigartige Orientierungshilfe fungieren könnte. Und Gerüche, die über große Entfernungen wahrnehmbar sind, können einem Tier wertvolle Richtungsangaben liefern – und vielleicht sogar als Grundlage für eine Art von Landkarte dienen, die an vollkommen unvertrauten Orten besonders nützlich sein dürfte.

– – – –

Viele Säugetiere, die auf trockenen Landflächen leben, scheinen ein ausgeprägtes Heimfindevermögen zu haben – selbst über weite Entfernungen. Dazu zählen Rehe, Füchse, Wölfe, Eisbären, Graubären und natürlich Hunde und Katzen.

Standortdaten von siebenundsiebzig Amerikanischen Schwarzbären, die aus ihren Revieren in andere Gebiete gebracht worden waren, haben interessante Erkenntnisse zu diesem Thema geliefert. Die betäubten Bären wurden im Durchschnitt etwas mehr als hundert Kilometer »versetzt« – weitab von jedem vertrauten Terrain.

Man notierte, in welche Richtung die Bären nach ihrer Freilassung aufbrachen. Als heimgekehrt galten sie, wenn sie höchstens zwanzig Kilometer von dem Ort entfernt auftauchten, an dem sie eingefangen worden waren. Die Bären zeigten eine starke Tendenz, sich in Richtung Heimat aufzumachen, und vierunddreißig fanden dorthin zurück, bevor sie erschossen beziehungsweise wieder eingefangen wurden oder bevor ihr Funkhalsband seine Funktion aufgab. Ein Bär kehrte sogar aus einer Entfernung von 271 Kilometern in sein Revier zurück. Im Durchschnitt brauchten die Tiere nahezu dreihundert Tage für diese Wanderungen, doch wie genau sie ihren Weg fanden, ist und bleibt bedauerlicherweise unklar.[28]

12. KAPITEL

Können Vögel ihren Heimweg riechen?

V on den rätselhaften Navigationsfähigkeiten der Brieftaube erfuhr ich erstmals in einem Universitätsbüro mit Blick auf den
sonnenbeschienenen Botanischen Garten in Pisa, unweit des berühmten Schiefen Turms.

Paolo Luschi und Anna Gagliardo sind beide ehemalige Studenten des inzwischen verstorbenen Floriano Papi, dessen Forschungsarbeiten über Sandflöhe bereits erörtert wurden. Papi, der nur sechs
Monate vor meinem Besuch gestorben war, hatte sich als Jugendlicher
den Partisanen angeschlossen, die gegen die Besatzung der Nazis in
Italien kämpften. Seine Aufgabe war es, Geheimnachrichten zu über-
bringen, und er wäre wegen Spionage erschossen worden, wenn man
ihn gefasst hätte. Nach dem Krieg erhielt Papi als Belohnung für seinen mutigen Einsatz ein Stipendium und konnte an der Elitehoch-
schule in Pisa studieren. Plattwürmer und die Lichtverständigung der
Glühwürmchen wurden seine Spezialgebiete. Papi, der von der Insel
Elba stammte, war aber auch ein begeisterter Segler, und diese Lei-
denschaft brachte ihn dazu, sich mit der Navigation von Tieren zu
befassen.

Alfred Russel Wallace (1823–1913), der unabhängig von Charles Darwin Ideen zur Evolutionstheorie entwickelte, hatte bereits 1873 die
Ansicht geäußert, dass Tiere vielleicht mithilfe des Geruchssinns ihren Weg nach Hause finden:

[...] die Fähigkeit vieler Tiere, ihren Rückweg entlang einer Strecke zu finden, die sie mit verbundenen Augen zurückgelegt haben (etwa in einem Korb auf einer Kutsche), gilt allgemein als unstrittiges Beispiel für wahren Instinkt. Aber mir scheint, dass ein Tier in solch einer Lage die aufeinander folgenden Gerüche auf dem Weg beachten wird, die in seinem Geist eine Reihe von Bildern hinterlassen, welche ebenso markant sind wie jene, die wir durch den Sehsinn aufnehmen. Das Wiederauftreten dieser Gerüche in der entsprechend umgekehrten Reihenfolge – jedes Haus, Rinnsal, Feld und Dorf hat einen ausgeprägten eigenen Geruch – dürfte es dem Tier ermöglichen, auf dem Rückweg derselben Route zu folgen, egal, wie viele Abbiegungen und Kreuzungen diese enthielt.[1]

Trotz des Ansehens, das Wallace genoss, hatten es andere Wissenschaftler nicht eilig, seine These zu überprüfen. Erst in den 1970er-Jahren stellte sich Papi dieser Herausforderung. Wie er feststellte, hatte bislang niemand die Möglichkeit untersucht, dass der Geruchssinn im Orientierungsrepertoire von Brieftauben eine Rolle spielen könnte, auch wenn die Bedeutung mysteriöser »atmosphärischer Faktoren« bereits bekannt war.

Damals richteten Forscher, die sich mit Vogelnavigation befassten, ihre Aufmerksamkeit fast ausschließlich auf die Nutzung astronomischer Hinweise, vor allem den Sonnenkompass. Man ging davon aus, dass Vögel im Allgemeinen ihren Geruchssinn kaum einsetzten oder sogar keine besonders reizempfindlichen Nasen hätten. Es war also eine große Überraschung, als Papi einige Tauben ihres Geruchssinns beraubte (in der Fachsprache machte er sie »anosmisch« – »geruchsblind« oder »duftblind«) und feststellte, dass sie nicht mehr zu ihrem Schlag zurückfinden konnten, wenn sie knapp fünfzig Kilometer westlich von diesem an einem unvertrauten Ort ausgesetzt wurden – ein Flug, der ihnen normalerweise keine Schwierigkeiten bereitet hätte. Auch Papi selbst war überrascht.[2]

Papi deutete diese rätselhaften Ergebnisse als Beweis dafür, dass die Vögel sehr wohl auf die unterschiedlichen Gerüche achteten, die über ihre Taubenhäuser wehten. Er war der Meinung, sie assoziierten die verschiedenen Gerüche mit der Richtung, aus der der Wind gerade wehte.[3] Eine Taube, die einen dieser charakteristischen Gerüche an dem Ort wahrnahm, an dem sie ausgesetzt worden war, flog demnach auf ihrem Heimweg in die entgegengesetzte Richtung, aus der der Wind denselben Geruch herangetragen hatte, als sie in ihrem Schlag saß. Es mag merkwürdig klingen, doch im Prinzip ist es so, als würde man einen fernen Orientierungspunkt mit dem Kompass anpeilen und, sobald man diesen Punkt erreicht hat, den entgegengesetzten Kurs einschlagen, um den Weg zurück zum Ausgangspunkt zu finden.

Damit war die »Geruchsnavigationshypothese« geboren. Die These, dass brauchbare Informationen für die Navigation über weite Entfernungen von Gerüchen abgeleitet werden könnten, wurde allerdings mit Skepsis aufgenommen. Laut Gagliardo witzelte Papi darüber, dass selbst seine Frau das Ganze als Unsinn abtat.

Anfangs hielten es fast alle für unmöglich, dass der Geruchssinn über Entfernungen von zig Kilometern wirklich von Nutzen sein könnte. Ein besonders schwerwiegender Einwand lautete, dass turbulente Strömungen die Luft wohl so sehr durcheinandermischten, dass aus den Geruchsinformationen sicherlich ein heilloses Wirrwarr geworden war, wenn sie die Nasenlöcher der Tauben erreichten. Problematisch war zudem, dass es vielen Forschern außerhalb Italiens schwerfiel, die von Papi berichteten Ergebnisse zu bestätigen.

Ein sehr begründeter Vorbehalt, den ursprünglich auch Papi selbst gehegt hatte, lautete wie folgt: Die Verfahren, mit denen die Vögel ihres Geruchssinns beraubt wurden, könnten die Tiere so sehr verwirren oder in Stress versetzen, dass sie möglicherweise nicht mehr in der Lage wären, Orientierungshinweise aufzunehmen – weder olfaktorische noch sonstige.[4] Dies scheint jedoch nicht der Fall zu sein. Zahlreiche Experimente haben gezeigt, dass »geruchsblinde« Tauben sehr wohl fähig sind, sich zu orientieren, wenn sie in einer vertrauten Gegend freigelassen werden, in der sie markante Punkte als Hinweise nutzen können, um nach Hause zu finden.[5]

Aber lässt sich irgendwie nachweisen, dass das Heimfindeverhalten von Tauben von der Richtung der Winde beeinflusst wird, die in ihrem Schlag auf sie treffen?

Papi setzte junge Tauben Winden aus, die durch Leitbleche um das Taubenhaus herum nach links oder rechts umgelenkt wurden. Er versuchte sogar, mithilfe von Ventilatoren die Windrichtung umzukehren. Ausgehend von der Annahme, dass die Winde wichtige Informationen lieferten, war zu erwarten, dass diese Trickserei die Vögel in die Irre führen würde – was auch geschah. Wie von Papis Theorie vorhergesagt, starteten die Vögel, die umgeleiteten Winden ausgesetzt worden waren, in die entsprechend »falsche« Richtung, wenn sie freigelassen wurden.[6]

Offenbar gibt es eine entscheidende Phase in der Entwicklung der Tauben, in der die Tiere Zugang zu Windinformationen haben müssen, um später Gerüche zu Orientierungszwecken nutzen zu können.[7] Somit werden junge Tauben vielleicht – ähnlich wie Lachse – auf Gerüche geprägt, die mit den Winden verbreitet werden.

Skeptiker waren von diesen Experimenten allerdings nicht überzeugt. Einige meinten, die Ableitbleche beeinträchtigten das Polarisationslicht, nach dem sich der Sonnenkompass der Tauben richten könnte[8], oder verfälschten wichtige akustische Hinweise. Seit rund vierzig Jahren arbeiten Verfechter von Papis Hypothese intensiv daran, diesen und anderen Einwänden zu begegnen.[9]

Ein führender deutscher Experte auf dem Gebiet der Vogelnavigation, Hans Wallraff, war anfangs ebenfalls skeptisch. Er erkannte jedoch, dass eine gründliche Überprüfung von Papis Erkenntnissen die einzig richtige Reaktion war. Wallraff hat vor Kurzem nicht weniger als siebzehn verschiedene Arten von Experimenten aufgelistet, welche seiner Meinung nach »schlüssige Befunde liefern, die für eine geruchsbasierte Orientierung sprechen«.[10]

Bei der vielleicht bemerkenswertesten dieser Studien nutzte man einen sogenannten »falschen Freilassungsort«.[11] In luftdichten Containern, die mit gefilterter, geruchsfreier Luft versorgt wurden, brachte man Tauben an einen Ort, an dem sie die örtliche Luft ein paar Stunden lang einatmen konnten, aber *nicht freigelassen* wurden. Dann wurden sie – wieder in gereinigter Luft – an einen neuen Ort transportiert, der in entgegengesetzter Richtung zu ihrem Taubenschlag lag. Dort machte man sie geruchsblind, ohne dass sie zuvor die lokalen Gerüche wahrnehmen konnten, und ließ sie schließlich frei. Die Vögel flogen in die »falsche Heimkehrrichtung«.

Besser gesagt: Sie flogen in die Richtung, die am ersten Ort sinnvoll gewesen wäre, an dem sie frei atmen, aber nicht starten durften. Im Gegensatz dazu folgten Vögel einer Kontrollgruppe, die der Luft am Freilassungsort ausgesetzt wurden, bevor man ihnen den Geruchssinn nahm, dem richtigen Kurs nach Hause.

Es schien daher so, als nutzten die Vögel der ersten Gruppe die einzige Information, die ihnen zur Verfügung stand – nämlich den Geruch, den sie am ersten Ort wahrnehmen konnten –, und orientierten sich daher in die falsche Richtung. Die zweite Gruppe hingegen, die über aktuellere und relevantere Geruchsinformationen verfügte, wählte die korrekte Richtung.

Diese Studie war genial, aber sie stellte nicht alle zufrieden. Kritiker von Papis Theorie führten ähnliche Experimente mit »falschen Freilassungsorten« durch, bei denen sie die Tauben an diesen Freilassungsorten unsinnigen künstlichen Gerüchen aussetzten, die keinerlei brauchbare Hinweise für die Navigation geliefert haben konnten. Die Versuchsleiter stellten fest, dass sich diese Vögel am tatsächlichen Freilassungsort genauso gut orientieren konnten wie die Tiere der Kontrollgruppe, die vor Ort die echte Luft schnuppern durften. Sie kamen schnell zu dem Schluss, dass »Geruchsexposition den Tauben keinerlei für die Navigation nützliche Informationen liefert«. Ihrer Meinung nach machten die Gerüche (gefälschte wie echte) die Vögel lediglich darauf aufmerksam, dass sie sich an einem unbekannten Ort befanden, wodurch ein vollkommen anderes Orientierungssystem in Gang gesetzt wurde. Irgendwelche anderen Hinweise, die den Tieren bei der Navigation helfen könnten, liefern Gerüche diesen Forschern zufolge nicht.[12]

Als Gagliardo und weitere Verfechter der Hypothese zur Geruchsnavigation daraufhin versuchten, dasselbe Experiment zu wiederholen, stellten sie fest, dass das Heimfindevermögen der Vögel *tatsächlich* beeinträchtigt wurde, wenn man sie am falschen Freilassungsort unsinnigen Gerüchen aussetzte.[13] Möglicherweise lassen sich diese sich widersprechenden Ergebnisse durch Unterschiede hinsichtlich Abrichtung, Alter, Erfahrung oder Umfeld der Tauben erklären.

Scheinbar stecken wir in einer Sackgasse. Inzwischen sind einige Forscher der Meinung, dass der lang anhaltende Disput über die Geruchsnavigation bei Tauben erst dann beigelegt werden kann, wenn sich beide Seiten bereit erklären, in einer neuen Reihe einheitlich entwickelter Versuche zusammenzuarbeiten.[14]

Navigation bei Meeresvögeln

Im Gegensatz zu Tauben verfügen Vögel, die auf dem offenen Meer unterwegs sind – beispielsweise Albatrosse, Eissturmvögel, Walvögel und Sturmtaucher –, über außergewöhnlich gut entwickelte Geruchsorgane, mit deren Hilfe sie Nahrung aufspüren und ihre Partner sowie ihre Nester wiederfinden. Die meisten dieser Meeresvögel sind extrem langlebig (sie werden vierzig bis sechzig Jahre alt) und bleiben, sobald sie ausgewachsen sind, ihr Leben lang sowohl ihrem Partner als auch ihrem Neststandort treu. Sie überwinden gewaltige Entfernungen und nutzen für ihre außergewöhnlichen Navigationskunststücke wahrscheinlich auch den Geruchssinn.[15]

Sturmtaucher, die mit Peilsendern ausgestattet wurden, haben bemerkenswerte Daten geliefert. Wenn man ihnen vorübergehend den Geruchssinn genommen hatte, fiel es ihnen schwer, nach Hause zu finden – vor allem, wenn sie fernab von Land freigesetzt wurden. Vögel, die auf der Azoreninsel Faial eingefangen, geruchsblind gemacht und 800 Kilometer entfernt freigelassen wurden, streiften Tausende Kilometer umher, bis sie zu ihrem Nest zurückfanden. Vögel einer Kontrollgruppe, die nach wie vor riechen konnten, flogen dagegen mehr oder weniger direkt zurück.[16]

Wenn Sturmtaucher im westlichen Mittelmeer fernab von Land freigelassen wurden, waren die Ergebnisse nicht so eindeutig. Die Vögel fanden allesamt recht schnell nach Hause, doch während die Tiere der Kontrollgruppe ziemlich direkte Routen einschlugen, flogen viele der Geruchsblinden zunächst nach Norden und folgten dann dem Küstenverlauf, bis sie ihre Kolonie vor der Küste Italiens erreichten.[17] Es schien so, als suchten sie nach vertrauten Landmarken, um ihren Heimweg zu finden. Zudem gibt es Anzeichen dafür, dass beim Navigationsverhalten der Sturmtaucher ein Sonnenkompass mit Zeitausgleich eine Rolle spielt.[18]

Als Sturmtaucher bei ihren Streifzügen im Umfeld ihrer Kolonien auf den Balearischen Inseln mit Peilsendern verfolgt wurden, zeigte sich, dass die geruchsblinden Exemplare offenbar trotzdem erfolgreich Nahrung suchen konnten. Die Heimwege, die sie einschlugen, waren jedoch viel weniger direkt als die der Kontrollgruppe – jedenfalls so lange, bis die Inseln sichtbar wurden und die Vögel vermutlich visuellen Orientierungshinweisen folgen konnten.[19] Eine mathematische Analyse der Routen, denen Sturmtaucher bei der Nahrungssuche folgten, hat gezeigt, dass die Vögel von Windgeschwindigkeiten beeinflusst werden – und zwar genau entsprechend der These, dass sie sich bei ihrer Navigation auf den Geruchssinn verlassen.[20]

Die Frage lautet also: Auf welche Gerüche stützen sich die Vögel konkret?

Bislang hat niemand die natürlich auftretenden Gerüche identifiziert, nach denen sich Tauben tatsächlich richten, doch Meeresvögel sind sensibel gegenüber bestimmten Gerüchen, die auf Nahrung hinweisen, insbesondere gegenüber der chemischen Verbindung Dimethylsulfid (DMS).[21] Natürlich kann man einen Vogel nicht fragen, was er zu riechen vermag, doch die Überwachung von Veränderungen der Herzfrequenz liefert aussagekräftige Anhaltspunkte. Mithilfe dieses Verfahrens wurde nachgewiesen, dass Antarktis-Walvögel extrem niedrige Konzentrationen von DMS wahrnehmen können. Weil dieser chemische Stoff eine wichtige Rolle für die Klimaregulierung spielt, ist einiges über jahreszeitliche Schwankungen in seiner Verteilung bekannt. So weiß man etwa, dass er um mittelozeanische Inseln und über niedrigen Festlandsockeln und Unterwasserbergen – also an Orten mit reichem Futterangebot – in hoher Konzentration auftritt.

Die regelmäßige saisonale Blüte stark riechender Mikroorganismen an solchen Orten hilft Meeresvögeln nicht nur, Nahrung zu finden, sondern dient allgemein ihrer Orientierung. Man geht davon aus, dass ganze Meeresbecken eine relativ beständige »Landschaft« mit fein differenzierten Geruchsmerkmalen für sie darstellen, mit denen sie im Lauf ihres langen Lebens möglicherweise vertraut werden.[22]

Es ist jedoch schwer zu glauben, dass ein Vogel beim Flug über das offene Meer *ausschließlich* auf seinen Geruchssinn vertraut, um sich zu orientieren; besonders wenn man berücksichtigt, dass nicht nur in der Luft, sondern auch im Meer starke Strömungen auftreten können.

Ein Großteil der Unklarheit in Bezug auf die Navigation von Vögeln rührt vermutlich daher, dass diese Tiere (wie auch viele andere) ein ganzes Spektrum unterschiedlicher Orientierungsmechanismen nutzen und je nach den konkreten Erfordernissen die passende Methode wählen. Sie sind wohl durchaus in der Lage, die Qualität der jeweils verfügbaren Information zu beurteilen, bevor sie darüber befinden, welches System voraussichtlich das zuverlässigste ist, und nutzen vermutlich in unterschiedlichen Phasen ihrer Flüge verschiedenartige Navigationshilfsmittel.[23]

Vor diesem zugegebenermaßen verwirrenden Hintergrund mag sich der Leser oder die Leserin fragen, ob Tauben (und andere Vögel) nicht auf einen vollkommen anderen Sinn zurückgreifen, der sie von unvertrauten Orten nach Hause leitet. Möglicherweise nutzen sie magnetisch definierte Hinweise. Es ist nachgewiesen, dass Tauben sensibel auf magnetische Felder reagieren; doch solange sie über einen intakten Geruchssinn verfügen, zeigen sie meist keine Anzeichen einer Desorientierung, wenn das natürliche Magnetfeld um sie herum gestört wird, indem Magnete an ihren Köpfen befestigt werden. Albatrosse und Sturmvögel können unter solchen Gegebenheiten ebenfalls nach Hause finden.[24] Diese Vögel verlassen sich also definitiv *nicht nur* auf magnetbasierte Anhaltspunkte.

Andererseits scheinen einige der Maßnahmen, mit denen Vögel geruchsblind gemacht werden, auch ihre Fähigkeit zu beeinflussen, eine künstliche magnetische Quelle wahrzunehmen.[25] Es lässt sich also ebenso wenig folgern, dass sie sich *ausschließlich* auf Geruchshinweise stützen, bloß weil sie ihren Weg nicht finden können, wenn sie ihres Geruchssinns beraubt sind.

Führen Brieftauben eine Art Koppelnavigation durch, oder verfolgen sie ihre Route auf eine andere Weise zurück? Vielleicht setzen sie Trägheitsmechanismen ein, um ihren Heimweg zu finden, oder gehen sogar olfaktorischen beziehungsweise akustischen Orientierungshilfen nach; jedenfalls wird das Heimfindevermögen nicht stark beeinträchtigt, selbst wenn der Vogel auf dem Weg zu seinem Freilassungsort betäubt wurde.[26] Es ist schwer zu verstehen, wie ein bewusstloses Tier imstande sein sollte, seinen Transportweg nachverfolgen zu können.

Einige Experten auf dem Gebiet der Tiernavigation begegnen der Hypothese zur Geruchsnavigation nach wie vor mit Skepsis[27], doch viele Forscher sehen es inzwischen als gesichert an, dass Brieftauben und Meeresvögel zumindest teilweise auf Gerüche zurückgreifen, um sich zu orientieren. Es ist aber noch keineswegs klar, wie sie dabei vorgehen. Auf diesen Aspekt werden wir später zurückkommen, wenn die mögliche Rolle von Geruchslandkarten erörtert wird.

– – – –

Der Papageitaucher ist mit seinem clownartigen Gesicht und seinem surrenden Flug ein unwiderstehlich niedliches Tier, andererseits aber auch ein Kuriosum – im wahrsten Sinne ein »komischer Vogel«.

Während andere Zugvögel einem einzigen Überwinterungsquartier treu bleiben, machen sich die Papageitaucher in die unterschiedlichsten Richtungen auf, wenn der Sommer zu Ende geht. Und da die Jungvögel die Nistkolonie bei Nacht verlassen – offenbar allein und lange vor den Alten –, ist es sehr unwahrscheinlich, dass sie die Routen, denen sie folgen, irgendwie gelernt haben.

Forscher, die den Flug einiger Papageitaucher von der Insel Skomer vor der walisischen Küste mit Peilsendern verfolgten, stellten fest, dass im August die meisten zunächst in nordwestliche Richtung starteten und manche bis Grönland flogen, während andere nach Süden in den Golf von Biskaya wanderten. Später zogen alle hinaus auf den Nordatlantik und dann gegen Ende des Winters gen Süden, mitunter bis zum Mittelmeer, bevor sie im Frühjahr aus ganz unterschiedlichen Richtungen zu ihren jeweiligen Kolonien zurückkehrten. Besonders überraschend war, dass jeder einzelne Vogel von Jahr zu Jahr derselben individuellen Route folgte.[28]

Anders als Landvögel können Papageitaucher jederzeit auf See haltmachen; und sie sind wohl in der Lage, den Winter an ganz unterschiedlichen Orten zu überleben. Vielleicht vertraut also jeder einzelne

Jungvogel nicht auf streng festgelegte – ererbte oder erlernte – Instruktionen, sondern entwickelt eine eigene Wanderroute, der er dann Jahr für Jahr getreu folgt.

13. KAPITEL

Schallnavigation

Ein britischer Bergsteiger und Entdecker namens Frederick Spencer Chapman (1907–1971), der während des Zweiten Weltkriegs mehr als achtzehn Monate hinter feindlichen Linien im malaiischen Urwald überlebte, fuhr in den 1930er-Jahren gemeinsam mit Inuit-Jägern mit einem Kajak an der Ostküste Grönlands entlang. Es herrschte eine starke Dünung, sodass es selbst bei dichtem Nebel nicht schwer war, der Küste zu folgen; sie lauschten einfach auf das Tosen brechender Wellen. Doch für Chapman war es unbegreiflich, wie die Jäger ihren heimischen Fjord ausfindig machen konnten. Seine Gefährten waren allerdings völlig entspannt. Nachdem der Trupp eine Stunde lang gepaddelt war, drehte der Anführer im Leitkajak plötzlich in Richtung Küste und hielt genau auf die enge Mündung zu.

Chapman war verblüfft, doch die Erklärung war unglaublich einfach:

> Entlang der gesamten Küste [...] nisteten Schneeammern, und jedes Männchen [...] tat seinen Anspruch auf sein Revier kund, indem es auf einem ins Meer hinausragenden Felsen seine süße kleine Melodie trällerte. Jede männliche Schneeammer sang jedoch ein eigenes Lied, und die Eskimos hatten gelernt, jeden einzelnen Sänger zu unterscheiden; sobald sie die Laute des Vogels erkannten, der an der Landspitze ihres heimischen Fjords nistete, wussten sie, dass es an der Zeit war, auf die Küste zuzuhalten.[1]

Normalerweise orientieren wir uns nicht an Vogelgesang, aber wir richten uns alle sehr stark nach Geräuschen, um uns zurechtzufinden. Dies gilt häufig auch für Seeleute. Wenn man sich einer hohen Steilküste nähert, lässt ein scharfes Geräusch – etwa ein Händeklatschen oder ein Gewehrschuss – ein klares Echo von einer senkrechten Felswand zurückhallen. Da Schall rund einen Kilometer in drei Sekunden zurücklegt, gibt der zeitliche Abstand zu erkennen, wie nah die Felsen sind – ein zweckdienlicher Hinweis in dunklen Nächten oder bei schlechter Sicht. Es kann auch nützlich sein, auf die Eigenschaften des Geräusches zu achten, das von brechenden Wellen verursacht wird. Wellen, die sich an Felsen brechen, klingen ganz anders als solche, die auf Kies, Sand oder Schlick treffen. Unter bestimmten Umständen können erfahrene Seeleute allein dadurch, dass sie solche Unterschiede wahrnehmen, ihren Standort bestimmen.

Genau wie die Fühler von Insekten fungieren unsere Ohren als Richtungsfinder.[2] Die winzigen Zeitabstände, mit denen ein Geräusch sie erreicht, und die verschwindend kleinen Unterschiede in der Intensität verraten uns, ob sich die Quelle zu unserer Linken oder Rechten befindet. Dieses Prinzip liegt auch den 3-D-Klangeffekten zugrunde, die von Stereo- und Surround-Sound-Lautsprechern erzeugt werden. Ebenso aufschlussreich ist die Veränderung der wahrnehmbaren Frequenz eines Tons, der von einer sich bewegenden Quelle ausgeht, die sich nähert oder entfernt – der sogenannte Dopplereffekt. Damit können wir beispielsweise anhand des Geräusches beurteilen, ob ein Auto auf uns zufährt.

Blinde Menschen richten sich häufig nach Geräuschen, um sich ohne Risiko im Raum zu bewegen. Sie klopfen mit einem Stock oder machen mit der Zunge Geräusche. Indem sie auf die feinen Unterschiede in den Echos achten, können sie erkennen, was sich um sie herum befindet. Interessanterweise beschreiben sie jedoch das, was sie tun, ganz anders: Sie »spüren« einfach die Anwesenheit von Gegenständen. Gut möglich also, dass Teile ihres Gehirns, die normalerweise nichts mit dem Hören zu tun haben, diese Echos verarbeiten.

Brian Borowski, ein 59-jähriger Kanadier, wurde blind geboren und brachte sich im Alter von drei oder vier Jahren die Echoortung bei, indem er mit der Zunge schnalzte oder mit den Fingern schnipste:

> Wenn ich einen Fußweg entlanggehe und an Bäumen vorbeikomme, kann ich den Baum hören: den senkrechten Stamm des Baumes und vielleicht die Zweige über mir. […] Ich kann einen Menschen vor mir hören und um ihn herumgehen.[3]

Mit einiger Übung können auch sehende Menschen (mit verbundenen Augen) ähnliche Fähigkeiten entwickeln.[4]

Fischer an der Atlantikküste von Ghana machen offenbar Fische ausfindig, indem sie ein Paddel ins Wasser tauchen. Das flache Ruderblatt fungiert wie eine Richtantenne, die das Grunzen und Wimmern der Fische empfängt. Legt der Fischer sein Ohr an die eingetauchte Ruderstange, kann er ungefähr feststellen, wo sich die Fische tummeln.[5]

Die Raffinesse, mit der manche Tiere den Schall für die Orientierung nutzen, ist jedoch wahrhaft erstaunlich. Das bekannteste Beispiel sind Fledermäuse.

Die Entdeckung, dass Fledermäuse sich in vollständiger Dunkelheit orientieren können, machte 1793 der erfindungsreiche italienische Priester Lazzaro Spallanzani (1729–1799). Er hatte häufig bemerkt, dass nachts Fledermäuse in sein Zimmer kamen und beim Schein einer einzigen Kerze umherflatterten. Er beschloss, ihre Nachtflugfähigkeit zu testen, indem er eine Fledermaus einfing und eine Schnur um eines ihrer Beine band. Nachdem er die Kerze ausgeblasen hatte, ließ Spallanzani das Tier frei. Das Ziehen an der Schnur verriet ihm, dass die Fledermaus weiterhin herumflog, anscheinend völlig unbeeindruckt von der absoluten Finsternis. Bei weiteren Versuchen (die gewiss nicht den heutigen ethischen Standards entsprachen) machte er einige Fledermäuse blind und stellte fest, dass sie nicht nur erfolgreich jagen konnten, sondern auch zu dem Glockenturm zurückfanden, in dem er sie eingefangen hatte.[6]

Spallanzanis Entdeckungen blieben damals weitgehend unbeachtet, da nur sehr wenige seiner Erkenntnisse veröffentlicht wurden. Erst im Jahr 1938 wurde die Besonderheit der Nachtflugfähigkeit von Fledermäusen erklärt, und zwar von einem jungen Harvard-Forscher namens Donald Griffin (1915–2003), der sich für die saisonalen Wanderungen der Tiere interessierte. Griffin und sein Kollege Robert Galambos konnten nachweisen, dass Fledermäuse im Dunkeln fliegende Insekten entdecken und direkt auf sie zusteuern können, indem sie Ultraschalllaute abgeben und deren Echos auswerten; dieses System ähnelt sehr stark dem Echolot, mit dem U-Boote aufgespürt werden. Griffin erkannte, dass die außergewöhnlichen Fähigkeiten der Fledermäuse in Bezug auf Orientierung und Beutefang darauf beruhen mussten, dass sie ein höchst detailliertes dreidimensionales Bild ihrer Umgebung entwarfen.[7]

Fledermäuse ernähren sich hauptsächlich von Motten, doch einige dieser Beutetiere haben eigene Gegenmaßnahmen entwickelt. Sie vollführen Ausweichmanöver, wenn sie das besondere Signal auffangen, das eine Fledermaus beim Anflug abgibt, oder stören sogar das Echolot der Fledermaus, indem sie ein eigenes Signal von sich geben. Bei der Jagd müssen Fledermäuse daher sehr flink sein.[8]

Echolotende Fledermäuse dürfen durchaus als die Meisternavigatoren in der Welt der Säugetiere gelten, denn sie müssen enorme Herausforderungen bewältigen. Zunächst einmal gilt es für sie herauszufinden, wo sie sich befinden und was sie umgibt, indem sie ausschließlich auf die Echos der von ihnen abgegebenen Laute achten. Man stelle sich einmal vor, was das bedeutet: Sie müssen einen Schwall unterschiedlichster Geräusche erkennen, die von sämtlichen Oberflächen um sie herum zurückgeworfen werden – einer grasbewachsenen Wiese, der Rinde oder den Blättern eines Baumes, einer Backsteinmauer, einem winzigen Fluginsekt oder der Oberfläche eines Teiches.

Dies wäre schon schwierig genug, wenn die Fledermaus sich nicht bewegen würde, doch die Tiere können ungeheuer schnell fliegen und wenden häufig sehr abrupt; kaum eine Vogelart vollführt solch eindrucksvolle Flugmanöver wie die Fledermaus. Noch komplizierter wird das Ganze dadurch, dass sie ihre eigenen Signale von denen anderer Artgenossen unterscheiden müssen, die um sie herumschwirren.

Einige Fledermäuse können beim Flug in vollständiger Dunkelheit ein winziges Loch in einem engmaschigen Drahtgitter ausmachen und problemlos durchfliegen. Andere folgen jede Nacht den gleichen Flugrouten von ihren Schlafplätzen zu den Jagdrevieren und finden dabei durch verworrene Höhlengänge, die sich über mehrere Kilometer erstrecken.[9] Ihre Echolotung hat jedoch Grenzen: Die maximale Reichweite beträgt nur rund hundert Meter. Ferne Landmarken können sie folglich nicht wahrnehmen. Für die Langstreckennavigation müssen Fledermäuse daher auf andere Sinne zurückgreifen, insbesondere das Sehen (siehe S. 48).

Auch andere Säugetiere – vor allem Delfine, Schweinswale und andere Zahnwale – nutzen die Echoortung, um ihre Beute aufzuspüren und zu fangen.

In Gefangenschaft gehaltene Delfine sind ausgesprochen geschickt darin, selbst in vollkommener Dunkelheit kleine Ziele unter Wasser zu entdecken, und können mithilfe von Schall sogar Hindernissen ausweichen. Die hochintensiven Ultraschall-Klicklaute, die sie erzeugen, vermitteln ihnen ein Bild ihrer Umgebung bis in eine Entfernung von rund 300 Metern. Studien mit Funkpeilung, die im offenen Meer durchgeführt wurden, deuten darauf hin, dass die Delfine mit dieser Methode der Unterwassertopografie folgen.[10] Eine Studie mit zwei eingefangenen Schweinswalen ergab, dass auch diese Tiere sich mittels ihrer Echoortung in Bezug zu bestimmten Richtpunkten orientierten.[11]

Es gibt nicht viele stichhaltige Beweise dafür, dass Wale und Delfine die Echoortung für die Navigation nutzen, doch es wäre verwunderlich, wenn das nicht der Fall wäre. Einige Forscher gehen sogar davon aus, dass dies wohl der ursprüngliche Zweck ihrer Echoortung war – wie auch bei Fledermäusen.

Der Gedanke, dass Wale auf ihren ausgedehnten Wanderungen womöglich die »akustische Landschaft« unter Wasser nutzen, ist verlockend. Wenn die Tiere im tiefen Ozean schwimmen (der in der Regel 3000 bis 4000 Meter tief ist), dürften ihre akustischen Signale nicht stark genug sein, um brauchbare Informationen zu liefern; doch in weniger tiefen Meeren und in der Nähe von Unterseebergen könnten diese zweckdienlich sein.

Der Concorde-Effekt

Jon Hagstrum arbeitet als Geophysiker beim Geologischen Dienst der Vereinigten Staaten (US Geological Survey) und versucht seit rund zwanzig Jahren nachzuweisen, dass Tauben über ein komplexes Navigationssystem verfügen, das auf niederfrequentem Schall beruht (auch als Infraschall bezeichnet). Der Umstand, dass Hagstrum kein professioneller Biologe ist, mag zunächst verwunderlich erscheinen, doch sein ungewöhnlicher beruflicher Werdegang befähigt ihn sehr wohl dazu, dieses spezielle Thema zu ergründen. Ich sprach mit Hagstrum in seinem Büro in Menlo Park nahe der Stanford University südlich von San Francisco.

Hagstrums Vater war Physiker, und sein Sohn sollte in seine Fußstapfen treten. Doch Jon wollte unbedingt einen Beruf ergreifen, der ihm ein aufregendes Leben in der Natur ermöglichen würde. Er hätte gern als Fotograf für die Zeitschrift *National Geographic* gearbeitet, doch Jon entschied sich für einen etwas realistischeren Weg und studierte an der Cornell University Biologie. Der dortige Studiengang war für Medizinstudenten konzipiert, und als Jon dahinterkam, wie viel Zeit er wohl im Labor verbringen würde, sattelte er auf Geologie um. Im Jahr 1976 hörte er zufällig einen Vortrag von William Keeton (1933–1980), der damals einer der führenden Forscher auf dem Gebiet der Taubennavigation war.

Hagstrum war fasziniert von Keetons Ausführungen, besonders über das merkwürdige Verhalten bestimmter Tauben, die unweit des Jersey Hill freigelassen wurden. Diese Vögel waren durchweg orientierungslos und fanden äußerst selten nach Hause zurück. Und sie hatten eines gemeinsam: Sie stammten allesamt aus einem Taubenschlag auf dem Campus der Cornell University. Seltsamerweise zeigten Vögel aus anderen Schlägen im Norden des Staates New York, die an derselben Stelle freigelassen wurden, keine Beeinträchtigungen. Keeton tat sich schwer, eine plausible Erklärung für dieses sonderbare Phänomen zu finden. Während seines Vortrags wandte er sich an die Zuhörer und fragte, ob jemand zufällig einen Geistesblitz habe. Diese Frage regte Hagstrums Fantasie an und ließ ihn nie wieder los.

Ein paar Jahre später lenkte ein Aufsatz im Magazin *National Geographic* Hagstrums Interesse erneut auf das Phänomen; er war verwundert darüber, wie wenig getan worden war, um herauszufinden, ob das Verhalten der Tiere vielleicht etwas mit Schall zu tun hatte. Inzwischen hatte er Kurse in Seismologie belegt und wusste dementsprechend bestens darüber Bescheid, wie sich Schallwellen ausbreiten; zudem hatte er sich auch eingehender mit Tiernavigation befasst. Aufgrund seiner Tätigkeit als Geophysiker musste er jedoch kreuz und quer durch die Vereinigten Staaten reisen und konnte sich nicht weiter mit dem Thema befassen. Im Jahr 1998 las Hagstrum schließlich einige Artikel über Taubenrennen im Osten der USA sowie in

Europa, bei denen Vögel rätselhafterweise »auf der Strecke geblieben«, also nicht rechtzeitig oder gar nicht zurückgekehrt waren.

Es war bestens bekannt, dass Tauben über zwei Arten von Kompass verfügen – einen Sonnen- und einen Magnetkompass. Doch allein mit diesen Hilfsmitteln kann ein Vogel nicht nach Hause zurückfliegen, wenn er den Abflugort nicht bereits kennt; er braucht auch irgendeine Art von Karte. Einer weithin diskutierten Theorie zufolge könnten Vögel Gradienten (Abstufungen) in der Intensität des Erdmagnetfeldes als Grundlage für solch eine Karte nutzen. Hagstrum hielt nichts von dieser Annahme, doch er war auch höchst skeptisch gegenüber Papis Hypothese einer Geruchslandkarte. Und überhaupt konnte keine der beiden Theorien befriedigend erklären, was Keeton über einen Zeitraum von fast zwanzig Jahren am Jersey Hill immer wieder beobachtet hatte.

Hagstrum fühlte sich unwiderstehlich zu der Vorstellung hingezogen, dass Schall der Schlüssel sein könnte – eine Möglichkeit, über die auch Griffin im Zusammenhang mit der Echoortung von Fledermäusen bereits viele Jahre zuvor spekuliert hatte. In Anlehnung an eine berühmte Bemerkung, die dem großen Physiker Niels Bohr zugeschrieben wird, erklärte Hagstrum: »Vielleicht ist diese Idee gerade verrückt genug, um wahr zu sein.«

Die Geräusche, die wir Menschen hören können, werden von der Luft nicht sehr weit getragen, doch manche Tiere können äußerst niederfrequenten Schall wahrnehmen, der weit unter der Schwelle des menschlichen Hörvermögens liegt (~ 20 Hz). Dieser sogenannte Infraschall breitet sich sehr viel langsamer aus und kann Tausende Kilometer überwinden. Im Prinzip müsste es möglich sein, dass Tiere sich anhand solcher Signale orientieren.

Brieftauben können Infraschall auf jeden Fall wahrnehmen.[12] Es ist jedoch unklar, warum sich diese Fähigkeit überhaupt herausgebildet haben sollte. Vielleicht machen Tauben – und womöglich auch andere Vögel – mittels Infraschall heranziehende Wetterfronten mit

Starkwind und Regen aus. Das wäre sicherlich ein entscheidender Vorteil für jeden Vogel, der lange Wanderzüge unternimmt.

Konnte Hagstrum irgendeine Art akustischer Störung – wahrscheinlich im Infraschallbereich – aufspüren, die das »kartografische Gespür« der Vögel bei den gescheiterten Rennen eventuell durcheinandergebracht hatte? Er überprüfte eine Reihe unterschiedlicher Möglichkeiten, allerdings ohne Erfolg. Doch schließlich stieß er auf etwas, das vielleicht die Antwort lieferte: der Knall, den das Überschallflugzeug Concorde (das damals noch in Betrieb war) erzeugte. Konnte diese mächtige Infraschallquelle das Navigationssystem der Tauben unwirksam oder die Vögel vorübergehend taub gemacht haben?

Hagstrum fand heraus, dass am 29. Juni 1997 mehr als 60 000 Tauben aus Schlägen in England im nordfranzösischen Nantes zu einem Rennen anlässlich des hundertjährigen Bestehens der illustren Royal Pigeon Racing Association freigelassen wurden. Normalerweise hätte man erwarten können, dass 95 Prozent der Vögel sicher zurückkehrten, aber in diesem Fall schafften es nur sehr wenige. Es war ein derartiges Desaster, dass eine Untersuchung eingeleitet wurde; allerdings ergab deren abschließender Bericht kein klares Bild. Die verwirrten Organisatoren des Rennens schrieben die Verluste dem üblichen Verdächtigen zu: schlechtem Wetter.

Hagstrum ermittelte jedoch, dass die meisten Tauben genau zu dem Zeitpunkt den Ärmelkanal überflogen haben mussten, als die täglich verkehrende Concorde von Paris nach New York über sie hinwegdonnerte und nach Passieren der französischen Küste in den Überschallmodus wechselte.[13] Bezeichnenderweise flogen die wenigen Tauben, die nach Hause fanden, langsamer – sie hatten zu jenem Zeitpunkt noch nicht das Meer erreicht. Das schien also eine plausible Erklärung zu sein.

Als Nächstes sah sich Hagstrum Daten verschiedener gescheiterter Rennen an, die 1998 stattfanden, eines in Frankreich und zwei in den USA. Zwar zeigte sich, dass die Vögel bei diesen Rennen nicht auf die kegelförmige Druckwelle gestoßen sein konnten, die das Flugzeug beim Überschallflug umgibt; doch die Zeitabläufe (und die Wetterbedingungen) ließen darauf schließen, dass sie vielleicht den langsameren Schallwellen ausgesetzt waren, die sich vor dem Flugzeug ausbreiteten, als dieses vor der Landung das Tempo drosselte. Es gab jedoch eine Ausnahme: ein gescheitertes Rennen in Pennsylvania. Als Hagstrum diesen Vorfall untersuchte, fand er heraus, dass die planmäßige Ankunftszeit der Concorde viel früher gewesen wäre. Die einzige Möglichkeit, die noch blieb, mutete zunächst wie reine Spekulation an. Wenn seine Theorie stimmte, musste die Concorde an jenem Tag mit mehr als zwei Stunden Verspätung in New York gelandet sein. Also rief Hagstrum bei Air France am John-F.-Kennedy-Flughafen an, um sich zu erkundigen. Der Angestellte, mit dem er sprach, wies anfangs überheblich von der Hand, dass sich die unvergleichliche Concorde so sehr verspätet haben könnte. Aber als Hagstrum erklärte, seine Nachfrage diene wissenschaftlichen Zwecken, willigte der Air-France-Mitarbeiter widerstrebend ein, der Sache nachzugehen.

Als Hagstrum später noch einmal anrief, fragte der Angestellte der Fluggesellschaft: »Sind Sie Magier oder Hellseher?« Mechanische Probleme in Paris hatten den Flug an jenem Tag in der Tat um zweieinhalb Stunden verzögert, sodass die Vögel in Pennsylvania tatsächlich auf die Druckwellen gestoßen sein konnten. Hagstrum verwies darauf, dass er anhand des Verhaltens der Vögel nicht nur in der Lage war, die Verspätung des Flugzeugs an sich »weiszusagen«, sondern auch deren zeitlichen Umfang. Das war ihm zufolge der vielleicht beglückendste Moment in seiner wissenschaftlichen Karriere, doch er hatte immer noch Mühe, seine Erkenntnisse zu veröffentlichen.[14]

Hagstrum hat weit mehr Anhaltspunkte als nur die Tatsache, dass ein paar gescheiterte Taubenrennen zeitlich mit Concorde-Flügen zusammenfielen. Er analysierte auch Protokolle von 2500 Freilassungen von insgesamt 45 000 Vögeln aus der Zeit, als Keeton an der Cornell University war. Keeton war ein hochangesehener Forscher, und der Umstand, dass seine Daten nicht aktuell sind, schmälert deren Aussagekraft in keiner Weise. Durch die Datenanalyse wird vielmehr die Möglichkeit ausgeschlossen, dass Hagstrum selbst irgendeine unbewusste Befangenheit eingebracht hat.

Wie bereits erwähnt, stellte Keeton fest, dass Vögel aus Schlägen der Cornell University bei ihrer Freilassung am Jersey Hill typischerweise in beliebige Richtungen starteten und nur rund zehn Prozent tatsächlich nach Hause fanden. Am Castor Hill sah die Sache ganz anders aus, aber genauso sonderbar. Die dort freigelassenen Vögel starteten meist in ein und dieselbe Richtung – allerdings häufig in die falsche. An einem anderen Freilassungsort nahe Weedsport flogen die Vögel fast immer richtig, aber in einem Ausnahmefall scheiterten sie. Ließen sich all diese sonderbaren Ergebnisse durch eine einzige Ursache erklären?

Infraschall wird durch eine Reihe natürlicher Prozesse erzeugt; dazu zählen auch Stürme auf See und Tornados an Land sowie Wechselwirkungen zwischen hohen Winden und Landschaftsmerkmalen wie etwa Bergen. Wellen, die sich an einer Küste brechen, sind eine weitere Quelle. Stehende Wellen auf dem offenen Meer sind jedoch besonders bedeutsam und vergleichbar mit den beständigen Wellenmustern, die sich auf der Oberfläche von Kaffee in einer Tasse bilden, wenn man wiederholt gegen den Tisch schlägt. Ähnliche Wellenformen liegen auch den Tönen zugrunde, die durch Musikinstrumente erzeugt werden.

Die stehenden Wellen, die Hagstrum interessieren, sind jedoch von viel größerem Maßstab. Sie werden von der konstruktiven Interferenz zwischen den riesigen windgetriebenen Wellen verursacht, die auf dem offenen Meer durch Stürme oder Orkane hervorgerufen werden, und treten auf, wenn zwei Wellenzüge aufeinandertreffen, die eine ähnliche Frequenz haben, sich aber in entgegengesetzte Richtungen bewegen. Solche Wellen führen zu Schwankungen des Luftdrucks (sogenannten Mikrobaromen), die sich mitunter bis hinauf in die Stratosphäre ausbreiten.

In dieser Höhe können sie durch Temperaturgefälle und schnell ziehende Luftströme zur Erdoberfläche gelenkt und von dort wieder nach oben zurückgestrahlt werden. Während sich dieser Prozess wiederholt, entsteht ein »Wellenleiter«, eine Art Schallpipeline, welche die Mikrobarome über gewaltige Entfernungen lenken kann.

Und das ist noch nicht alles. Die stehenden Wellen erzeugen auch winzige erdbebenartige Vibrationen (sogenannte Mikroseismen) im darunterliegenden Meeresboden. Diese breiten sich in alle Richtungen aus und können sogar von Seismometern in der Mitte kontinentaler Landmassen wahrgenommen werden. Mikrobarome und Mikroseismen, die in den Ozeanen entstehen, verursachen im Erdboden und in der Atmosphäre ein beinahe kontinuierliches Hintergrundrauschen aus Infraschall mit einer Frequenz von $\sim 0{,}2\,\mathrm{Hz}$ und einer Periode von rund sechs Sekunden. Diese Phänomene stellen echte Probleme für Forscher dar, die andere wichtige Erscheinungen auszumachen versuchen, beispielsweise ferne Erdbeben oder Atomtests.

Hagstrum hat die These propagiert, dass Tauben den Infraschall wahrnehmen können, der von geringfügigen Vibrationen der Landoberfläche ausgeht, und dass diese Fähigkeit ihrem außergewöhnlichen Heimfindevermögen zugrunde liegt. Genauer gesagt geht er davon aus, dass jede Taube lernt, ihren Schlag mit einer Art von Infraschall-Signatur in Verbindung zu bringen – einer Schallkennung, die von den umliegenden Landschaftsmerkmalen geprägt wird. Er ist sich nicht sicher, ob Mikrobarome in der Luft oder Mikroseismen im Erdboden und der Atmosphäre den zugrunde liegenden Prozess beherrschen (obwohl die meisten Indizien auf Letzteres hinweisen; siehe unten).

Auf jeden Fall breitet sich der charakteristische Schall von der

Umgebung des heimischen Taubenhauses wie der Klang einer Glocke aus (wenn auch sehr viel langsamer und für den Menschen unhörbar).

Schall in diesem ultra-niederfrequenten Bereich kann sich in der Luft über sehr große Entfernungen ausbreiten und wie ein Leuchtturm fungieren, der es der Taube – zumindest unter normalen Bedingungen – ermöglicht, den genauen Kurs nach Hause einzuschlagen. Wird der Schall aber durch Temperaturgefälle in der Atmosphäre oder durch Landschaftsmerkmale auf dem Erdboden abgelenkt, gerät die Taube in Schwierigkeiten. Hagstrum zufolge ist das die Erklärung für das merkwürdige Verhalten der Vögel am Jersey Hill und Castor Hill sowie in Weedsport.

Tote Zonen im US-Bürgerkrieg

Anhand eines computergesteuerten Programms, mit dem man die Atmosphäre modellieren kann, hat Hagstrum nachgewiesen, wie die Ausbreitung von Infraschall sowohl durch die Temperatur- als auch die Windstruktur der Atmosphäre beeinträchtigt wird, ebenso wie durch Wetteränderungen und die physikalische Gestalt der Landschaft. Solche Faktoren können örtlich begrenzte »tote Zonen« (auch »Totzonen« beziehungsweise akustische Schattenzonen) verursachen, in denen Tauben die wichtigen Schallkennungen, die von der Umgebung ihres heimischen Schlages ausgehen, nicht aufnehmen können.

Tote Zonen sorgten während des Amerikanischen Bürgerkriegs für ernsthafte Probleme. Oberbefehlshaber auf beiden Seiten hielten oft große Streitkräfte in Reserve und setzten diese nur dann ein, wenn Gefechtslärm darauf hindeutete, dass sie gebraucht wurden. Manchmal hörten die Heerführer jedoch nichts, auch wenn sie ganz in der Nähe waren. Solch ein Schallschatten erklärt wahrscheinlich, warum General Ulysses Grant am 19. September 1862 in der Schlacht von Iuka seinem untergebenen General Rosecrans keine Verstärkung schickte. Der Kanonendonner war schlicht und einfach nicht zu ihm durchgedrungen.[15]

Atmosphärenmodelle verdeutlichen, wie eine akustische Schattenzone zu der seltsamen Orientierungslosigkeit der am Jersey Hill freigelassenen Cornell-Tauben geführt haben könnte. Unter normalen Bedingungen gelangt Infraschall von der Gegend um Cornell nicht bis zum Jersey Hill. Die Cornell-Tauben brachten es jedoch ein einziges Mal fertig, von diesem Standort nach Hause zu finden. Hagstrum hat nachgewiesen, dass ungewöhnliche Wetterbedingungen an jenem besonderen Tag die Ausbreitung des Infraschalls von Cornell radikal veränderten. Die Vögel am Jersey Hill hatten also ausnahmsweise akustischen Kontakt mit ihrem Heimatstandort und konnten – anders als sonst – die Kennung ihres Schlages auffangen.[16]

Die Orientierungslosigkeit der Vögel am Castor Hill und in Weedsport könnte hingegen darauf zurückzuführen sein, dass Infraschallsignale aus mehr als einer Richtung eingingen, und zwar infolge von Wetterlagen und Geländemerkmalen, die sich stetig änderten und somit unterschiedliche Ausbreitungsrichtungen begünstigten. Einige andere seltene Anomalien, die sich aus Keetons Daten ergeben, lassen sich sogar durch die Störeinflüsse von Infraschall aufgrund von Tornados und Orkanen erklären, die an den entsprechenden Tagen verzeichnet worden waren.

Ein häufig vorgebrachter Einwand gegen Hagstrums Hypothese ist der, dass die Gehörgänge der Tauben zu nah aneinanderliegen, um irgendwelche brauchbaren Richtungsinformationen von niederfrequentem Schall mit Wellenlängen von einem Kilometer und mehr gewinnen zu können. Wenn sich der Vogel nicht bewegen könnte, wäre dies ein schlagendes Argument, doch indem er im Kreis oder einen Looping fliegt, kann er die Größe und Reichweite seines Hörapparates erweitern. Anhand des Dopplereffekts ist er dann in der Lage festzustellen, aus welcher Richtung die Schallsignatur des Heimatstandorts gerade kommt.[17] Radaringenieure wenden genau das gleiche Prinzip an – sie nennen es »synthetische Apertur«. Die Tatsache, dass Tauben nach der Freilassung erst einmal Kreise oder Loopings drehen, bevor sie heimwärts fliegen, passt zu der Auffassung, dass sie dem Infraschall Richtungsinformationen entnehmen.

Ein viel ernsterer Einwand wird jedoch oft verschwiegen: Chirurgisch gehörlos gemachte Tauben sind nach wie vor imstande, nach Hause zurückzufinden. Die Indizienlage ist hier jedoch weder klar noch überzeugend. Die erste Studie dieser Art war nicht sehr groß angelegt, und die Ergebnisse waren nicht einheitlich: Einige taub gemachte Vögel konnten sich nicht mehr orientieren, doch dasselbe galt merkwürdigerweise auch für einige unversehrte Vögel einer Kontrollgruppe.[18]

Hagstrum hat zuletzt eine Reihe unveröffentlichter Daten durchgesehen, die ebenfalls Keeton erhoben hatte und die weiteren Aufschluss über dieses Thema geben. Die gehörlos gemachten Vögel in Keetons verschiedenen Tests verhielten sich – als Gruppe gesehen – tatsächlich anders als die Kontrollgruppe und konnten sich allgemein weniger gut orientieren, doch auch in diesem Fall fanden viele wieder nach Hause. Aber einige Vögel der Kontrollgruppe mit intaktem Gehör fanden sich ebenfalls nicht mehr zurecht.[19]

Hagstrum vermutet, dass die Kontrollgruppe zeitweise durch akustische Schattenzonen beeinträchtigt wurde. Die taub gemachten Vögel (die erkannten, dass ihr Gehör versehrt war) aktivierten auf dem Hinweg (weg vom Taubenschlag) einen ihrer Kompass-Sinne, so wie es junge, unerfahrene Tauben tun, und flogen dann auf dem entgegengesetzten Kurs zurück.

Ein weiteres indirektes Indiz ergibt sich aus einem merkwürdigen saisonalen Muster im Heimfindeverhalten europäischer Tauben. Im Winter finden sie weniger zielorientiert und langsamer nach Hause als im Sommer. Diese Anomalie, die als »Wintereffekt« bezeichnet wird, konnte in Nordamerika nicht beobachtet werden. Hagstrum vermutet den Grund im verstärkten Infra-Hintergrundschall infolge der größeren Zahl von Stürmen über dem Nordatlantik im Winter, die aufgrund der stratosphärischen Westwinde in der Regel nach Europa und nicht nach Amerika ziehen.[20]

Verfechter der Hypothese zur Geruchsnavigation weisen darauf hin, der Wintereffekt lasse sich auch dadurch erklären, dass in den Wintermonaten weniger navigatorisch brauchbare Gerüche von Pflanzen verfügbar seien.

Hagstrum würde als Erster zustimmen, dass Anekdoten wie diese nur indirekte Anhaltspunkte zugunsten seiner Infraschallhypothese liefern. Aufgrund anderweitiger Verpflichtungen kann er nicht die Art von Experimenten durchführen, die nötig sind, um definitiv zu klären, ob Tauben den Infraschall nutzen. Doch er hofft, dass sich andere Forscher bald entsprechenden Studien widmen.

– – – –

Viele Tiere kehren an ihren Geburtsort zurück, wenn es an der Zeit ist zu nisten. Es ist allerdings schwierig, das detaillierte Verhalten von Tieren – wie etwa Robben – zu untersuchen, die in großen Kolonien brüten, nicht zuletzt, weil sie jeden angreifen, der ihnen zu nahe kommt.

Vor Kurzem überwanden Forscher diese Probleme in einer großen antarktischen Kolonie von Seebären (einer Robbenart) auf Bird Island vor der Küste Südgeorgiens.[21] Ein erhöhter Steg ermöglichte es, einzelne Tiere mit größter Genauigkeit auszumachen. Mithilfe elektronischer Erkennungsmarken, die mit einem Gerät am Ende einer langen Stange gelesen werden konnten, stellten die Wissenschaftler fest, dass Seebärenkühe mit außergewöhnlicher Präzision an die Orte zurückkehrten, an denen sie geboren wurden, um ihren eigenen Nachwuchs zur Welt zu bringen – selbst nach mehreren Jahren.

Die meisten fanden bis auf zwölf Meter genau zu ihrem Geburtsplatz zurück, einige sogar bis auf zwei Meter genau. Die Bullen, deren zahlreiche Paarungspartner sogenannte Harems bilden, wurden bislang nicht in derselben Weise untersucht, doch es ist möglich, dass sie sogar eine noch größere Ortstreue aufweisen. Fotos einer Seebärenkolonie in Alaska, die in den 1890er-Jahren entstanden, zeigen »praktisch das gleiche Verteilungsmuster von Harems wie heute«.[22]

Es ist unklar, wie die Seebären mit solcher Genauigkeit zurückfinden. Vielleicht setzen sie in der allerletzten Phase ihrer Heimkehr, sobald sie an Land sind, auf Sehen beziehungsweise Riechen und nutzen weit draußen auf dem Meer möglicherweise astronomische oder magnetische Anhaltspunkte. Wer weiß?

14. KAPITEL

Der Erdmagnetismus

Jahrhundertelang verließen sich Seefahrer auf den Magnetkompass, um einen Kurs bestimmen und steuern zu können. Die zweiunddreißig nautischen Striche der Kompassrose aufzusagen, war für jeden Matrosen ein Initiationsritus, bis die Striche durch Grade ersetzt wurden. Inzwischen steht o für Nord, 90 für Ost, 180 für Süd und 270 für West – und so weiter bis 359. Man kann zwar immer noch von »Südost« oder sogar »Nordnordwest« sprechen, doch die komplizierteren Striche (etwa Nordost zu Ost) sind weitgehend in Vergessenheit geraten.

Magnetsteine oder Magnetite, also dauerhaft magnetisierte Gesteinsbrocken, die Eisen anziehen, wurden bereits in der Antike beschrieben. Und man dürfte schon früh entdeckt haben, dass sie beim freien Pendeln die Tendenz haben, »nach Norden zu streben«. Die Chinesen haben offenbar vor rund zweitausend Jahren eine Art Kompass erfunden. Es ist nicht klar, ab wann sie dieses wunderbare neue Instrument für Navigationszwecke nutzten, doch im 11. Jahrhundert war es mit Sicherheit in Gebrauch. Ab dem 12. Jahrhundert wurde der Kompass auch in Europa verwendet; ob er unabhängig von den Chinesen entwickelt wurde, ist allerdings immer noch nicht abschließend geklärt.[1]

Die Europäer waren auf ihren Entdeckungsreisen, die ab dem 15. Jahrhundert stattfanden, ebenso sehr auf den Kompass angewiesen wie auf die Instrumente, mit denen sie die Höhe der Sonne und den Stand der Sterne ermittelten. Ohne den Kompass hätten die allmählich entstehenden überseeischen Handelsrouten nicht aufrechterhalten werden können. Man könnte sicherlich behaupten, dass der Kompass das allerwichtigste Navigationsinstrument vor Einführung des GPS war, und selbst heute noch ist keine Schiffsausstattung komplett ohne ihren Steuerkompass.

Tief unter der Erdoberfläche erzeugen wallende Wirbel flüssiger Metalle, die vom fast 6000 Grad Celsius heißen inneren Erdkern erhitzt und geschmolzen werden, ein magnetisches Kraftfeld, das den gesamten Globus umgibt.[2]

Ohne den Schutz dieses sogenannten Erdmagnetfeldes gäbe es auf unserem Planeten kein Leben. Es reicht bis in den Weltraum hinaus und lenkt die kosmische Strahlung – die andernfalls die schützende Ozonschicht der Atmosphäre zerstören würde – um die Erde herum. Der tödliche Energieschwall des Sonnensystems und ferner Galaxien würde alles vernichten.

Das geomagnetische Feld gleicht dem Magnetfeld, das einen gewöhnlichen Stabmagneten umgibt, wenn auch in viel größerem Maßstab. Es hat zwei Pole, die durch Kraftlinien verbunden sind, welche in charakteristischen Bogen verlaufen. Der Magnet im Inneren eines Kompasses richtet sich nach diesen Polen aus: Ein Ende der Nadel zeigt zum nördlichen geomagnetischen Pol, das andere zum südlichen. Er reagiert demnach auf *magnetische Polarität*. Es gibt jedoch ein Problem: Die magnetischen Pole stimmen selten mit den geografischen Polen überein. Erstere verschieben sich ständig und liegen derzeit sogar Hunderte Kilometer von letzteren entfernt.[3]

Folglich weicht fast überall auf der Erde geografisch (rechtweisend) Nord/Süd von geomagnetisch Nord/Süd ab. Der Winkelunterschied zwischen den beiden Richtungen wird fachsprachlich als *Deklination* (oder auch Missweisung) bezeichnet.[4] Die Deklination muss unbedingt berücksichtigt werden, wenn man mit einem Kompass navigiert, andernfalls landet man an einem gänzlich unerwarteten Ort. Und wenn man sich in der Nähe von einem der beiden magnetischen Pole befindet, an denen sich die Deklination über recht kurze Entfernungen sehr schnell ändert, ist ein Magnetkompass praktisch nutzlos.[5]

Der geniale englische Astronom Edmund Halley (1656–1742), nach dem der berühmte Komet benannt wurde, brach 1699 zu einer langen und beschwerlichen Reise in den Atlantik und den Indischen Ozean auf, bei der er so weit nach Süden vordrang, dass er einige große Eisberge sichtete. Unterwegs nahm er verschiedene Messungen der magnetischen Deklination vor. Nach seiner Rückkehr veröffentlichte er eine ausführliche Karte, auf der Linien gleicher Missweisung verzeichnet waren; er hoffte, sie würde Seefahrern helfen, ihren Längengrad zu bestimmen. Theoretisch war das eine gute Idee, aber sie wurde nicht angenommen. Halley hatte zwar bewiesen, dass es möglich war, die magnetische Missweisung auf See zu bestimmen, doch es war keineswegs einfach, dies präzise umzusetzen. Hinzu kam, dass sich die Deklinationswerte ständig änderten. Halleys Schaubild – immerhin eine bemerkenswerte kartografische Leistung – fand daher keine große Verbreitung.

Die Kraftlinien, die vertikal von einem Pol ausgehen und wiederum vertikal zum anderen abfallen, flachen zur Erde hin allmählich ab und verlaufen in Äquatornähe parallel zur Erdoberfläche. Der variable Winkel zwischen einer geomagnetischen Feldlinie und der Erdoberfläche wird als *Inklination* bezeichnet. Seefahrer verwenden den anschaulicheren Begriff *Neigung*, der durchaus einleuchtet: Wenn sich eine Magnetnadel auf einer vertikalen Ebene drehen kann, bleibt sie in Äquatornähe waagerecht; aber ein Ende neigt sich immer steiler nach unten, wenn sie sich dem Pol nähert, der sie anzieht.

Die magnetische Inklination ist für die Navigation nützlich, aber uneindeutig. Sie nimmt stetig zu, wenn man sich einem der beiden Pole nähert (und geht in Äquatornähe zurück), doch sie verrät einem nicht, ob dieser Pol der Nordpol oder der Südpol ist.

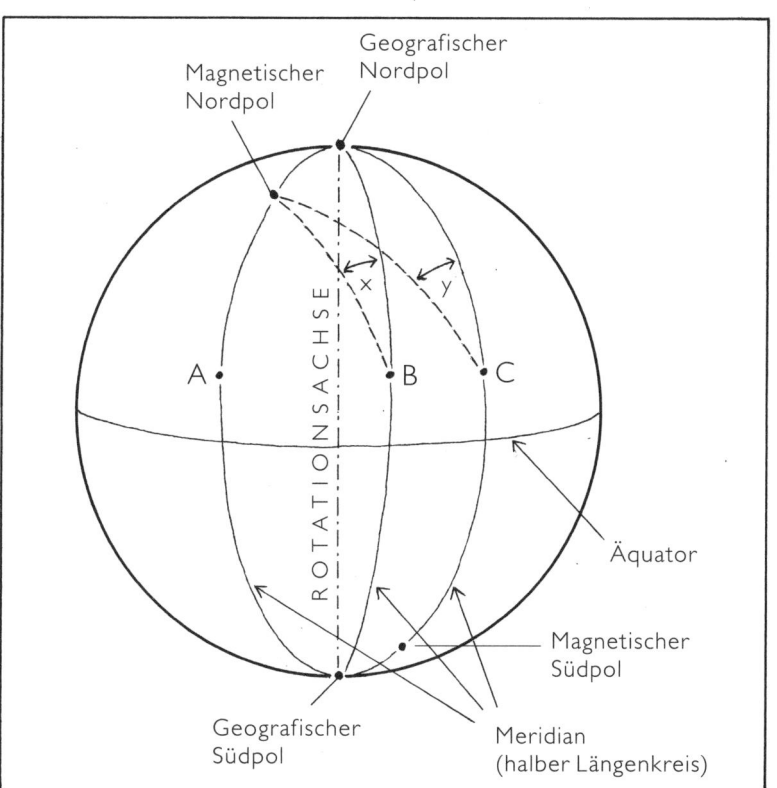

Die magnetische Missweisung (Nadelabweichung) variiert stark von Ort zu Ort. Bei A ist die Missweisung gleich null. Die Winkel x und y zeigen die unterschiedlichen Werte für die Orte B und C an

Ein weiteres wichtiges Merkmal des geomagnetischen Feldes ist seine Stärke beziehungsweise Intensität. Diese ist an den Polen am größten; zum Äquator hin wird sie allmählich schwächer. In Ost-West-Richtung variiert sie jedoch viel weniger (und unregelmäßiger). Absolut gesehen ist sie überhaupt nicht stark. Die Intensität wird in Nanotesla (nT) gemessen und schwankt zwischen ungefähr 25 000 und 65 000. Zum Vergleich: Von einem kleinen Kühlschrankmagneten gehen ungefähr 10 000 000 nT aus.

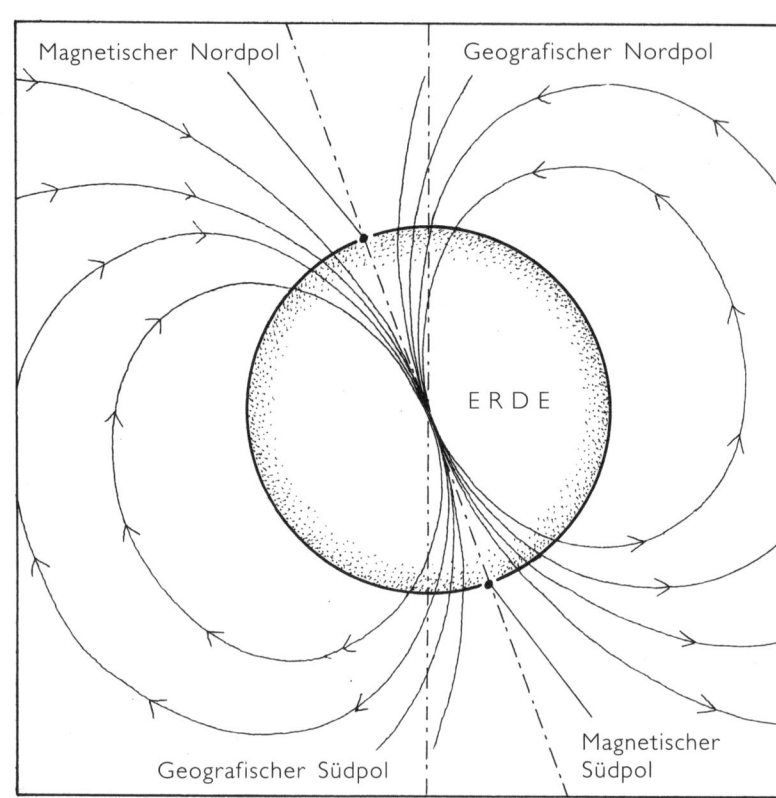

Magnetischer Nordpol

Geografischer Nordpol

ERDE

Geografischer Südpol

Magnetischer Südpol

Die Kraftlinien, die von den beiden magnetischen Polen der Erde ausgehen

Die Stärke des Erdmagnetfeldes ist zudem äußerst ungleichmäßig und schwankt im Lauf der Zeit. Jedes Jahr, jeden Tag, jede Stunde, ja sogar jede Minute verändert sich die Feldstärke von Ort zu Ort auf höchst unvorhersehbare Weise. Die längerfristigen Schwankungen (die sogenannte Säkularvariation) sind auf die teilweise immer noch rätselhaften Prozesse zurückzuführen, die sich um den Erdkern herum abspielen. Die raschen Veränderungen im Verlauf eines Tages hingegen ergeben sich aus elektrischer Aktivität in der Ionosphäre aufgrund der Einwirkung der Sonne. Berücksichtigt werden muss auch die Dreidimensionalität des geomagnetischen Feldes, da dessen

Intensität zügig abnimmt, je höher man von der Erdoberfläche aufsteigt.

Da das Erdmagnetfeld komplex und höchst dynamisch ist, liefert jede zweidimensionale Karte der Intensitätsgefälle nur eine sehr grobe Annäherung an die tatsächlichen Werte an einem bestimmten Ort.[6] Magnetisiertes Gestein in der Erdkruste, das ganz unregelmäßig auftritt, führt ebenfalls zu lokalen Schwankungen der Feldstärke, die das im Hintergrund wirkende Nord-Süd-Gefälle überflügeln können. Diese örtlichen Anomalien sind manchmal so stark, dass sie Steuerkompasse stören, und sind daher auf Seekarten markiert. Aus all diesen Gründen gewinnt man nur sehr schwer zuverlässige Informationen über den eigenen Standort, indem man einfach nur die Magnetstärke misst.[7]

Darüber hinaus sollte berücksichtigt werden, dass sich das gesamte Erdmagnetfeld von Zeit zu Zeit und in unregelmäßigen Abständen umdreht: Der Nordpol wird zum Südpol und umgekehrt. Die letzte größere Polumkehr ereignete sich vor rund 780 000 Jahren, aber in noch fernerer Vergangenheit fanden viele weitere solcher Umpolungen (Feldumkehrungen) des Erdmagnetfeldes statt. Aufschluss über derartige Ereignisse liefern Fossilienspuren in Gesteinsschichten auf dem Meeresboden.

Man geht davon aus, dass es in der Regel mehrere Tausend Jahre dauert, bis eine Polumkehrung abgeschlossen ist; in der Zwischenzeit, während sich die zuvor bestehenden beiden Pole auflösen, können seltsame mehrpolige Felder entstehen. Es wäre sehr verwirrend, wenn man in solch einem Fall auf irgendeine Art von Magnetkompass vertrauen würde, um sich zu orientieren und den Kurs zu bestimmen.

Der Inklinationskompass

Im 19. Jahrhundert wurde viel darüber diskutiert, ob sich Tiere bei ihrer Orientierung möglicherweise auf das Erdmagnetfeld stützen. Der russische Zoologe und Entdecker Alexander von Middendorf (1815–1894) zog diese Möglichkeit 1855 in Betracht. Im Jahr 1882 untersuchte schließlich ein unbekannter Franzose namens Viguier, der in Algerien lebte, wie Tiere sowohl die magnetische Inklination als auch die magnetische Intensität nutzen könnten, um sich zurechtzufinden.[8] In großer Voraussicht beschrieb er ein mögliches Experiment, bei dem Tauben mit magnetischen oder nicht magnetischen Stäben bestückt werden, um festzustellen, ob diese ihr Heimfindevermögen beeinflussen.

Die Idee fand jedoch keine Resonanz, und die Hypothese zur Magnetnavigation blieb bis in die 1960er-Jahre hinein weitgehend unbeachtet. Erst danach veranlassten allmählich gewonnene Erkenntnisse bislang skeptische Wissenschaftler, der Sache genauer nachzugehen. Man fand heraus, dass eine überraschend große Vielzahl von Tieren – darunter Termiten, Fliegen, Haie und Schnecken – auf Magnetismus reagieren, und schon bald wurde die Liste auch auf Honigbienen und Vögel ausgeweitet.

Den ersten Hinweis darauf, dass Bienen Magnetismus wahrnehmen können, lieferte ein Experiment, bei dem das natürliche Magnetfeld rings um einen Bienenstock durch ein System von Magnetspulen außer Kraft gesetzt wurde. Die Richtung, die von den Kundschaftern bei ihren Schwänzeltänzen angezeigt wurde, änderte sich daraufhin sehr geringfügig. Noch faszinierender war die Entdeckung, dass die scheinbar orientierungslosen Tänze von Bienen, denen jegliche astronomische Hinweise (wie die Sonne oder E-Vektoren) vorenthalten wurden, tatsächlich einem Muster folgten: Sie zeigten generell bevorzugt Richtungen an, die mit den vier Haupthimmelsrichtungen des Magnetkompasses übereinstimmten. Wenn das Magnetfeld um sie herum aufgehoben wurde, trat dieses merkwürdige »Nonsens-Muster« nicht mehr auf.

Die Honigbiene kann das Erdmagnetfeld auf jeden Fall wahrnehmen, nutzt es möglicherweise aber nicht unmittelbar zur Orientierung. Sie greift wohl eher auf die regelmäßigen täglichen Veränderungen der geomagnetischen Feldstärke zurück, die gegen Sonnenaufgang und Sonnenuntergang auftreten, und kalibriert damit die innere Uhr, die ihren Sonnenkompass bestimmt. Andere Tiere verfahren vielleicht ebenso. Mithilfe ihres Magnetsinns kann die Biene auch einen Stock mit regelmäßig angeordneten Waben bauen. Unklar ist weiterhin, ob sie magnetbasierte Informationen zur Orientierung nutzt, wenn der Himmel bedeckt und ihr Sonnenkompass außer Betrieb ist.[9]

Hinweise auf einen Magnetsinn bei Vögeln tauchten ab den 1960er-Jahren auf, und zwar dank bahnbrechender Arbeiten von Friedrich Merkel und Wolfgang Wiltschko.[10] Den großen Durchbruch lieferte jedoch ein entscheidendes Experiment, das Wolfgang Wiltschko und seine Frau Roswitha 1971 durchführten.[11] Sie setzten wandernde europäische Rotkehlchen in einen achteckigen Käfig, in dem ringsum in gleichen Abständen acht Sitzstangen angebracht waren. Die Vögel, die sich gerade in Zugunruhe befanden (also kurz vor ihrer Wanderung waren), wurden dann veränderten Magnetfeldern ausgesetzt. Nun protokollierten die Forscher, auf welcher Sitzstange sich die Vögel bevorzugt niederließen. Sie wollten herausfinden, welche Eigenschaften des Magnetfeldes das Verhalten der Vögel beeinflussten: die Stärke, der Neigungswinkel oder die Polung.

Das Pionierpaar Wiltschko kehrte diese Parameter in einer Reihe unterschiedlicher Kombinationen systematisch um. Das Ergebnis war recht überraschend. Die Richtungspräferenzen der Vögel hingen nicht von der *Polarität* des Feldes ab, sondern vielmehr von dessen *Inklination* (Neigung). Die Tiere waren somit imstande zu beurteilen, welche Richtung zum nächstgelegenen magnetischen Pol zeigte, konnten aber nicht zwischen Nord und Süd unterscheiden. Ihr Kompass unterschied sich also von jener Art, mit der wir Menschen vertraut sind; was jedoch nicht bedeutet, dass sie nur nach Norden oder Süden fliegen können: Sobald ihr Magnetkompass kalibriert ist, sind sie in der Lage, einen Kurs in jede gewünschte Richtung festzulegen.

Ein »Inklinationskompass« von dieser Art dürfte in mittleren bis hohen Breiten gut funktionieren, da der dort auftretende relativ große Neigungswinkel für den Vogel deutlich wahrnehmbar sein müsste. Unklare Ergebnisse liefert er jedoch, wenn die Feldlinien horizontal verlaufen, wie es in Äquatornähe der Fall ist – und genau das haben die Wiltschkos herausgefunden. Bei Versuchen in einem horizontalen Feld verloren die Rotkehlchen ihre Orientierung und wussten nicht, welche Richtung die richtige war. Die Tragweite dieser Erkenntnis ist enorm: Vögel, die von der nördlichen auf die südliche Halbkugel wandern (und umgekehrt), können sich nicht auf ihren Kompass-Sinn verlassen, wenn sie sich dem magnetischen Äquator nähern.

Die Untersuchungsergebnisse der Wiltschkos wurden seither in vielen verschiedenen Labors überprüft und bestätigt und zählen zu den bedeutsamsten Entdeckungen in der Geschichte der Tiernavigationsforschung.

Ein Inklinationskompass wurde bei zwanzig unterschiedlichen Vogelarten (sowie bei vielen weiteren Tieren) festgestellt und ist vermutlich eine universelle Anlage von Vögeln. Bei einigen Zugvögeln scheint er der primäre Orientierungsmechanismus bei Tageslicht zu sein, kalibriert durch die Polarisationsmuster des Lichts.[12] Nachtaktive Zugvögel können ebenfalls einen Inklinationskompass einsetzen, den sie nach dem Azimut der Sonne in der Dämmerung kalibrieren. Diese Technik erlaubt es ihnen, einen steten Kurs beizubehalten, auch wenn sie den Äquator überqueren.[13] Über den Grad der Genauigkeit, den der Inklinationskompass bietet, wird jedoch eingehend debattiert. Ein Langstreckenzieher könnte sich bestimmt nicht auf diesen Mechanismus allein verlassen, um ein kleines Zielgebiet zu erreichen – etwa eine Insel inmitten eines Ozeans–, da ein Kompass nicht vor einer seitlichen Abdrift warnen kann.

Je mehr Studien veröffentlicht werden, desto deutlicher zeigt sich, dass der Kompass-Sinn kein seltenes Phänomen ist.[14] Neben Vögeln und Rifffischen[15] scheinen auch diverse wirbellose Tiere wie Fruchtfliegen[16] und Käfer[17] – um nur einige Beispiele zu nennen – über Magnetkompasse zu verfügen.

– – – –

Buckelwale unternehmen lange Wanderungen von ihren sommerlichen Futterplätzen in den kühlen, aber nahrungsreichen Meeren rings um die Antarktis zu den warmen tropischen Gewässern des zentralen Pazifiks und des mittleren Atlantiks, wo die Walkühe ihre Kälber zur Welt bringen. Dabei legen sie mitunter mehr als 8000 Kilometer zurück.[18]

Noch bemerkenswerter ist die Genauigkeit ihrer Navigation. Bei einer neueren Tracking-Studie[19] zeigte sich, dass Buckelwale im Pazifik wie auch im Südatlantik pfeilgeraden Routen quer durch das Meer folgten, oft mehrere Tage hintereinander. Sie waren eindeutig imstande, die Auswirkungen von Gegen- und Seitenströmungen auszugleichen; in einem Fall irritierte sie nicht einmal ein durchziehender Tropensturm, der normalerweise selbst einen großen Wal nicht unbeeindruckt lässt. Diese Wanderungen stellen die Wale vor eine große Herausforderung; und niemand weiß, auf welche Hinweise sie sich dabei stützen. Abgesehen von Studien mit Peilsendern lassen sich kaum Versuche mit Buckelwalen durchführen, sowohl aus praktischen als auch ethischen Gründen.

Es ist durchaus möglich, dass Wale magnetisch definierte Anhaltspunkte nutzen. Und die Tatsache, dass sie stranden – gelegentlich zu Hunderten –, wird von einigen Forschern als Beweis dafür angesehen, dass sie auf Magnetfelder reagieren. Dieses Massenstranden endet für die betroffenen Tiere häufig tödlich und stellt die Wissenschaft seit Langem vor ein Rätsel.

Viele mögliche Erklärungsansätze wurden vorgebracht; so verwies man beispielsweise auf die Störwirkungen lauter Unterwassergeräusche infolge menschlicher Aktivitäten.[20] Strandungen an der Ostküste der USA scheinen sich jedoch auf Gegenden zu konzentrieren, in denen die magnetische Intensität relativ gering ist; es könnte also sein, dass Intensitätsgefälle eine bestimmte Rolle beim Orientierungssystem der Wale spielen.[21] Andere Forscher, die einer ähnlichen Argumentationslinie folgen, gehen davon aus, dass das jüngste Stranden von Pottwalen in der südlichen Nordsee durch einen gewaltigen Sonnensturm ausgelöst wurde, der das Magnetfeld der Erde störte.[22]

Es gibt jedoch viele weitere mögliche Erklärungen. Vielleicht nutzen Wale die Sonne, den Mond oder sogar die Sterne, um einen steten Kurs beizubehalten. Sie strecken recht häufig den Kopf aus dem Wasser, so als würden sie sich umschauen – in der Fachsprache bezeichnet man dieses Verhalten als »Erkundungssprung«. Einiges deutet auch darauf hin, dass sie gern Unterseeberge aufsuchen, die ihnen – gleichsam wie Leuchttürme – als Orientierungshilfe dienen.[23] Reines Hören, Echoortung, der Geruchssinn und vielleicht sogar Gravitationsgefälle könnten ebenfalls eine Rolle spielen.

15. KAPITEL

Wie also orientiert sich
der Monarchfalter?

Kehren wir nun zu dem Phänomen zurück, das mich in meiner Kindheit so faszinierte – die jährliche Wanderung des Amerikanischen Monarchfalters. Das wahre Wesen dieser außergewöhnlichen Naturerscheinung blieb für überraschend lange Zeit ein Rätsel. Besonders dem willensstarken kanadischen Insektenforscher Frederick Urquhart (1911–2002) gebührt die Anerkennung dafür, dieses Mysterium gelöst zu haben.[1]

Seit seiner Kindheit war Urquhart verrückt nach Faltern und Schmetterlingen, und so wurde er zwangsläufig auch auf den Monarchfalter aufmerksam. Dass diese Insekten während der Wintermonate verschwinden, war durchaus bekannt, und es gab Anzeichen dafür, dass sie nach Süden zogen – aber es war unklar, wie weit sie wanderten. Es bestand auch durchaus die Möglichkeit, dass einige Tiere Winterschlaf hielten (vermutlich an gut geschützten Orten).

Urquhart suchte zwar sorgfältig nach einem Monarchfalter in Winterruhe, doch er hatte kein Glück. Wohin also wanderten sie alle? Diese Frage beschäftigte ihn zwar immer noch, als er in den 1930er-Jahren an der University of Toronto studierte, doch er konnte seine Nachforschungen nur in der Freizeit weiterführen – mit der »kompetenten und enthusiastischen Unterstützung« seiner Mutter.[2]

Während des Zweiten Weltkriegs wurde Urquhart in verschiedenen Teilen Kanadas als Meteorologe eingesetzt und konnte dabei Erhebungen zu den örtlichen Beständen der Monarchfalter durch-

175

führen. Aber erst 1950 gelang es ihm, Gelder für ein ernsthaftes Forschungsprojekt zu beschaffen, das er nun unter Mitwirkung seiner Frau Norah in Angriff nahm. Es sollte sein Lebenswerk werden. Weil es sehr schwierig – und über große Entfernungen sogar unmöglich – ist, Schmetterlinge visuell zu verfolgen, wollten die Urquharts versuchen, die Tiere zu kennzeichnen.

Die Umsetzung dieses Plans erwies sich als nicht gerade einfach, doch die beiden Forscher entwickelten ein Verfahren, um den Monarchfaltern kleine Papieretiketten anzukleben, mit einer spezifischen Nummer und der Aufforderung an den Finder, eine Meldung abzugeben. Damit die Markierung haften blieb, wurden dem Insekt behutsam an einer kleinen Stelle die mikroskopisch winzigen Schuppen weggekratzt, die seine Flügel bedecken. Anscheinend störte dies die Schmetterlinge nicht sonderlich; trotzdem war beim Anbringen des Etiketts ein großes Maß an Geschicklichkeit erforderlich.

Im Jahr 1951 schrieb Norah Urquhart einen Fachartikel über das Kennzeichnen von Monarchfaltern, der bei vielen Naturforschern und Biologen Interesse weckte. Nach der Veröffentlichung wurde Urquhart »mit Hilfsangeboten aus allen Teilen der Vereinigten Staaten und Kanadas überschwemmt«.[3] Mehr als dreihundert Freiwillige meldeten sich als »Mitarbeiter« – ein frühes und höchst erfolgreiches Beispiel für Crowdsourcing.

Mithilfe dieses kleinen Heeres von Freiwilligen gelang es den Urquharts, mehr als 300 000 Monarchfalter einzufangen und zu kennzeichnen. Bald gingen die ersten Meldungen von Sichtungen ein, und allmählich zeichnete sich ein Muster ab. Die meisten der Schmetterlinge, die östlich der Rocky Mountains markiert worden waren (westlich des Gebirges gibt es eine separate Population, die ein anderes Verhalten zeigt), schienen Richtung Süden nach Texas und dann über die Grenze nach Mexiko zu ziehen. Die Urquharts konnten die »Wanderer« schließlich bis zu den vulkanischen Gebirgsketten westlich von Mexiko-Stadt verfolgen, doch dort erkaltete die Spur.

Erst in den 1970er-Jahren zahlte sich die beinahe monomane Beharrlichkeit des Forscherehepaars endlich aus. Weil das Etikettieren keine weiteren Fortschritte gebracht hatte, gaben sie Anzeigen in mexikanischen Zeitungen auf, in der Hoffnung, jemand könnte ihnen helfen, das letzte fehlende Puzzleteil zu ergänzen.[4]

Im Jahr 1973 sah ein in Mexiko-Stadt lebender Amerikaner, Ken Brugger, eine dieser Anzeigen und machte sich in Begleitung seiner mexikanischen Partnerin, Catalina Aguado, mit dem Wohnmobil auf die Suche nach Monarchfaltern. Zwei Jahre später wurde das Paar hoch oben in den Bergen von einem Hagelsturm überrascht, doch es fielen nicht nur Hagelkörner vom Himmel, sondern auch Tausende zerfetzter Falter. Die beiden Amateurforscher entdeckten kurz darauf das erste der Überwinterungsgebiete, nach dem die Urquharts so lange gesucht hatten. Hier scharten sich buchstäblich Millionen Schmetterlinge so dicht auf den Tannen, Kiefern und Zedern, dass sich die Äste unter ihrer Last bogen, und der Waldboden war übersät mit toten Faltern, an denen sich das Wild gütlich tat.

Die Urquharts suchten die Stelle so schnell wie möglich selbst auf und fanden sogar ein paar Schmetterlinge mit Etiketten. Das war der entscheidende Beweis, nach dem sie gesucht hatten: Zumindest einige der Insekten auf diesen Bäumen waren tatsächlich von den USA hierher in den Süden gewandert. Durch Messungen von Kohlenstoff- und Wasserstoffisotopen in den Flügeln der Schmetterlinge konnten Forscher später die Futterplätze der Raupen ausfindig machen, von denen diese Exemplare abstammten. Die meisten der Monarchfalter, die man an ihren Ruheplätzen in den Bergen Mexikos vorfand, kamen aus dem Mittleren Westen der Vereinigten Staaten.

Als Urquhart die erstaunliche Entdeckung 1976 bekannt gab, verschwieg er die genaue Lage des Überwinterungsquartiers. Er verriet nur so viel: Es war »der Hang eines vulkanischen Berges im nördlichen Teil des mexikanischen Staates Michoacan auf einer Höhe von knapp über 3000 Metern«. Urquhart fürchtete zweifellos, dass zu viel öffentliche Aufmerksamkeit die schutzlosen Schmetterlinge gefährden könnte. Selbst einem Forscherkollegen, dem Schmetterlingskundler Lincoln Brower, der sich ebenfalls mit dem Monarchfalter beschäftigte, nannte er keine weiteren Einzelheiten. Er ging sogar so weit, ihn auf eine falsche Fährte zu locken.

Brower ließ sich jedoch nicht in die Irre führen. Anhand von Hinweisen, die sein zugeknöpfter Kollege ungewollt geliefert hatte, kam er dahinter, wo sich die tatsächliche Stelle befand. Bis 1986 fand er sogar elf weitere Standorte. Allein im ersten Gebiet tummelten sich auf einer Fläche von 15 000 Quadratmetern (1,5 Hektar) mehr als vierzehn Millionen Schmetterlinge. Alle Fundorte befanden sich in Wäldern auf einer Höhe von rund 3000 Metern; dort verbrachten die Falter in einem kühlen, aber stabilen Klima die Wintermonate in einem Ruhezustand, der sogenannten Diapause.

Urquharts außergewöhnliche Entdeckung, die weltweit Schlagzeilen machte, war für die Einheimischen nicht überraschend; ihnen waren diese ungewöhnlichen Ansammlungen von Schmetterlingen längst bekannt. Und heute sind die Überwinterungsorte, wenn auch in Größe und Zahl stark reduziert, eine beliebte Touristenattraktion.

Im Frühling werden die Schmetterlinge brünstig und steigen in großer Zahl von den Bäumen auf. Die männlichen Tiere bestäuben die weiblichen mit einem aphrodisierenden Staub und ringen sie zu Boden. Nach ihrem Paarungsrausch fliegen die Schmetterlinge in Scharen nach Norden, und unterwegs verenden viele der Männchen. Die Weibchen legen ihre Eier auf Seidenpflanzen in den südlichen USA ab und sterben ebenfalls. Dort schlüpfen die Raupen, die sich schließlich verpuppen. So entsteht eine neue Generation ausgewachsener Tiere, die weiter nach Norden wandert, wo die Weibchen erneut Eier legen. Wenn am Ende des Sommers die Tage kürzer werden, ziehen die Schmetterlinge (die vierte oder sogar fünfte Generation) nach Süden Richtung Mexiko. Einige beginnen ihre lange Reise in Kanada. Sie können in einem Zeitraum von fünfundsiebzig Tagen bis zu 3600 Kilometer zurücklegen – rund 50 Kilometer am Tag. Doch diese Insekten haben die Wanderung noch nie zuvor unternommen, und niemand weist ihnen den Weg.

Wenn die weiblichen Monarchfalter nach Norden ziehen, haben sie eine relativ einfache Aufgabe und ein direktes Ziel. Sie müssen nur die Seidenpflanzen aufspüren und ihre Eier ablegen. Aber wenn die kürzeren und kälteren Herbsttage ankündigen, dass es an der Zeit ist, nach Süden zu fliegen, müssen die männlichen und weiblichen Tiere den Weg zu den fernen, abgelegenen Überwinterungsgebieten finden.[5] Es ist zwar nur schwer vorstellbar, wie die Schmetterlinge das bewerkstelligen, doch im Lauf der letzten zwanzig Jahre hat eine Reihe bemerkenswerter Entdeckungen unser Verständnis dieses Phänomens erweitert.

Fühler mit inneren Uhren

Angeregt durch die früheren Versuche von Karl von Frisch und Rüdiger Wehner, beschloss Sandra Perez von der University of Arizona in den 1990er-Jahren herauszufinden, ob der Monarchfalter wie die Honigbiene und die Wüstenameise einen Sonnenkompass nutzt. Bei ihren Experimenten verwendete sie die Methode des »Uhrenverstellens«. Sie brachte eine Gruppe von Monarchfaltern in einen Raum, in dem die Lampen ein- und ausgeschaltet wurden, um einen Tag zu simulieren, der sechs Stunden früher begann und endete als der natürliche Tag. Eine Kontrollgruppe wurde in einem anderen Raum gehalten; die inneren Uhren dieser Falter wurden jedoch nicht manipuliert. Eine zweite Kontrollgruppe bestand aus Schmetterlingen, die erst kurz zuvor in freier Natur eingefangen worden waren.

Perez und ihre tatkräftigen Kollegen ließen die Schmetterlinge einen nach dem anderen frei und ermittelten grob deren Flugrichtung, indem sie mit Handpeilkompassen neben ihnen herliefen.[6] Ein Vergleich der durchschnittlichen Flugrichtungen der unterschiedlichen Gruppen ergab, dass die Monarchfalter mit den verstellten Uhren in westnordwestliche Richtung starteten, während beide Kontrollgruppen den normalen südsüdwestlichen Kurs einschlugen.

Genau dies wäre zu erwarten gewesen, wenn die Schmetterlinge einen Sonnenkompass mit Zeitausgleich nutzten. Perez stellte auch fest, dass die Monarchfalter wohl imstande waren, ihre Flugrichtung bei bedecktem Himmel beizubehalten. Sie vermutete daher, die Tiere könnten über einen »nicht astronomischen« Reservekompass verfügen, der sich vielleicht am Erdmagnetfeld orientierte.

Einige Jahre später entwickelten Henrik Mouritsen, ein führender Forscher auf dem Feld der Tiernavigation an der Universität Oldenburg, und sein Kollege Barrie Frost von der Queen's University in Kingston im kanadischen Ontario eine Methode, anhand derer sich die Orientierung von Insekten im Flug mit größerer Genauigkeit – und ohne Herumgerenne – beobachten ließ.[7] Sie steckten die Tiere einfach in eine Art Flugsimulator, mit dem sie deren Flugrichtung jeweils bis zu vier Stunden nachverfolgen und aufzeichnen konnten (was einer Flugstrecke von rund 65 Kilometern entsprach).[8]

Mouritsen und Frost setzten zwei Gruppen von Monarchfaltern Tageslichtveränderungen aus, um deren innere Uhren zu verstellen; die eine Uhr ging sechs Stunden vor, die andere sechs Stunden nach. Die Tiere der Kontrollgruppe orientierten sich zuverlässig in südwestliche Richtung – mehr oder weniger so, wie Perez festgestellt hatte. Ihr durchschnittlicher Kurs stimmte sogar bemerkenswert genau mit der Route überein, die sie schließlich zu ihrem Ziel in Mexiko geführt hätte.

Die Flugrichtung der beiden manipulierten Gruppen war ebenfalls recht einheitlich: Die Falter mit der vorgehenden Uhr zogen nach Südosten, die mit der nachgehenden dagegen nach Nordwesten. Das Ausmaß dieser Richtungsunterschiede deckte sich weitgehend mit Prognosen, die sich auf den sich verändernden Azimut der Sonne stützten. Damit war der Beweis erbracht, dass die Schmetterlinge einen Sonnenkompass mit Zeitausgleich nutzten.

Steve Reppert und seine Kollegen an der Medizinischen Fakultät der University of Massachusetts führten in den letzten Jahren eine Reihe von Experimenten durch, die zeigten, dass der Monarchfalter nicht nur auf den Stand der Sonne am Himmel reagiert, sondern auch – wie die Honigbiene und die Wüstenameise – auf die durch Lichtpolarisation entstandenen E-Vektoren.[9]

Um den sich im Lauf des Tages verändernden Sonnenazimut auszugleichen, braucht der Schmetterling – genau wie die Wüstenameise und die Honigbiene – eine Art von Uhr. Dieser Mechanismus scheint auf Informationen zu beruhen, die über die Fühler eingehen, denn das Tier verliert seine Fähigkeit zum Zeitausgleich, wenn die Fühler abgetrennt oder mit Farbe übermalt werden. Wie dieser Mechanismus genau funktioniert, ist allerdings noch nicht ganz klar.[10]

Stanley Heinze und Steve Reppert haben im zentralen Hirnkomplex des Monarchfalters Zellen entdeckt, die auf bestimmte E-Vektor-Winkel eingestellt sind – ganz ähnlich den Zellen, die bereits zuvor bei Heuschrecken gefunden worden waren. Monarchfalter nutzen also womöglich E-Vektor-Muster zur Orientierung, auch wenn die Sonne selbst von Wolken verdeckt ist. Da das E-Vektor-Muster unter Umständen nicht eindeutig ist, müssen die Schmetterlinge nicht nur den Azimut der Sonne verfolgen, sondern auch deren sich verändernde *Höhe* am Himmel messen. Dazu sind vermutlich Daten einer zweiten Uhr in ihrem Gehirn erforderlich, aber auch dieser Mechanismus muss erst noch weiter erforscht werden.[11]

Was ich bisher beschrieben habe, verweist bereits auf ein außergewöhnlich hoch entwickeltes und feinsinniges System, doch dieses verfügt möglicherweise über eine weitere Dimension. Perez zufolge ist es denkbar, dass sich der Monarchfalter auch an magnetischen Kräften orientiert.

Patrick Guerra und Steve Reppert führten Versuche mit Flugsimulatoren durch, in denen sie den Monarchfalter künstlichen Magnetfeldern und diffusem Licht aussetzten.[12] An diesen Experimenten war zwar nur eine geringe Zahl von Schmetterlingen beteiligt, doch die Ergebnisse deuten darauf hin, dass der Monarchfalter einen Inklinationskompass besitzen könnte. Guerra geht davon aus, dass dieser auf lichtempfindlichen Rezeptoren in den Fühlern des Schmetterlings beruht und als Reservemechanismus dient, wenn das Licht des Himmels keine Richtungshinweise liefert.[13]

Von dieser Theorie sind jedoch nicht alle Forscher überzeugt. Mouritsen und Frost, die in ihren Flugsimulatoren immerhin 140 Schmetterlinge testeten, fanden keinen Hinweis auf irgendeine Art der magnetbasierten Orientierung.[14] In einer späteren Versetzungsstudie ermittelten sie die durchschnittliche Flugrichtung der wandernden Falter, zunächst in Ontario und dann 2500 Kilometer weiter westlich in Calgary.[15] In Ontario starteten die Schmetterlinge meist in die richtige (südwestliche) Richtung nach Mexiko, genau wie in dem vorausgegangenen Versuch. Auch von Calgary aus folgten sie einem ähnlichen Kurs, der sie schließlich zum Pazifik gebracht hätte – vorausgesetzt, sie hätten die Rocky Mountains überqueren können. Sie schienen also nicht in der Lage zu sein, ihre Versetzung nach Westen auszugleichen.

Mouritsen und Frost überprüften auch einen großen Bestand an Daten von markierten Schmetterlingen, die im Lauf der Jahre wieder eingefangen worden waren. Dabei kamen sie zu der Schlussfolgerung, dass die Schmetterlinge einfach einem allgemeinen südwestlichen Kurs folgen, der von ihrem Sonnenkompass bestimmt wird. Ein weiterer Faktor scheint jedoch mitzuwirken. Landschaftliche Gegebenheiten, wie die hohen Gipfel der Rocky Mountains (welche die Schmetterlinge nicht überwinden können) und die Küste des Golfs von Mexiko (der die Falter in der Regel folgen, weil sie es scheuen, offene Gewässer zu überqueren), wirken als natürliche Barrieren und lenken die Schmetterlinge konstant in südliche Richtung nach Texas und schließlich Mexiko.

Ein letztes großes Rätsel bleibt indessen ungelöst. Aufgrund der verschiedenen Mechanismen, die ich beschrieben habe, dürften die Schmetterlinge durchaus imstande sein, ihr endgültiges Ziel bis auf ein paar Hundert Kilometer genau zu erreichen, doch es ist nach wie vor unklar, wie sie ihre Überwinterungsplätze in Zentralmexiko so zielgenau ansteuern. Vielleicht orientieren sich die Falter auf den letzten Etappen ihrer Wanderung an irgendeinem olfaktorischen Signal – womöglich sogar am Geruch der Kadaver ihrer verendeten Artgenossen, die den Erdboden ihres Hochlandrefugiums bedecken.

Die jährliche Wanderung des Amerikanischen Monarchfalters ist eines der bemerkenswertesten Naturwunder unserer Erde, doch künftige Generationen werden vielleicht keine Gelegenheit mehr haben, es je zu erleben. Aufgrund illegaler Abholzung schwinden die Wälder, in denen die Insekten überwintern. Aber auch zahlreiche andere Faktoren stellen eine Bedrohung für die Schmetterlinge dar, darunter der verschwenderische Einsatz von Insektiziden und Herbiziden, die sie entweder direkt töten oder die für sie lebenswichtigen Futterpflanzen vernichten. Die Zeit, die den Forschern noch bleibt, um dieses ungewöhnliche Rätsel komplett zu lösen, könnte also knapp werden.

– – – –

Die Bewohner der Malediven im westlichen Indischen Ozean haben sich daran gewöhnt, dass im Oktober Libellen bei ihnen auftauchen. Der häufigste Vertreter dieser Art, die Wanderlibelle *(Pantala flavescens)*, wird einfach als »Oktoberflieger« bezeichnet; sein Erscheinen kündigt den Beginn der Monsunzeit an. Wo aber kommt er her?

Charles Anderson, der dieses Phänomen eingehend untersucht hat, geht davon aus, dass die meisten dieser Libellen (die nur fünf Zentimeter lang sind) aus Südindien oder Sri Lanka stammen und die Malediven lediglich als Zwischenstopp nutzen. Ihr Ziel scheint Ostafrika zu sein, denn die dortigen Regenzeiten bieten ideale Bedingungen für ihre Brut. Womöglich zieht ihr Nachwuchs sogar weiter bis ins südliche Afrika.[16] Es ist längst bekannt, dass diese Insekten über Land bis zu 4000 Kilometer zurücklegen können, doch inzwischen sieht es so aus, als könnten sie auch mindestens 3500 Kilometer über das Meer fliegen.

Wie ist es möglich, dass ein Insekt – selbst ein derartig flugstarkes – solch gewaltige Entfernungen überwinden kann? Es wird vermutet, dass die Libellen die Höhenwinde nutzen, die mit dem Monsun einhergehen und den Tieren Anschub und Auftrieb geben. Unterwegs ernähren sie sich wohl von kleineren Insekten, die im selben Luftstrom mitgetragen werden. Sehr wahrscheinlich unternehmen Millionen Libellen diese Reise; und nach der Brut in verschiedenen Teilen Afrikas kehrt die nächste Generation nach Indien zurück, wo der Kreislauf von Neuem beginnt. In diesem Fall könnte sich die gesamte Wanderstrecke, hin und zurück, auf bis zu 18 000 Kilometer belaufen. Das würde selbst den 7000 Kilometer langen Rundflug des Monarchfalters in den Schatten stellen – vor allem, wenn man bedenkt, dass die Libellen im Gegensatz zum Monarchfalter lange Meeresüberquerungen bewältigen müssen.

Eine neuere Studie, bei der die Deuteriumspiegel im Wasser in den Körpern der Libellen gemessen wurden, bestätigt Andersons Hypothese. Sie deutet sogar darauf hin, dass die auf den Malediven auftauchenden Libellen noch viel weiter gewandert sind, als Anderson vermutete; die Insekten könnten ihre Reise in Nordindien oder Nepal begonnen haben, vielleicht sogar jenseits des Himalaja.[17]

Die Wanderlibelle scheint zwar eine Klasse für sich zu sein, doch Fluginsekten sind insgesamt außergewöhnlich mobil. Setzt man die Entfernung in Relation zur Körpergröße, sind die ausgedehntesten Insektenwanderungen ungefähr fünfundzwanzig Mal länger als die Züge der größten Vögel. Das liegt unter anderem daran, dass Insekten so geschickt darin sind, den Wind zu nutzen.[18]

16. KAPITEL

Die Gammaeule

Viele der Nachtfalter und Schmetterlinge, die während der Sommermonate in Europa auftauchen, haben lange Wanderungen dorthin unternommen. Jene Arten, die den Winter in wärmeren Breiten verbringen, ziehen nach Norden, um von dem besseren Futterangebot zu profitieren und um Fressfeinden und Krankheiten zu entgehen. Der Distelfalter ist ein gutes Beispiel; Millionen dieser Insekten verlassen im Frühling Nordafrika, und ihre Nachkommen erreichen nach mehreren Generationen schließlich Nordeuropa, wo sie häufig in großer Zahl brüten. Ihr Nachwuchs wandert dann wieder nach Süden, um dem Winter auf der Nordhalbkugel zu entfliehen. Diese Reise ist beinahe ebenso lang wie die des Monarchfalters, und es scheint so, als nutze auch der Distelfalter einen Sonnenkompass.[1]

Ein weiterer beeindruckender, wenn auch weniger bunter Wanderer ist die Gammaeule (nach den charakteristischen weißen Zeichnungen auf den Vorderflügeln benannt, die dem Gamma des griechischen Alphabets ähneln). Diese Falter tauchten häufig in der Insektenfalle meiner Schule auf, was kaum verwundert, da in einem guten Jahr schätzungsweise bis zu 240 Millionen Exemplare von den Küsten des Mittelmeeres nach Großbritannien kommen, wo sie die Wintermonate verbringen.[2] Nach der Brut dürften rund dreimal so viele im Herbst nach Süden ziehen. Da diese Falter eine ernsthafte Plage für die Landwirtschaft sind, hat die Wissenschaft ihnen relativ viel Aufmerksamkeit gewidmet. Jason Chapman, ein führender Experte auf dem Gebiet der Insektenwanderung, der an der University of Exeter in Falmouth, Cornwall, arbeitet und lehrt, ist ein ausgewiesener Kenner dieser Spezies.

Ich reiste nach Falmouth, um mit Professor Chapman zu sprechen. Als kleiner Junge hatte er seine gesamte Freizeit in den Landstrichen um seinen Heimatort in Südwales verbracht und Vögel beobachtet sowie Falter und Schmetterlinge eingefangen. Genau wie ich hatte Chapman zu Hause Raupen gezüchtet. Die Bücher von Gerald Durrell und die Fernsehfilme von David Attenborough hatten ihn begeistert und inspiriert, doch sein größter wissenschaftlicher Held ist Alfred Russel Wallace:

> An Wallace fesselt mich vor allem die Tatsache, dass er – anders als Darwin – ein absoluter Selfmademan war. Er hatte keine sonderlich gute Ausbildung genossen, besaß außerdem kein großes Vermögen und hat trotzdem so viel erreicht. Er reiste an den Amazonas in der Absicht, seine eigenen Forschungsprojekte zu finanzieren, indem er Proben und Präparate sammelte und verkaufte. Die meisten Menschen wären am Boden zerstört gewesen, hätten sie das erlebt, was ihm auf der Heimreise widerfuhr. Als er nach Hause segelte, brach auf seinem Schiff ein Feuer aus, und er verlor alles. Er schaffte es in ein Rettungsboot, musste aber all seine Präparate zurücklassen. Sein Lebenswerk ging in Flammen auf, und er wäre fast ums Leben gekommen. Dennoch fing er noch einmal ganz von vorn an und reiste jahrelang durch die Regenwälder Südostasiens.

In Chapmans Familie hatte noch nie jemand studiert, und seine Eltern waren sich nicht sicher, ob ihr Sohn als Akademiker sein Leben bestreiten könne. Doch Chapman wusste, dass er Biologe werden wollte. Er studierte an der Swansea University; in seiner Abschlussarbeit ging es darum, wie Schmetterlinge auf Sonnenschein reagieren. Nach der Promotion an der Southampton University begann er, sich für Insektenwanderung zu interessieren. Er fand eine Anstellung am Agrarforschungsinstitut Rothamsted Research in Hertfordshire, wo er fortan mit einem sogenannten Vertikalradar arbeitete.

Dieses Gerät ist, wie der Name bereits verrät, senkrecht zum Himmel gerichtet und erfasst die Rückstrahlungen eines schmalen Radarstrahls. Mit dem Vertikalradar kann Chapman nicht nur einzelne Fluginsekten bis zu einer Höhe von rund 1000 Metern ausmachen, sondern auch deren Größe sowie die Höhe, Richtung und Geschwindigkeit ihres Fluges bestimmen. In einigen Fällen lässt sich sogar die Spezies ermitteln. Mithilfe dieses Instruments hat der Forscher das wahrhaft erstaunliche Ausmaß der nächtlichen Bewegungen von Insekten über Südengland offenbart. Chapman schätzt, dass jährlich Billionen Insekten von Norden nach Süden und wieder zurück wandern und dass sich deren Gesamtmasse auf etliche Tausend Tonnen beläuft.[3] Viele dieser Wanderer sind Gammaeulen.

Chapman erklärte mir, dass Gammaeulen dafür gerüstet sind, möglichst schnell nach dem Schlüpfen aus der Puppe auf Wanderschaft zu gehen. Ihr Orientierungssystem ist einfach. Sie haben eine bevorzugte Zugrichtung (im Frühling Nord und im Herbst Süd) und sind genetisch darauf programmiert, eine bestimmte Zeit lang zu fliegen:

In den ersten Nächten nach dem Schlüpfen sind sie vollkommen auf die Wanderung eingestellt, aber ihre Fortpflanzungsorgane reifen erst während der Migration heran. Über einen Zeitraum von vielleicht zwei oder drei Tagen und Nächten werden Hormone freigesetzt, welche die Geschlechtsreife fördern. Und wenn die Falter dann geschlechtsreif sind, hören sie auf zu wandern.

Zu diesem Zeitpunkt paaren sich die Männchen mit den Weibchen. Die Weibchen gehen dann auf die Suche nach Futterpflanzen, auf denen sie ihre Eier ablegen. Ob die Falter an einem Ort angelangt sind, an dem ihre Brut gedeihen kann, hängt von mehreren Faktoren ab – der Wind ist der wichtigste. Die Falter müssen innerhalb weniger Tage einen langen Weg zurücklegen, vielleicht 1000 Kilometer oder mehr; wären sie dabei allein auf ihre Flugmuskeln angewiesen, würden sie vermutlich nicht weit genug kommen. Aber mit einem starken Wind erreichen sie mitunter eine Geschwindigkeit von bis zu 90 km/h. Wenn sie dieses Tempo aufrechterhalten können, schaffen sie in einer einzigen Sommernacht 600 Kilometer oder mehr. Damit kommen sie weitaus schneller vorwärts als viele Zugvögel.

Die frisch geschlüpften Gammaeulen steigen in der Abenddämmerung auf, um die höheren Luftströme gewissermaßen kurz zu testen. Weht der Wind in eine insgesamt günstige Richtung, gehen sie auf ihre große Reise. Wenn nicht, fliegen sie wieder nach unten und warten auf bessere Bedingungen. Die Falter haben nur wenige Nächte, bevor sich ihr Zeitfenster schließt, und aufgrund des britischen Klimas gehen manchmal Millionen zugrunde. Aber genügend viele überleben, um die Spezies zu erhalten.

Sobald die Falter in der Höhe sind, suchen sie nach Strömen warmer, schnell ziehender Luft, die ihnen einen starken Schub verleihen. In einer günstigen Nacht scheint jeder wandernde Falter über beachtliche Distanzen bis auf ein oder zwei Grad derselben Richtung zu folgen. Doch sie ziehen nicht einfach bloß mit dem Strom. Bewegt sich der Luftstrom nicht genau in die richtige Richtung, nehmen sie eine Kurskorrektur vor, die sie näher an ihre gewünschte Zugrichtung bringt; das gelingt ihnen auch dann, wenn der Mond nicht scheint und die Sterne von Wolken bedeckt sind.

Chapmans Arbeitshypothese besagte, dass die Falter vermutlich über eine Art von Kompass verfügen, mit dem sie ihren Kurs bestimmen können. Wie wir jedoch wissen, verrät ein Kompass ihnen nicht, ob sie seitlich abdriften. Die Falter könnten eine etwaige Querabweichung erkennen, indem sie auf markante Landschaftsmerkmale oder den »optischen Fluss« des unter ihnen vorbeiziehenden Grundes achten – allerdings nur bei ausreichend Licht. Chapman ging jedoch davon aus, dass es Zeiten geben muss, in denen es einfach zu dunkel ist oder die Falter zu hoch fliegen. Es war ein großes Rätsel.

Der Atmosphärenphysiker Andy Reynolds, ein Kollege Chapmans bei Rothamsted Research, kam ihm schließlich zu Hilfe. Reynolds zeigte mithilfe einiger mathematischer Modellberechnungen, dass eine kleine Turbulenz, die in einem schnell ziehenden Luftstrom entsteht, in der Strömungsrichtung stärker zu spüren ist als in anderen Richtungen. Wenn die Gammaeule diese Turbulenz wahrnehmen könnte, wäre sie imstande festzustellen, ob sie direkt in Windrichtung fliegt. Indem sie ihren Kompasskurs mit der Windrichtung abgleicht, könnte sie im Prinzip erkennen, ob sie seitlich abdriftet, und dann die entsprechende Kurskorrektur vornehmen.

Das war interessant, aber vorerst nur eine Theorie. Nun formulierte Reynolds eine Vorhersage, die tatsächlich überprüft werden konnte. Diese Hinweise auf Mikroturbulenzen müssten seiner Kalkulation zufolge (in der nördlichen Hemisphäre) durch die Corioliskraft (siehe S. 241) leicht nach rechts verschoben werden. Wenn ein Falter also anhand dieser Signale die Windrichtung bestimmen würde, müsste auch bei ihm eine leichte Abdrift nach rechts auftreten. Und genau das hat Chapman festgestellt. Somit war bewiesen, dass die Falter die Richtung des Luftstroms, in dem sie fliegen, genau bestimmen können.

Chapman ist davon überzeugt, dass die Gammaeule über einen Kompass-Sinn verfügt, mit dem sie ihren anfänglichen Kurs festlegen und später auch korrigieren kann, wenn ein Seitenwind sie zu weit von der gewünschten Zugrichtung abzubringen droht. Er vermutet, dass sich dieser Kompass-Sinn teilweise auf die Sonne stützt. Da sich die Falter jedoch die ganze Nacht über gut orientieren können und sie auch dann imstande sind, Kurskorrekturen vorzunehmen, wenn weder Mond noch Sterne sichtbar sind, muss noch ein anderes Hilfsmittel im Spiel sein.

Chapman vermutet, dass die Gammaeule ebenfalls über einen Magnetkompass verfügt, den sie anhand des Lichts bei Sonnenuntergang oder Tagesanbruch kalibriert. Eindeutige Beweise dafür, dass Falter oder Schmetterlinge das geomagnetische Feld zur Orientierung nutzen, müssen jedoch an anderer Stelle gesucht werden.[4]

– – – –

Der Silberalk, der Fossilienfunden zufolge bereits vor Millionen Jahren existierte, ist ein munterer kleiner schwarz-weißer Meeresvogel, der an den Küsten des nördlichen Pazifiks lebt. Eine große Brutkolonie liegt auf der abgeschiedenen Inselgruppe Haida Gwaii vor der Küste British Columbias.

Als Wissenschaftler einige dieser Vögel mit Peilsendern verfolgten, um herauszufinden, wo sie die Wintermonate verbringen, erlebten sie eine große Überraschung. Zwar kehrten nur vier Vögel unversehrt an ihre Nistplätze zurück, doch es stellte sich heraus, dass sie 8000 Kilometer quer über den Pazifik bis zu den Gewässern vor Japan, Korea und China zurückgelegt hatten: den Heimweg eingerechnet, eine 16 000 Kilometer lange Reise, an deren Ende sie wieder an einen ganz bestimmten Ort zurückfanden. Die kürzeste Route von Haida Gwaii aus dürfte weit im Norden über das Beringmeer und das Ochotskische Meer führen, und die Daten der Peilsender deuteten darauf hin, dass die Vögel tatsächlich auf diesem Weg gewandert waren.

Kein anderer Vogel unternimmt eine vergleichbare Ost-West-Wanderung über den Pazifik. Die Gründe für diese Reise wie auch die Orientierungsmethode des Silberalks stellen die Forscher vor ein Rätsel. Ihnen zufolge könnte die ungewöhnliche Wanderroute jener entsprechen, welche die Vögel in der fernen Vergangenheit zurücklegten, als sie ihr Verbreitungsgebiet von einem ursprünglichen Habitat in Ostasien nach Nordamerika ausweiteten.[5]

17. KAPITEL

Der Dunkle Lord der Schneeberge

Als ich Henrik Mouritsen in seinem Büro – in einem alten ehemaligen Gehöft mit offenem Gebälk am Rand des Universitätsgeländes in Oldenburg – besuchte, sprachen wir unter anderem über seine Forschung zum Monarchfalter, die er gemeinsam mit Barrie Frost durchgeführt hatte. Im Lauf unseres Gesprächs erwähnte er, dass er bald nach Australien reisen werde, um an einer Studie zum Wanderverhalten einer weiteren Schmetterlingsart mitzuarbeiten: des Bogong-Falters.

Diese Gelegenheit wollte ich mir nicht entgehen lassen, und so fragte ich umgehend, ob es möglich wäre, ihn zu begleiten. Mouritsen erklärte, das Projekt werde eigentlich von Eric Warrant geleitet, und er versprach, diesem mein Anliegen vorzutragen. Dann ging alles sehr schnell. Wenige Wochen später besuchte ich Warrant in Schweden. Obwohl wir uns gerade erst kennengelernt hatten, willigte er großzügig ein: Ich durfte mich als Beobachter anschließen. Und so fuhr ich einen Monat später, am Ende des australischen Sommers, hinauf in die Snowy Mountains südlich von Canberra. Weil ich nur eine vage Vorstellung davon hatte, was auf mich zukam, war ich zugleich begeistert und etwas nervös.

Genau wie der Monarchfalter, der Distelfalter und die Gammaeule ist der Bogong-Falter ein Langstreckenzieher. Er brütet während der Wintermonate im südlichen Queensland. Um der mörderischen Sommerhitze zu entfliehen, wandert der frisch geschlüpfte Nachwuchs im

Frühling nach Süden zu den Snowy Mountains in New South Wales und legt dabei mehr als 1000 Kilometer zurück.[1] Schätzungsweise machen sich jedes Jahr zwei Milliarden Falter auf den Weg.

Canberra liegt auf ihrer Flugstrecke. Die Falter werden von den hellen Lichtern der Stadt angelockt und sorgten mitunter schon für Probleme, da sie Aufzugschächte und Lüftungskanäle blockierten. Bei der Eröffnung der Olympischen Spiele in Sydney hatte ein verirrter Bogong-Falter einen unerwarteten Auftritt im Fernsehen, als er sich im Dekolleté einer Opernsängerin niederließ, die gerade die Nationalhymne sang. Die Falter werden Eric Warrant zufolge in ihrem Heimatland gleichermaßen geschätzt und geschmäht.

Die geologisch alten, stark vergletscherten Snowy Mountains erreichen Höhen von mehr als 2000 Metern. Auf ihren Gipfeln ragen riesige verwitterte Felsblöcke empor, ähnlich den Tors im englischen Dartmoor, allerdings viel größer. Die Falter versammeln sich in den engen Spalten zwischen diesen Felsformationen. Die Wände der kühlen, dunklen Ritzen sind förmlich mit den kleinen Leibern tapeziert; jeder Quadratmeter des nackten Gesteins ist von bis zu 17 000 Faltern bedeckt.[2] Dort verbringen sie den Sommer in einem Ruhezustand, der als Ästivation bezeichnet wird – das sommerliche Pendant zum Winterschlaf. Wenn sie Glück haben und nicht von Räubern gefressen werden, steigen sie im Herbst wieder in die Lüfte auf und ziehen nach Norden, wo der ungewöhnliche Kreislauf von Neuem beginnt.

Die Leistung des Bogong-Falters übertrifft die des Monarchfalters in zweierlei Hinsicht. Zum einen fliegt er nur nachts, während der Monarchfalter tagsüber wandert, und kann daher nicht auf einen Sonnenkompass zurückgreifen, um einen geraden Kurs beizubehalten. Und zum anderen ist jeder Falter (solange er überlebt) dazu bestimmt, eine vollständige Hin- und Rückreise von weit mehr als 2000 Kilometern zu bewältigen – zuerst fliegt er nach Süden in die Berge und dann wieder zurück ins südliche Queensland, wo er brütet und schließlich verendet.

Stanley Heinze und Eric Warrant haben einen unterhaltsamen Artikel über die außergewöhnliche Lebensgeschichte des Bogong-Falters geschrieben, und folgende Einschätzung ist besonders amüsant: Wenn der Monarchfalter als König der Insektenwanderung gilt, dann ist der Bogong-Falter auf jeden Fall deren »Dunkler Lord«.[3] Sie fassen die navigatorischen Anforderungen, vor die er gestellt ist, so zusammen:

Bogong-Falter können eine winzige Berghöhle aus mehr als 1000 Kilometer Entfernung genau lokalisieren; sie fliegen über Landstriche hinweg, die sie noch nie zuvor passiert haben, und finden einen bestimmten Ort, an dem sie noch nie zuvor gewesen sind. Darüber hinaus bringen sie all das bei Nacht fertig, gestärkt von ein paar Tropfen Nektar und gesteuert von einem Gehirn, das so groß ist wie ein Reiskorn. Ein Ingenieur könnte niemals auch nur annähernd einen Roboter mit denselben Fähigkeiten bauen. Um diese bemerkenswerte Leistung zu vollbringen, muss das Faltergehirn Sinnesreize mehrerer Quellen verarbeiten und die augenblickliche Flugrichtung im Verhältnis zu einem inneren Kompass berechnen. Dann muss es diese Richtung mit der gewünschten Zugrichtung abgleichen und etwaige Diskrepanzen in ausgleichende Steuerbefehle übersetzen und unterdessen bei sehr trübem Licht und kalten, turbulenten Winden einen stetigen Flug beibehalten.[4]

Ausgehend vom Bogong-Falter, lassen sich viele der zentralen Fragen der Tiernavigation ergründen. Warrant mutmaßte in seiner ursprünglichen Hypothese, dass der Falter – genau wie der Mistkäfer – auf eine Form der Himmelsnavigation zurückgreift. Aber anders als der Käfer, der nur ein paar Meter zurücklegt, fliegt der Falter die ganze Nacht lang und braucht mitunter – abhängig von den Windverhältnissen – Tage oder sogar Wochen, um sein Ziel zu erreichen. Die

Wegzeichen, die er dabei nutzt – welcher Art auch immer diese sein mögen –, müssen also relativ unveränderlich sein. Der Polarstern würde diese Voraussetzung erfüllen, doch er ist südlich des Äquators nicht sichtbar; und da sich der Mond, die Milchstraße und die Sterne allesamt in ständiger Bewegung befinden, konnte sich Warrant nicht vorstellen, dass die Gestirne dem Bogong-Falter die erforderlichen Anhaltspunkte lieferten:

Ich dachte, das Ganze sei hoffnungslos. Die Falter nutzen diese Orientierungshilfen nicht. Das wurde deutlich, als wir bei einem Experiment den Himmel mit einem schwarzen Tuch verdeckten und die kleinen Scheißkerle einfach wie gehabt weitermachten. Dann machte es plötzlich Klick – es muss das Magnetfeld sein. Das war ein großes Aha-Erlebnis. Vögel müssen sich genau der gleichen Herausforderung stellen, wenn sie nachts fliegen. Auf der nördlichen Halbkugel können sie sich nach den Rotationsmustern um den Polarstern richten, aber sie stützen sich auch sehr stark auf einen Magnetkompass. Also warum eigentlich nicht? Warum sollten die Falter nicht genauso verfahren?

Die Straße südlich von Canberra stieg langsam durch ein Schaf-zuchtgebiet auf, das den Anschein erweckte, als habe es seit Langem keinen Regen mehr gesehen. Neben den Fahrbahnen lagen zahlreiche aufgedunsene Kadaver unvorsichtiger Kängurus und Wombats. Schließlich erreichte ich das kleine ländliche Städtchen Cooma, und von dort aus fuhr ich weiter zum Kosciuszko-Nationalpark, dem Kern der Snowy Mountains. Die Landschaft wurde allmählich immer öder und menschenleerer. Einst suchten sogenannte Bushwhackern diese Gegend heim; vagabundierende Banden von Wilderern und Räubern terrorisierten die Farmer, die sich Anfang des 19. Jahrhunderts dort ansiedelten.

Eric Warrants Haus stand inmitten von Schnee-Eukalyptus auf

einem Berghang am Ende einer langen, staubigen Piste, ungefähr fünfzehn Kilometer von der nächsten kleinen Stadt entfernt. Eric stellte mich dem Team vor: Barrie Frost, David Dreyer und David Szakal aus Lund sowie Anja Günther aus Oldenburg. Henrik Mouritsen sollte zu ihnen stoßen, nachdem ich wieder abgereist war.

Mit dem Experiment, das ich in den folgenden Nächten miterlebte, setzten die Forscher eine Studie fort, die bereits etliche Jahre zuvor begonnen worden war. Sie wollten schlicht und einfach herausfinden, ob sich die Falter nach magnetbasierten Anhaltspunkten richten, um sich zu orientieren. Geplant war, Bogong-Falter am Beginn ihrer herbstlichen Wanderung nach Norden einzufangen und in einem zylindrischen Flugsimulator fliegen zu lassen, so wie Barrie Frost und Henrik Mouritsen bei ihren früheren Experimenten mit dem Monarchfalter vorgegangen waren. Mithilfe eines genau kalibrierten Spulensystems sollten die Falter verschiedenen veränderten Magnetfeldern ausgesetzt werden, wobei ihre jeweiligen Reaktionen aufgezeichnet wurden.

Wo der Bogong-Falter schläft

Als ich ankam, hatte das Team bereits seit einiger Zeit gearbeitet. Da die Falter allmählich knapp wurden, mussten noch welche eingefangen werden. Die Forscher konnten die Lichtfalle erst aufstellen, wenn es dunkel war, und so beschlossen sie, tagsüber die Felsspalten auf den Berggipfeln aufzusuchen, in denen sich Unmengen dieser Falter versammelten.

Eric und ich brachen gemeinsam mit Anja Günther und David Szakal früh am Morgen nach Thredbo auf, einem Skiort im steilen Tal des Crackenback River. Da der Sommer zu Ende ging, war es in dem Ort sehr ruhig, aber wir konnten mit einem Skilift bis auf ungefähr 2000 Meter Höhe hinauffahren. Auf unserem Weg zu den herrlich kahlen Berggipfeln stapften wir durch Torfmoore und kletterten durch dichtes Gestrüpp. Das Moorland war übersät von Blumen. Schon bald waren wir völlig allein, bis auf ein paar wilde Ponys und die Raben, die über uns kreisten.

Die Snowy Mountains sind geologisch sehr alt und sehen dementsprechend aus. Auf jedem der abgerundeten Gipfel thronen bizarre Felsformationen – wie gigantische Skulpturen. Nur wenige Menschen wissen, wie man die Höhlen findet, in denen die Falter ruhen, aber Eric führte uns zu einer der besten Stellen. Es gab nur vereinzelte sichtbare Pfade, denen man folgen konnte, und wir mussten mehrmals innehalten, um uns zu orientieren. Nach einem langen Geländemarsch unter sengender Sonne erreichten wir unser Ziel: eine jäh aufragende Masse kantiger und zerklüfteter Felsen hoch oben auf einem steilen Grashang.

Wir kletterten über einige Felsbrocken, um die Öffnung einer der Spalten zu erreichen. Ein starker nussiger Geruch lag in der Luft, und der Boden war übersät von den zerfallenden Körpern toter Falter, die von Regengüssen aus ihrem Unterschlupf gespült worden waren. Daher rührte der Geruch.

Die Spalten zwischen den Felsblöcken waren schmal, aber wir konnten uns gerade noch hineinzwängen. In der Höhle schwebte ein feiner Staub aus den Schuppen der Flügel unzähliger Falter, der förmlich glitzerte, wenn ein Lichtstrahl auf ihn fiel. Viele Falter waren bereits aufgebrochen, und einige flatterten um uns herum. Mit der Taschenlampe entdeckten wir Flecken, an denen die noch schlafenden Tiere hockten; sie hatten ihre graubraunen Flügel ordentlich über ihre ruhenden Leiber gefaltet und bildeten alle zusammen ein absolut regelmäßiges Muster an den kalten Felswänden. Die Falter haben natürlich keine Augenlider, aber der Körper jedes Insekts dient dem dahinter sitzenden Artgenossen als Lichtschutz, und so sind nur die Augen der Tiere in der vordersten Reihe direktem Licht ausgesetzt.

Es war ein Bild friedlicher Stille und ein Beleg dafür, wie effizient sich Insekten orientieren können.

Warrant erklärte, dass die Aborigines früher, bevor sie von den europäischen Kolonisten vertrieben wurden, zu diesen geologischen Aufschlüssen heraufzogen, um die Sommermonate dort zu verbringen. Sie entgingen so der Hitze des Flachlandes und labten sich an gerösteten Bogong-Faltern, die offenbar sehr gut schmecken. Es wurde gesungen und getanzt und geheiratet. Die ersten Siedler berichteten, dass die Aborigines in viel besserer Verfassung waren, wenn sie von diesen Faltergelagen zurückkehrten; »ihre Haut glänzte, und die meisten waren ziemlich feist«.[5] Die Urbevölkerung ist hier jedoch weitgehend verschwunden, und ihre Tanzzeremonien, die sogenannten *corroborees*, sind inzwischen zur vagen Erinnerung verblasst.

Einiges deutet darauf hin, dass jede Höhle von Faltern aus einem speziellen geografischen Gebiet besetzt ist, doch diese Theorie muss erst noch bestätigt werden. Sollte sie stimmen, übertrifft die Navigationsgenauigkeit dieser Falter sogar die der Monarchfalter, die in den Hochlandwäldern von Mexiko überwintern; aber auch wenn der Bogong-Falter bei seiner Zielsuche nicht ganz so wählerisch ist, muss er dennoch eine geeignete Höhle finden, und das kann keineswegs einfach sein. Olfaktorische Stimuli – vielleicht sogar der nussige Geruch, den wir bemerkten – könnten sie anlocken.

Warrants Kollegen in Lund registrierten Nervensignale von den Fühlern der Bogong-Falter, während sie unterschiedliche Duftstoffe, die in den Felsspalten gesammelt wurden, über ihnen verstäubten; doch bisher konnten sie damit noch keine konkreten Reaktionen auslösen. Die getesteten Falter waren jedoch im Sommerschlaf und reagierten vielleicht deshalb nicht auf die Stimuli. Unabhängig davon, welche Reize es sein mögen: Die nach Süden fliegenden Falter können nicht gelernt haben, sie zu erkennen, weil sie allesamt Neulinge auf der Wanderschaft sind. Sie müssen sich durch Instinkt von ihnen angezogen fühlen.

Als wir mit dem Abstieg begannen, ging die Sonne bereits unter, und es wurde allmählich dunkel, als wir die Stelle erreichten, an der die Forscher die Lichtfalle aufstellten. Die Vorrichtung war zwar nicht besonders ausgeklügelt, aber wirksam. Sie bestand aus einem großen, leistungsstarken Scheinwerfer, der von einem tragbaren Generator mit Strom versorgt wurde, und einem weißen Tuch, das zwischen zwei buschigen Bäumen aufgespannt war. Binnen weniger Minuten zog das Licht alle möglichen Insekten an, jedoch nur wenige Bogong-Falter. Auf dem Tuch war sogar eine riesige haarige Zikade gelandet, die Eric ganz in ihren Bann zog.

Als Insektenliebhaber war ich hingerissen vom Schauspiel so vieler unvertrauter Fluginsekten, aber es fiel mir nicht leicht, die Bogong-Falter zu identifizieren. Ich hatte auch große Schwierigkeiten, sie einzufangen – anders als die beiden jüngsten Mitglieder des Teams, deren Reaktionen um einiges schneller waren als meine.

Am nächsten Morgen sollten die Falter für das Experiment präpariert werden – ein wichtiger Bestandteil des erfindungsreichen Verfahrens, mit dem die Insekten fixiert wurden. Die Forscher kühlten die Falter zunächst in einer tragbaren Gefrierbox, damit sie schläfrig wurden, und machten sie dann unter einem beschwerten Drahtgeflecht behutsam bewegungsunfähig. Im nächsten Schritt entfernten sie an einer kleinen Stelle des Rumpfabschnitts (am Mittelteil des Körpers gleich unterhalb des Kopfes) die pelzartigen Schuppen; dazu benutzten die Forscher einen von Barrie Frost improvisierten Miniaturstaubsauger, der mit der elektrischen Kraftstoffpumpe eines Autos angetrieben wurde.

An der freigelegten Partie wurde nun rasch mit einem winzigen Klecks Klebstoff ein Stück dünner Wolframdraht mit einer sehr kleinen Schlaufe am Ende angeklebt. Es war wichtig, dass dieser Draht vertikal ausgerichtet wurde; andernfalls konnten die Falter im Simulationsflug keine konstante Richtung beibehalten. Sobald die Falter erfolgreich präpariert waren, setzten die Forscher sie einzeln in kleine Kästchen und versorgten sie mit Nahrung in Form eines mit Honig bestrichenen Wattestäbchens. Bis zu ihrem Einsatz wurden sie im Kühlen und Dunkeln verwahrt. Meistens wurden die Falter wach, wenn der Draht angebracht war, und einige flüchteten, sobald sie in die Boxen gesteckt werden sollten. Es war nicht einfach, sie wieder einzufangen.

Das Experiment selbst wurde auf einem Hügel oberhalb des Hauses durchgeführt. Das Team hatte ein Stromkabel verlegt und ein kleines Zelt aufgebaut, um die Aufnahmegeräte und die Steuervorrichtung für das Magnetspulensystem zu schützen. Kurz vor Sonnenuntergang stapften wir den Berg hinauf, stets darauf bedacht, nicht in einen der großen Haufen Kängurukot zu treten; wir schleppten die Falter in der Kühlbox und all die anderen Gerätschaften mit, einschließlich Tee und Gebäck. Die Temperatur sank rasch, und in der Nacht war ich froh über die Thermounterwäsche, die Eric mir gegeben hatte.

Oben standen zwei zylindrische Testgehäuse (ähnlich jenen, die Mouritsen und Frost genutzt hatten, um das Orientierungsvermögen des Monarchfalters zu testen). Quer über die Oberseite eines jeden dieser Flugsimulatoren trug eine Strebe aus Plexiglas eine Achse, an der die Drähte der Falter befestigt werden konnten. Die Falter konnten dann in jede gewünschte Richtung »fliegen«. Ein bewegliches Muster, das auf den Boden des Zylinders projiziert wurde, erzeugte einen optischen Fluss, der sie anregte loszufliegen, und ein Rückkoppelungssystem sorgte dafür, dass der Fluss mit der Flugrichtung der Falter gleichgerichtet wurde.

Die gewählte Flugrichtung der Falter wurde elektronisch verfolgt und an die Laptops im nahe gelegenen Zelt übertragen. Mithilfe eines Spulensystems rings um das Testgehäuse konnten die Forscher das Magnetfeld in einem präzisen Maß drehen und dann genau feststellen, wie die Falter auf die Veränderungen reagierten.

Nicht gleich die Flinte ins Korn werfen

Der erste Durchlauf dieses Experiments war ein absoluter Reinfall. Die meisten Falter reagierten überhaupt nicht auf die veränderten Magnetfelder; nur in einigen wenigen Fällen zeigte sich eine deutliche, aber nicht einheitliche Wirkung. Nach drei frustrierenden Jahren drängte sich den Forschern langsam der Gedanke auf, dass die Falter entweder keinen Magnetkompass hatten oder dass sich unmöglich ergründen ließ, wie dieser funktionierte. Dann kam es Warrant plötzlich in den Sinn, dass die Falter möglicherweise nicht nur auf magnetische, sondern auch auf visuelle Reize reagierten:

Es ist so: Diese verflixte Strebe oben quer über dem Testgehäuse und die Spulen sind sichtbar. Aber vor allem wellte und wölbte sich die Wand des Gehäuses, die mit Karton verkleidet war, nach ein paar taufeuchten Abenden. Auch wenn wir das kaum wahrnehmen, weiß ich genug über das hervorragende Sehvermögen der Insekten bei Nacht, um mir darüber im Klaren zu sein, dass die Falter das alles sehen können. Und ich wunderte mich darüber, wie dumm wir doch waren. Die Tiere können all das sehen und als Hinweise nutzen.

Eine Lösung musste her. Es war unmöglich, alle etwaigen Quellen visueller Information zu eliminieren, also installierten die Forscher eine kleine, horizontale Streuscheibe an der Achse dicht über den Faltern, damit diese nicht sehen konnten, was über ihnen war. Die Scheibe ließ jedoch das schwache ultraviolette Licht des Nachthimmels durchdringen. Dies war wichtig, denn allem Anschein nach hing der Magnetkompass der Insekten von dem Licht ab. Ein Problem gab es jedoch noch: die Gehäusewände mit all ihren Unzulänglichkeiten. Warrant fand eine geschickte Lösung:

Wir beschlossen, einige wirklich markante Orientierungspunkte anzubringen, die alle anderen ausblendeten. Die Seitenwand war anfangs blassgrau, also zogen wir einen schwarzen Horizont ein und fügten Berge hinzu – einfach schwarze Dreiecke auf einem Stück Klarsichtfolie, das wir ein- und ausklappen konnten, sodass die Berge entweder bei null Grad [genau Nord] oder bei 120 Grad [annähernd Südost zu Ost] am Horizont zu stehen kamen.

Endlich erzielten die Wissenschaftler erste brauchbare Ergebnisse:

Wir führten dann ein Experiment in vier Phasen von jeweils fünf Minuten durch, also insgesamt zwanzig Minuten. Erste Phase: Magnetfeld der Erdstärke in seiner normalen nördlichen Ausrichtung auf null Grad mit einem Berg ebenfalls bei null Grad, sodass alles in derselben Richtung war. Nach fünf Minuten drehten wir alles auf 120 Grad – Feld und Berg zeigten wieder in dieselbe Richtung. Die Falter orientierten sich nun in diese Richtung – nicht alle, aber genügend, um eine klare Wirkung erkennen zu lassen. In Phase drei ließen wir den Berg, wo er war, und setzten das Feld auf null Grad zurück.

Plötzlich war die Hölle los! Die Falter flogen zwei Minuten lang weiter auf den Berg zu, dann drehten sie durch und wurden vollkommen orientierungslos. In der vierten Phase, den letzten fünf Minuten, platzierten wir auch den Berg bei null Grad, und die Falter fanden sich wieder zurecht. Aber in der dritten Phase – mit dem Signalkonflikt – gerieten sie völlig durcheinander. Die eingehenden Daten zeigten uns eine tatsächliche Wirkung.

Die Tatsache, dass wir diese Verwirrung durch eine Ablenkung des Magnetfeldes hervorrufen können, bedeutet, dass die Falter über einen Magnetsinn verfügen. Wenn sie den nicht hätten und sich nur nach dem Berg richteten, hätten sie sich in der dritten Phase entsprechend verhalten und sich ohne Probleme orientiert. Das Ganze war umso beeindruckender, da wir nur vier Meter entfernt waren und lediglich einen Knopf drücken mussten, um das Feld zu verändern. Physisch kamen wir mit den Faltern überhaupt nicht in Berührung.

Das erste Experiment mit dem Signalkonflikt überzeugte Warrant, dass die Falter sich genauso verhielten wie ein menschlicher Steuermann, wenn er auf See einen Kompasskurs steuert. Anstatt ununterbrochen auf den Kompass zu starren, ist es für Seeleute viel einfacher, das Schiff auf den gewünschten Kurs zu bringen und dann den Bug etwa auf eine ferne Wolke oder vielleicht einen Stern auszurichten und weiter nach diesem Anhaltspunkt zu steuern. Von Zeit zu Zeit werfen sie erneut einen Blick auf den Kompass, um zu überprüfen, ob sie immer noch auf dem richtigen Kurs sind. Es scheint so, als legten die Falter ihren Kurs anfangs ebenfalls mithilfe ihres Magnetkompasses fest und nutzten dann alle möglichen verfügbaren visuellen Hinweise (in diesem Fall die »Berge« innerhalb des Flugsimulators), um den Kurs zu halten.

Dass die Falter verwirrt sind, wenn sich das sie umgebende Magnetfeld plötzlich ändert, ist verständlich. Sollen sie sich in diesem Fall nach den visuellen Anhaltspunkten richten oder ihren Kurs entsprechend dem magnetischen Signal korrigieren? Warrant ist der Auffassung, dass der Magnetkompass die visuellen Zeichen aussticht und die Verzögerungen deshalb auftreten, weil die Falter ihren Kurs im Durchschnitt alle zwei Minuten mit ihrem inneren Kompass abgleichen. Dieses System hat einen großen Vorteil gegenüber einem Sonnen- oder Mondkompass: Es erfordert keinerlei Zeitausgleich.

Natürlich ist es nicht einfach, all das mit absoluter wissenschaftlicher Präzision zu beweisen. Es gibt immer ein »Datenrauschen« – Schwankungen in den Daten –, weil sich die Falter nicht alle auf genau dieselbe Weise verhalten. Das mag teilweise auf individuelle Unterschiede unter den Faltern zurückzuführen sein, doch womöglich sind auch andere Einflüsse dafür verantwortlich, beispielsweise schlecht angebrachte Drähte, ablenkendes Licht oder Schall.

Als ich auf Warrants Team stieß, standen die Forscher also vor der Aufgabe, eine neue Studienreihe durchzuführen, um alle denkbaren Störfaktoren auszuschließen. Insbesondere mussten sie die Reihenfolge randomisieren, in der die Falter den verschiedenen Signalen ausgesetzt wurden, anstatt stets mit derselben Anordnung zu beginnen, bei der alles in die normale Zugrichtung genau nach Norden zeigte, so wie man im Jahr zuvor verfahren war.

Nach Einbruch der Dunkelheit bot der Himmel über uns einen herrlichen Anblick. Selbst mitten auf dem Meer, fernab von jeder Lichtverschmutzung, habe ich noch nie so viele Sterne gesehen. Die Milchstraße leuchtete hell. Ich konnte selbst die dunklen Wolken aus interstellarem Staub ausmachen, die man normalerweise nur auf Fotos mit Langzeitbelichtung erkennen kann. Das Kreuz des Südens ging im Südosten majestätisch auf, und nah am südlichen Himmelspol traten die beiden Magellan'schen Wolken, unsere nächsten galaktischen Nachbarn, deutlich hervor.

Jede Nacht saßen wir bis in die frühen Morgenstunden in dem Zelt, während jeweils zwanzig bis dreißig Falter getestet wurden. Die Vorgehensweise war sorgfältig standardisiert, und das Team war darauf bedacht, dass in der Nähe der Simulatoren kein Licht zu sehen und kein Geräusch zu hören war. Jeder Test begann mit einer Phase, in der die Falter im natürlichen geomagnetischen Feld von sich aus eine bevorzugte Richtung festlegen durften. Dann wurden sie in einer vorgegebenen randomisierten Reihenfolge den vier unterschiedlichen Testbedingungen ausgesetzt. Anders als Ken Lohmanns frisch geschlüpfte Schildkröten (siehe S. 248 ff.) mussten die Falter nicht erst dazu angeregt werden, eine bestimmte Richtung zu wählen.

In dem Zelt saßen wir auf Klappstühlen zu viert dicht beieinander und beobachteten auf den beiden Laptops, wie sich die Falter verhielten. Die Forscher gaben ein Signal, wenn es für die Kollegen Zeit war, das Magnetfeld abzulenken beziehungsweise die »Berge« zu versetzen. Wir konnten genau sehen, was jeder Falter machte, nachdem er in den Apparat gesetzt worden war. Manche gewöhnten sich rasch ein und flogen in eine bestimmte Richtung – häufig, aber bei Weitem nicht immer nach Norden. Andere schwirrten jedoch in alle Himmelsrichtungen – wohl aufgrund einer fehlerhaften Anbringung ihrer Drähte. Sobald sich die Insekten auf eine Richtung festgelegt hatten, schaltete Eric, der allein im hinteren Teil des Zeltes saß, die beiden Spulensysteme an, und wir beobachteten, was passierte.

Anfangs sah es so aus, als würden sich viele der Falter »falsch« verhalten, doch allmählich zeichnete sich ein Muster ab. Die Versuchung ist groß, Ergebnisse auszuklammern, die nicht mit der Theorie übereinstimmen – und nicht alle Wissenschaftler können ihr widerstehen. Indem man die Daten frisiert, lassen sich Ergebnisse erzielen, die »statistisch signifikant« erscheinen, obwohl sie in Wirklichkeit vollkommen irreführend sind. Daher ist es wichtig, alle stichhaltigen Daten einzubeziehen.

Experimente wie diese erfordern sehr viel Geduld, und Witze – sogar schlechte – heben beim Warten die Stimmung. Erics überraschende Begeisterung für die große haarige Zikade, die wir in der Lichtfalle gesehen hatten, wurde zum Running Gag mit unerwartet komischem Potenzial. Wir fühlten uns jedes Mal erleichtert, wenn der Vorrat an Faltern endlich zur Neige ging und wir wieder den dunklen Berghang hinuntersteigen konnten, um uns schließlich nach einem Glas Whisky schlafen zu legen.

Die Experimentreihe wurde noch mehrere Wochen fortgesetzt, nachdem ich abgereist war, und es sollte noch etliche Monate dauern, bis die Ergebnisse der Studie vollständig ausgewertet waren. Die vielen Nächte auf der kalten Bergkuppe im Südosten Australiens haben sich auf jeden Fall bezahlt gemacht: Endlich wurde überzeugend nachgewiesen, dass es Fluginsekten gibt, die einen Magnetkompass nutzen. Darüber hinaus wurde eine vollkommen neue Navigationsstrategie aufgedeckt – eine, bei der visuelle und magnetische »Schnappschüsse« verglichen werden. Etwas Derartiges ist bis zu diesem Zeitpunkt noch nie bei Tieren beobachtet worden.[6]

– – – –

Einer urbanen Legende aus New York zufolge wurden einst als Haustiere gehaltene Alligatorenbabys die Toilette hinuntergespült, doch sie überlebten und bildeten ganze Kolonien in der warmen Unterwelt der städtischen Kanalisation. Das klingt nicht besonders glaubhaft, doch im südlichen Florida haben sich ausgebüxte exotische Haustiere zu einer echten Plage entwickelt. Burmesische Tigerpythons – mit die größten Schlangen der Welt – sind in den vergangenen Jahren in den subtropischen Sumpfgebieten der Everglades heimisch geworden, wo sie der lokalen Tierwelt großen Schaden zufügen. Inzwischen haben sie ihr Verbreitungsgebiet sogar bis auf die Florida Keys ausgeweitet.

Um die Ausbreitung von Tieren einzudämmen, die in das Habitat anderer eingedrungen sind, kann man diese natürlich aus den Gebieten wegschaffen, in denen sie Probleme verursachen. Doch zuallererst muss sichergestellt werden, dass sie auch wegbleiben – besonders angesichts der Erfahrung mit australischen Krokodilen (siehe S. 95 f.).

Wissenschaftler fingen Pythons in den Everglades ein und setzten ihnen (unter Narkose) Funkpeilsender ein. Dann transportierten sie die Schlangen in undurchsichtigen, luftdichten Behältnissen in Gebiete, die bis zu 36 Kilometer entfernt waren. Sechs der Schlangen wurden an diesen fernen Orten ausgesetzt; sechs weitere (die Kontrollgruppe) wurden direkt dorthin zurückgebracht, wo sie eingefangen worden waren, und wieder freigelassen.

Die Peilsender in den Pythons wurden von Leichtflugzeugen aus verfolgt. Zur allgemeinen Überraschung machten sich die versetzten Pythons allesamt auf den Weg zurück zu ihrem ursprünglichen Gebiet;

fünf davon erreichten den Ort, an dem sie eingefangen worden waren, bis auf fünf Kilometer genau. Sie waren aktiver und bewegten sich schneller als die Schlangen der Kontrollgruppe und hatten eindeutig ein klares Ziel. Die Kontrolltiere streiften hingegen nur wahllos umher.

Es ist wohl unwahrscheinlich, dass die Pythons Koppelnavigation nutzten. Vielleicht verfügen sie über eine Art innere Karte, die auf magnetischen, olfaktorischen oder astronomischen Anhaltspunkten beruht. Noch nie zuvor wurde bei einer Schlange ein derartiges Verhalten beobachtet.[7]

TEIL II Der Heilige Gral

18. KAPITEL

Navigation mit Karte und Kompass

Vor mir liegt eine alte britische Admiralitätskarte des Nordatlantiks. Entlang der linken Seite, am westlichen Rand des Ozeans, verläuft die Küste Nordamerikas – von Resolution Island vor der Mündung der Hudsonstraße bis zum Jupiter Inlet an der Küste Floridas. An der rechten (östlichen) Kartenseite werden seine Grenzen von zwei Inselgruppen markiert, den Färöern im hohen Norden und den Kanaren im Süden. Am oberen Rand ragt Kap Farvel, der südlichste Punkt Grönlands, gerade noch herein. Doch die Mitte der Karte wird natürlich vollständig vom Meer beherrscht. Zahlreiche Angaben zu Wassertiefen füllen das Blatt, außerdem drei Windrosen, bei denen ein violetter Stern rechtweisend Nord kennzeichnet. Es ist der Polarstern, der früher mitunter Stella maris, »Stern des Meeres«, genannt wurde.

Karten wie diese mögen nicht unbedingt ungewöhnlich erscheinen, aber sie enthalten eine außerordentliche Menge mühsam erlangten Wissens. Erstellt wurden sie von jungen Marineoffizieren, die kleine Segelschiffe befehligten und häufig von offenen Booten aus arbeiteten, alle möglichen Strapazen auf sich nahmen und sogar ihr Leben riskierten, um solch abgelegene und gefährliche Regionen wie Alaska, Feuerland oder die malariaverseuchten Küsten des tropischen Afrika zu erkunden und zu vermessen.

Zehntausende Tiefenlotungen und Kompasspeilungen waren erforderlich, und bei jeder Gelegenheit mussten einzelne Positionen anhand von Sonne, Mond und Sternen genau bestimmt werden. Es war ein heroisches Unterfangen. Elektronische Echolote, Navigations-systeme und Satellitenbilder erleichtern heutzutage das Anfertigen von Karten, aber der Prozess ist nach wie vor äußerst anspruchsvoll.

Im Vorwort habe ich kurz die unterschiedlichen Möglichkeiten erörtert, wie ein Tourist lernen könnte, sich ohne GPS in einer fremden Stadt zurechtzufinden. Wie wir wissen, klappt das sowohl mit als auch ohne Karte. Diese beiden Ansätze unterscheiden sich konzeptionell und werden fachsprachlich als *außenbezogene* beziehungsweise *selbstbezogene* Orientierung bezeichnet.[1]

Bei der selbstbezogenen (idiozentrischen) Orientierung geht es allein darum, wie Objekte in der Umgebung mit dem eigenen Ich räumlich in Beziehung stehen. Man achtet auf hervorstechende Gebäude, prägt sich ein, in welche Richtung man an einer wichtigen Kreuzung abgebogen ist, und so weiter. Dabei dreht sich die Welt stets um das eigene *Ich*. Wir haben bisher viele Beispiele dafür kennengelernt, wie idiozentrische Orientierung funktioniert – von der Wüstenameise bis zum Bogong-Falter.

Für diese Form der Orientierung muss man lernen, jene markanten Punkte wiederzuerkennen, die eine Route kennzeichnen. Unser imaginärer Tourist könnte also zu seinem Hotel zurückfinden, indem er einer Strecke folgt, die er sich auf dem Hinweg eingeprägt hat – nur eben rückwärts.

Die Koppelnavigation ist zwar ein wenig komplizierter, aber auch sie bildet eine Form der idiozentrischen Orientierung. Man kombiniert Informationen über den eingeschlagenen Kurs und die zurückgelegte Entfernung, sodass man jederzeit die eigene Position in Bezug zum Ausgangspunkt bestimmen kann. Mithilfe der Koppelnavigation könnte sich unser Tourist jederzeit darüber bewusst sein, in welcher Richtung sein Hotel liegt und wie weit es entfernt ist – wie eine von Wehners Ameisen bei der Futtersuche. Er müsste dann nicht unbedingt dieselbe Route zurückgehen, sondern könnte den direktesten Weg zu seinem Hotel einschlagen.

Diese beiden Formen der selbstbezogenen Orientierung schließen einander nicht aus. Viele Lebewesen, auch wir Menschen, nutzen beide Methoden. Aber keine von beiden funktioniert, wenn man seinen zurückgelegten Weg nicht lückenlos nachvollziehen kann. Wenn man sich plötzlich an einem unbekannten Ort wiederfindet und nicht weiß, wie man dorthin gekommen ist, und keinen Hinweis entdeckt, der einem die Richtung nach Hause anzeigt, hilft einem keines der beiden Systeme weiter. In solch einer Situation braucht man entweder sehr viel Glück oder einen ganz anderen Ansatz, um sich für eine Route zu entscheiden.

Hier kommen *Karten* ins Spiel. Und damit sind wir bei der außenbezogenen (allozentrischen) Orientierung.

Um diese anzuwenden, müssen wir verstehen, wie die Objekte in unserer Umgebung geometrisch *zueinander* in Beziehung stehen. Gedruckte Karten – wie die Seekarte des Nordatlantiks – liefern genau diese Art von Information; das Gleiche gilt für die digitalen Karten, auf die wir uns heutzutage meist verlassen. Sie beruhen auf einem System von Koordinaten, von denen die Breiten- und Längengrade die bekanntesten sind.

Aber eine Karte wird einem wenig nützen, wenn man nicht in der Lage ist, die eigene Position auf ihr zu ermitteln. Dazu könnte man beispielsweise Landmarken in der Umgebung mit den entsprechenden Symbolen auf der Karte abgleichen. Diese Methode funktioniert jedoch nicht, wenn man sich weit draußen auf dem Meer oder mitten in einer Wüste befindet, wo es keine markanten Orientierungspunkte gibt. Wenn man keine andere Möglichkeit findet, den eigenen Standort zu bestimmen, ist man im wahrsten Sinne des Wortes verloren.

Wir Menschen verfügen über verschiedenste Instrumente, um unsere Position auch ohne Rückgriff auf Landmarken festzumachen; das Navigationssystem GPS ist lediglich das neueste und genaueste. Wenn man auf irgendeinem Gerät die geografische Breite und Länge des eigenen Standorts ablesen kann, ist es ganz einfach, diesen auf einer Karte einzuzeichnen. Mithilfe eines Lineals und Winkelmessers lässt sich dann umgehend der Kurs ermitteln, der an jedes gewünschte Ziel führt.

Wird Ihr Standort beispielsweise mit 40 Grad Nord und 40 Grad West angegeben, würden Sie schnell feststellen, dass Sie sich mitten im Nordatlantik befinden, ungefähr 420 Seemeilen (778 Kilometer) westlich der Azoreninsel Corvo. Und wenn Sie nach New York wollen, könnten Sie der Seekarte entnehmen, dass ein Kurs etwas nördlicher als West Sie ans Ziel bringen würde.

Das Verfahren, das ich hier beschrieben habe, wird – aus naheliegenden Gründen – als *Navigation mit Karte und Kompass* bezeichnet.[2] Ob auch nicht menschliche Lebewesen auf solch ein System zurückgreifen können – und, wenn ja, wie dieses funktioniert –, ist eine der tiefgründigsten Fragen der Tiernavigationsforschung.

Sind Tiere in der Lage, ihren Standort zu definieren, wenn sie sich in unvertrautem Terrain befinden und keine Landmarken erkennbar sind, und können sie dann die Richtung und die Entfernung zu ihrem Ziel ermitteln? Navigationssatelliten helfen ihnen natürlich nicht weiter, aber vielleicht verfügen sie, wie wir Menschen, über eine Methode der Positionsbestimmung, die auf Signalen und Hinweisen von fernen äußeren Quellen beruht – etwa Geräusche, Gerüche oder Eigenschaften des Erdmagnetfeldes.

Diese Vorstellung mag uns seltsam erscheinen; vielleicht helfen hier ein paar praktische Beispiele.

Angenommen, Sie wissen, dass der Geruch von Hopfen von einer bestimmten Brauerei stammt; dann können Sie herausfinden, in welche Richtung Sie blicken, indem Sie feststellen, aus welcher Richtung der Wind den Geruch heranführt. Wenn Ihnen der Wind entgegenweht, muss die Brauerei vor Ihnen liegen. Sollten Sie dann – nach einer Winddrehung – den Duft von Lavendel wahrnehmen, der von einem in einer anderen Richtung liegenden Feld kommt, können Sie

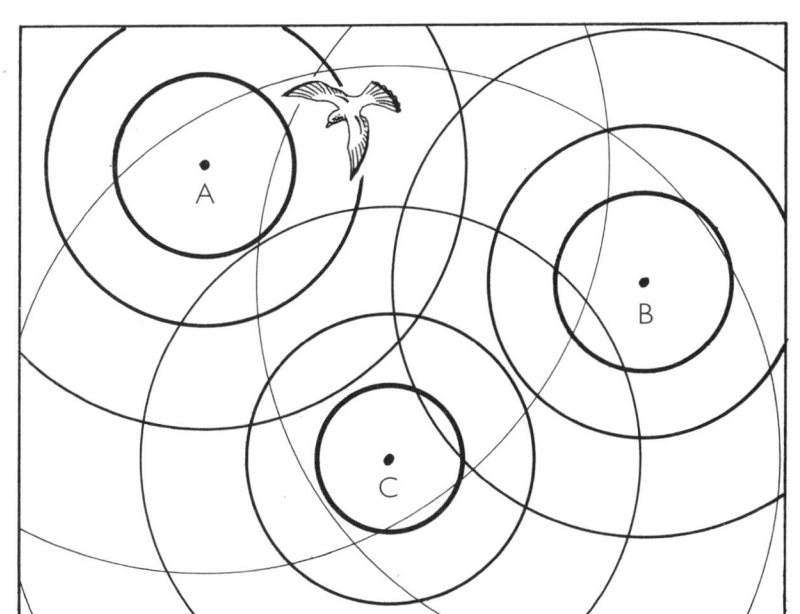

*Eine hypothetische Gradientenkarte. A, B und C stehen für unter-
schiedliche Schallquellen. Die konzentrischen Kreise zeigen an,
wie sich die Lautstärke mit zunehmender Entfernung von diesen
Quellen verringert*

(sehr) grob bestimmen, wo auf Ihrer mentalen Karte Sie sich befinden.
Da Sie sich auf Richtungsinformationen stützen, würde es sich hierbei um eine *Vektorkarte* handeln.

Zudem wären Veränderungen der *Art* und *Stärke* der eingehenden
Signale hilfreich. Nehmen wir an, Sie verfügen über eine mentale
Karte, auf der die *Lautstärke* des Schalls von drei verschiedenen Quel-
len (etwa einem Glockenturm, einer Pfahlramme und einem Schieß-
stand) in Form von Gradienten eingezeichnet ist. Konzentrische
Kreise könnten die Stärke jedes einzelnen Geräusches zur Entfernung
von der Quelle in Beziehung setzen. Indem Sie ermitteln, wo sich die
Kreise überschneiden, die der wahrgenommenen Lautstärke der drei

Signale entsprechen, wären Sie theoretisch in der Lage, Ihre Position annähernd zu bestimmen.[3] In der Realität wäre solch eine Methode aufgrund des Windes und anderer Faktoren äußerst unzuverlässig, doch ich hoffe, der allgemeine Gedankengang ist klar geworden. *Gradientenkarten* dieser Art könnten sich im Prinzip auch auf andere Signale wie zum Beispiel Gerüche stützen.

Da örtlich auftretende Signale wie Geräusche oder Gerüche sich normalerweise nicht sehr weit ausbreiten, ist es schwer vorstellbar, dass ein Tier diese zur Bestimmung der eigenen Position verwenden könnte – es sei denn, die Quellen sind halbwegs nahe gelegen. Gewisse Hinweise – etwa astronomische oder magnetische – sind hingegen *global verfügbar*, und einige Tiere sind vielleicht fähig, sie für eine Langstreckennavigation mit Karte und Kompass zu nutzen.

Theoretisch könnte ein Tier seinen Standort bestimmen, indem es die Sonne und die Sterne beobachtet – wie ein Seemann, der einen Sextanten verwendet. Es bräuchte allerdings zwei Uhren und detaillierte Informationen über die genauen Bewegungen der Gestirne, die es beobachtet hat. Das erscheint jedoch nahezu unmöglich, und es gibt auch keine Beweise dafür, dass Tiere ihre Positionen tatsächlich auf diese Weise ermitteln können. Uns Menschen gelingt das jedenfalls nicht ohne technische Hilfsmittel.

Um das geomagnetische Feld zu nutzen, müsste man mindestens zwei der Parameter messen, die es definieren – beispielsweise die Intensität und Inklination –, und wissen, wie sich diese auf der Erdoberfläche verändern. Die Gradienten könnten einem Tier im Prinzip ein Koordinatensystem liefern, ähnlich dem der Breiten- und Längengrade, mit dem es in der Lage wäre, seinen Standort auf einer Magnetkarte zu bestimmen.

Tiere könnten sich auch kartenähnliche Darstellungen ihrer Lebenswelten aneignen, indem sie einfach ihre Umgebung erforschen. Uns Menschen mag es zwar einleuchtender erscheinen, dass solche Karten anhand von visuellen Informationen angelegt werden, doch das muss nicht zwangsläufig so sein. Ein Tier lernt womöglich, die verschiedenen Winkel in seinem Revier mit einzigartigen Kombinationen aus Gerüchen und Geräuschen zu assoziieren. Jedes dieser Signale wäre dann wie ein kleines Steinchen, das in Verbindung mit anderen die Grundlage für eine *Mosaikkarte* bilden würde. Mithilfe dieser Karte ließe sich der eigene Standort (zumindest annähernd) bestimmen, selbst mit geschlossenen Augen; in einem unvertrauten Terrain wäre sie natürlich nutzlos.

Es ist schwer zu sagen, welche Größenordnung beziehungsweise Präzision diese unterschiedlichen Karten aufweisen könnten. Viel dürfte von den sensorischen und kognitiven Fähigkeiten des jeweiligen Tieres und der Qualität der verfügbaren Informationen abhängen; und natürlich wäre es möglich, eine Vielzahl von Karten parallel zu verwenden. Vielleicht erstellt ein Wanderalbatros im Laufe seines langen Lebens anhand zahlreicher unterschiedlicher Anhaltspunkte Vektor-, Gradienten- und Mosaikkarten, die einen kompletten Ozean abdecken. Zusammen mit einem inneren Kompass könnten diese die Grundlage für ein genaues, geografisch weiträumiges Navigationssystem bilden.

So viel zur Theorie. Im Folgenden möchte ich die Anzeichen und Belege dafür prüfen, dass Tiere tatsächlich Karten nutzen und sich nicht nur auf einfachere, selbstbezogene Orientierungsmethoden verlassen.

Perdecks Stare

Beginnen wir in den 1950er-Jahren. Damals führte ein holländischer Forscher namens Albert Christiaan Perdeck (1923–2009) eine lange Reihe von Experimenten durch – mit Methoden, die heute nicht mehr zulässig wären. Tausende Stare (sowohl ausgewachsene als auch

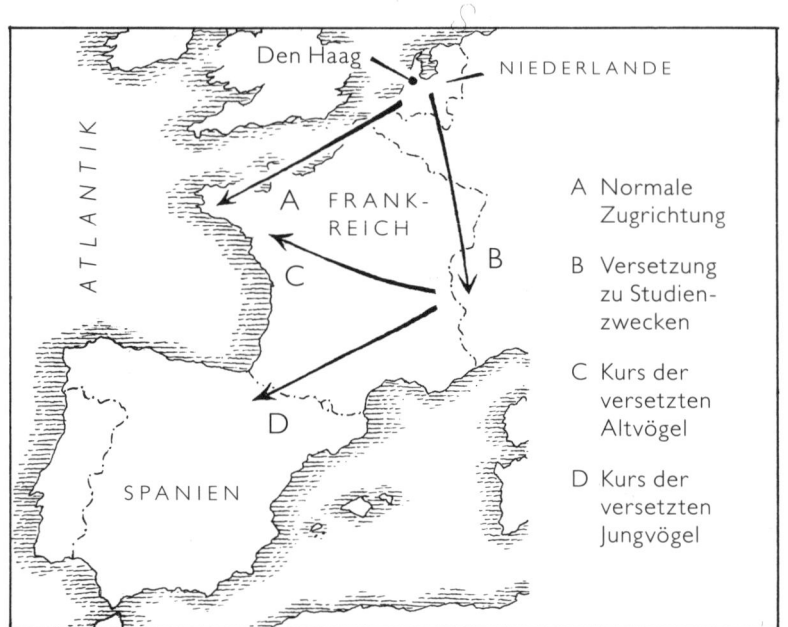

A Normale
 Zugrichtung

B Versetzung
 zu Studien-
 zwecken

C Kurs der
 versetzten
 Altvögel

D Kurs der
 versetzten
 Jungvögel

Perdecks Stare

junge) wurden in der Nähe von Den Haag eingefangen und beringt,
als ihre Herbstwanderung nach Westen in vollem Gange war. Dann
transportierte man die Vögel per Flugzeug an verschiedene Orte in
der Schweiz, Hunderte Kilometer von ihrer normalen Wanderroute
entfernt, und ließ sie frei.

In manchen Fällen wurden Altvögel und Jungvögel gemischt, in
anderen getrennt. Unter normalen Umständen wären die Vögel von
Den Haag nach Westsüdwest zu ihren Winterquartieren im nordwest-
lichen Frankreich geflogen. Die versetzten Vögel schlugen jedoch unterschiedliche Kurse ein. Perdeck wies nach, dass die ausgewachsenen Vögel ihre Versetzung in der Regel ausglichen und in nordwestliche Richtung flogen, um so ihr angestammtes Ziel zu erreichen. Die
meisten Jungvögel, die ohne Begleitung von Altvögeln flogen, zogen
nach Südwesten und landeten in Südfrankreich oder Spanien. Wenn

die jungen Vögel aber zusammen mit alten unterwegs waren, schlugen auch sie einen korrigierten Kurs ein. Perdeck stellte noch etwas anderes fest: Die versetzten Jungvögel tendierten in den folgenden Jahren dazu, in die Region zu wandern, in der sie nach ihrer Versetzung erstmals überwintert hatten – ein Gebiet, das sie andernfalls nie aufgesucht hätten.[4]

Perdeck deutete diese Erkenntnisse als Beleg dafür, dass ausgewachsene Stare wussten, wohin sie flogen, und auf eine – wie auch immer geartete – Landkarte zugreifen konnten, während die jungen (wenn sie auf sich gestellt waren) lediglich einem genetisch programmierten Kompasskurs folgten und einfach haltmachten, sobald ihr Wandertrieb nachließ. Perdeck nahm zwar an, dass die *Fähigkeit* zur Navigation mit Karte und Kompass angeboren sei, doch seiner Meinung nach brachte sie den Vögeln nur dann etwas, wenn sie ihr Wanderziel mindestens ein Mal zuvor aufgesucht hatten. Instinkt allein genügte also nicht; die Vögel mussten sich für ihre Züge auch gewisse geografische Kenntnisse aneignen. Perdeck zufolge erklärte dies das unterschiedliche Verhalten von Altvögeln und Jungen auf ihrer ersten Wanderung.

Perdecks Studie hatte den großen Vorzug, dass das natürliche Verhalten der Vögel in freier Natur beobachtet wurde und nicht in Emlen-Trichtern (siehe S. 112f.). Diese und ähnliche Versuche bestärkten die Auffassung, dass einige Vögel mit Karte und Kompass navigieren. Das ist jedoch eine gewagte Behauptung, und andere, einfachere Erklärungen lassen sich nicht so einfach ausschließen. Vielleicht sind die Vögel genetisch darauf programmiert, im ausgewachsenen Stadium in die richtige Richtung zu starten und eine bestimmte Zeit lang zu fliegen. Wenn sie einmal einen geeigneten Ort erreicht haben, lernen sie vielleicht, einen lokalen Orientierungspunkt wiederzuerkennen, sei es ein Geräusch oder einen Geruch, der sie in den kommenden Jahren selbst aus großer Entfernung wieder anlockt. Oder sie prägen sich einfach eine Sequenz von Landmarken entlang der Route ein. Nutzen sie womöglich astronomische oder magnetische Hinweise – oder ist es gar eine Kombination der genannten Methoden?

Es erscheint naheliegend, Tauben als die Laborratten der Vogelwelt zu bezeichnen. Keine andere Vogelart wurde so eingehend erforscht. Einige Wissenschaftler behaupten, das außergewöhnliche Heimfindevermögen der Tauben lasse sich nur dadurch erklären, dass sie neben einem Magnetkompass auch über eine innere Karte verfügen, und zwar eine, die nicht auf visueller Information beruht.

Einen der überraschendsten Beweise für diese These lieferte eine Reihe von Experimenten, bei denen Tauben mattierte Kontaktlinsen eingesetzt wurden; so konnten sie mögliche Landmarken nicht ausmachen. Obwohl diese Vögel bis zu 130 Kilometer weit versetzt wurden, fanden sie größtenteils bis auf wenige Kilometer zu ihren heimischen Schlägen zurück – wenn auch mit größeren Schwierigkeiten als Vögel mit klaren Linsen.[5] Bislang ebenfalls ungeklärt ist die rätselhafte Tatsache, dass Vögel, die unter Narkose an einen fernen, unbekannten Ort gebracht und dort freigelassen worden waren, ihren Heimweg meisterten.[6]

Gesetzt den Fall, dass sich Tauben tatsächlich anhand von Gerüchen orientieren, folgen sie möglicherweise einer Geruchsspur – wie ein Falter. Das würde aber nur funktionieren, wenn sich die Taube windabwärts von ihrem Schlag befindet. Vielleicht nutzen sie also eine Art Geruchskarte. Diese könnte die Form eines erlernten Geruchsmusters annehmen, das ein *Mosaik* bildet (was allerdings nicht erklären würde, wie die Vögel von unbekannten Orten heimfinden) oder auf *Gradienten* beruht, beispielsweise geografischen Schwankungen in der relativen Stärke der einzelnen Gerüche, die charakteristische Aromen bilden.[7]

Die letztgenannte Annahme mag weit hergeholt klingen, doch es deutet einiges darauf hin, dass unterschiedliche Mischungen chemischer Verbindungen trotz der Auswirkungen von Luftturbulenzen konstant über große Gebiete verbreitet sind und somit im Prinzip eine derartige Gradientenkarte unterstützen könnten.[8] Da aber bisher noch niemand nachgewiesen hat, dass Tauben eine natürlich vorkommende Duftstoffkombination zur Orientierung nutzen, bleibt diese Theorie spekulativ.

Auch Infraschall könnte die Grundlage einer Gradientenkarte bilden, doch Hagstrum geht davon aus, dass die Infraschall-Kennung der Umgebung des heimischen Schlages wie eine Signalstation fungiert, und in diesem Fall wäre eine akustische Landkarte nicht nötig.

Veranstalter von Taubenrennen haben häufig berichtet, dass ihre Vögel sensibel auf Sonnenstürme reagieren, die das geomagnetische Feld stören. Auch magnetische Anomalien, die durch örtliche Konzentrationen von magnetischem Material in der Erdkruste hervorgerufen werden, können Tauben irritieren. Diese Beobachtungen bestärkten die Theorie, dass magnetisch definierte Information für diese Vögel wichtig ist, und es wurde oft angedeutet, dass sie über irgendeine Art von Magnetkarte verfügen. Solch eine Karte müsste sich wohl auf Gradienten im geomagnetischen Feld stützen; denkbar wäre aber auch, dass magnetische Anomalien als einfache Orientierungspunkte genutzt werden.

Eine Gradientenkarte auf der Grundlage magnetischer Intensität und Inklination dürfte jedoch nicht sehr genau sein, und es ist kaum nachvollziehbar, wie Tauben bei ihrer Orientierung darauf zurückgreifen könnten. Die Physik spricht nun einmal für sich: Intensität wie auch Inklination weisen zwar starke Nord-Süd-Gradienten auf – und könnten einem Vogel daher helfen, die geografische Breite seines Standorts zu bestimmen –, variieren in den meisten Teilen der Welt aber nur geringfügig in Ost-West-Richtung.[9]

Und das ist nicht das einzige Dilemma, vor dem Verfechter der Magnetkartenhypothese stehen. Die tägliche Schwankung der Feldstärke (Feldintensität) dürfte die äußerst geringen Veränderungen, die die Tauben wahrnehmen müssten, um bis in einen Radius von ein paar Kilometern nach Hause zu finden, vollkommen überdecken. Henrik Mouritsen hat mir das Problem folgendermaßen erklärt:

> Es ist eine ganz einfache Überlegung. Wie groß ist die magnetische Feldstärke am magnetischen Nordpol? Rund 60 000 nT. Und am magnetischen Äquator? Ungefähr halb so groß, etwa 30 000 nT. Es besteht also eine Differenz von 30 000 nT. Welchen Umfang hat die Erde am Äquator? Circa 40 000 Kilometer. Die Entfernung vom Äquator zum Pol ist somit ungefähr ein Viertel davon: 10 000 Kilometer. Und um wie viel verändert sich das Magnetfeld im Durchschnitt pro Kilometer? Um ganze 3 nT. Und wie hoch ist die tägliche Schwankung? 30 bis 100 nT.[10]

Theoretisch wäre es durchaus möglich, dass eine Taube Intensitätsgradienten wirksam für die Orientierung nutzt, indem sie Durchschnittswerte der Signale im Lauf der Zeit ermittelt. Das ginge allerdings nur, wenn sie sehr langsam fliegen und häufig haltmachen würde – und das entspricht nicht dem normalen Verhalten dieser Vögel.

Eine Magnetkarte auf der Grundlage von Intensität und Inklination wäre also schlichtweg nicht genau genug, um einer Taube die Zielfindung zu ermöglichen. Das bedeutet jedoch nicht, dass Magnetkarten für andere Tiere nutzlos sind. Eine genaue Standortbestimmung ist für die Navigation zwingend notwendig. Einige Zugvögel – und auch Tiere wie Schildkröten, Lachse und Hummer – sind womöglich in der Lage, Magnetkarten für andere, weniger anspruchsvolle Zwecke zu nutzen.

– – – –

Wir haben bereits festgestellt, wie wichtig polarisiertes Sonnenlicht für Insekten ist; auch Zugvögel nutzen es, um ihren Sonnenkompass zu kalibrieren.[11] Und Meerestiere könnte es ebenfalls zur Orientierung dienen.

Vor mehr als vierzig Jahren wies Talbot Waterman nach, dass E-Vektor-Muster unter Wasser sichtbar sind, selbst bis in Tiefen von 200 Metern. Deren Ausrichtungen stehen in direktem Bezug zur Position der Sonne; somit sind sie vielleicht für die Richtungsbestimmung ebenso nützlich wie E-Vektoren am Himmel.[12] Es ist seit Langem bekannt, dass Unterwasser-E-Vektoren als Grundlage für einen Sonnenkompass dienen könnten, doch neuere Studien zeigen, dass Tiere sie möglicherweise zur Positionsbestimmung verwenden.[13]

Mithilfe eines Polarisationssensors, der das Sehsystem des Fangschreckenkrebses nachahmt, haben Forscher nachgewiesen, dass Tiere im Prinzip in der Lage sein müssten, sowohl den Azimut als auch die Höhe der Sonne zu ermitteln und dadurch ihren genauen Standort auszumachen. Aufzeichnungen von verschiedenen Orten auf der ganzen Welt in unterschiedlichen Tiefen und zu unterschiedlichen Tageszeiten deuten darauf hin, dass solch ein System erstaunlich genaue Standortbestimmungen sowie Kompasskurse ergeben könnte.

Viele Meerestiere – darunter auch Lachse – reagieren bekanntlich auf polarisiertes Licht, aber da diese Navigationsmethode genau die gleichen Probleme bereitet wie andere Formen der Positionsbestimmung nach Gestirnen, ist es schwer vorstellbar, dass manche Meerestiere sie tatsächlich nutzen. Da wir jedoch schon mehrfach überrascht wurden, wäre es wohl am besten, aufgeschlossen zu bleiben.

19. KAPITEL

Können Vögel Längengrade bestimmen?

Seit Langem versuchen Wissenschaftler herauszufinden, ob und inwieweit Karten bei der Orientierung von Vögeln eine Rolle spielen, doch bis vor Kurzem gab es keine klaren Antworten. Der Forschungsgegenstand ist äußerst komplex. Die Schwierigkeit, stimmige Ergebnisse zu erzielen, könnte aber auch die Tatsache widerspiegeln, dass so viele verschiedene Spezies untersucht worden sind; ein Star hat schließlich wenig mit einem Sturmtaucher gemein. Die Sachlage ändert sich jedoch allmählich. Im Lauf der letzten zehn Jahre lieferten etliche Experimente interessante, wenn auch noch nicht eindeutige Hinweise darauf, dass einige Vögel tatsächlich eine Form von Navigation mit Karte und Kompass nutzen könnten.

Im Jahr 2007 veröffentlichte Kasper Thorup die Ergebnisse einer bemerkenswerten Studie, die den ersten wirklich verlässlichen Nachweis dafür erbrachte, dass Zugvögel, die bei Tag fliegen – in diesem Fall Dachsammern (die zu den Sperlingsvögeln gehören) –, eine große Versetzung in West-Ost-Richtung irgendwie ausgleichen können. Die Vögel scheinen in der Lage zu sein, eine gravierende Veränderung des Längengrades wahrzunehmen.[1]

Thorup fing die Dachsammern (sowohl ausgewachsene als auch junge) ein, als sie auf dem Weg von ihrem sommerlichen Brutrevier in Kanada und Alaska zu ihren Überwinterungsplätzen im Südwesten der USA und in Mexiko in einem Rastgebiet im Staat Washington pausierten. Die Tiere wurden dann per Flugzeug nach Princeton in

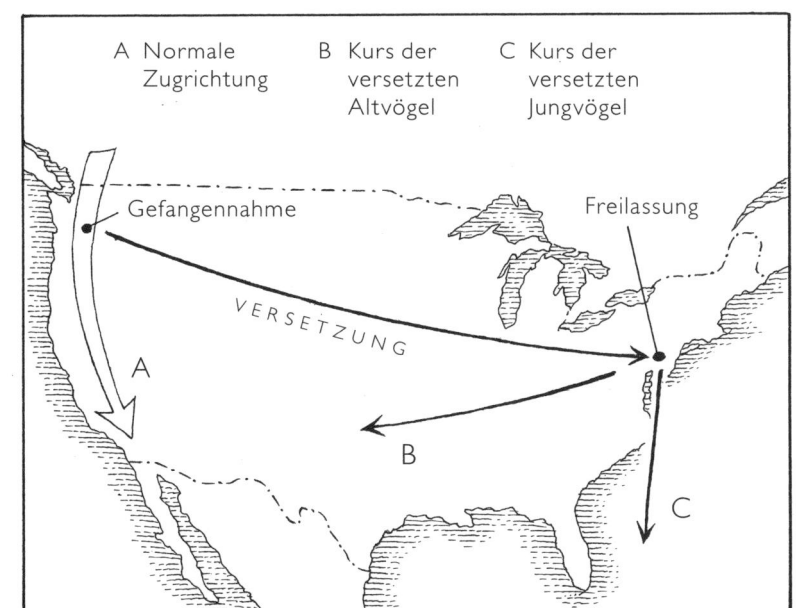

Thorups Sperlinge

New Jersey transportiert, also 3700 Kilometer nach Osten; dort klebte man ihnen winzige Funkpeilgeräte (die nur ein halbes Gramm wogen) auf den Rücken.

Nach ein oder zwei Tagen Ruhepause wurden die Vögel freigelassen – die Jungvögel an einem anderen Ort als die Altvögel, um zu verhindern, dass die jungen einfach den alten folgten. Insgesamt dreißig Tiere (fünfzehn alte und fünfzehn junge) wurden von Beobachtern in zwei Leichtflugzeugen verfolgt. Man erfasste den letzten Zwischenhalt jedes Vogels und bestimmte dann anhand dieser Orte seine bevorzugte Zugrichtung.

Normalerweise ziehen diese Vögel nach Süden, doch die versetzten Altvögel flogen durchweg in westliche Richtung – so als wollten sie ihre missliche Reise quer über den Kontinent ausgleichen. Die unerfahrenen Jungvögel wanderten hingegen nach Süden; es schien, als hätten sie überhaupt nichts von dem Streich gemerkt, der ihnen gespielt worden war.

Thorup folgerte, dass sich die ausgewachsenen Vögel eine kontinentale oder vielleicht sogar globale »Navigationskarte« angeeignet haben mussten. Damit konnten sie – selbst nach einer massiven Längengrad-Versetzung – ihren aktuellen Standort bestimmen, während sich die Jungvögel weiterhin auf einen einfacheren, angeborenen Richtungssinn verließen.

Thorup wies zwar darauf hin, dass magnetische Signale die Grundlage für den Kartensinn der Sperlinge bilden könnten, doch er räumte ein, dass die Unterschiede der magnetischen *Intensität* zwischen der Westküste und der Ostküste der USA zu gering seien, um von irgendeinem navigatorischen Nutzen zu sein. Er mutmaßte, dass sich die Vögel vielleicht an astronomischen oder olfaktorischen Hinweisen orientierten, schloss aber die Möglichkeit aus, dass sie ihre veränderte Position mithilfe der Koppelnavigation nachverfolgt haben könnten, weil die Entfernung zu groß war.

Weitere Belege dafür, dass Vögel einen Kartensinn besitzen, lieferten verschiedene Experimente, die zwei russische Forscher, Nikita Chernetsov und Dmitri Kishkinev, in Zusammenarbeit mit Henrik Mouritsens Oldenburger Team durchführten.

Drosselrohrsänger ziehen auf der Frühjahrswanderung zu ihren Brutgebieten weit im Nordosten durch Rybatschi auf der Kurischen Nehrung. Chernetsov fing dort Vögel ein und transportierte sie mit dem Flugzeug 1000 Kilometer weit in östliche Richtung an einen Ort nahe Moskau namens Swenigorod. Die Vögel erlebten daher keine Breitengradveränderung von der Art, wie sie mit einem Inklinations- oder Sternenkompass wahrgenommen werden könnte. Wären sich die Vögel ihrer Reise nach Osten nicht bewusst gewesen, hätten sie vermutlich trotzdem in nordöstliche Richtung fliegen wollen. Als die Tiere aber in Emlen-Trichtern unter sternenklarem Himmel

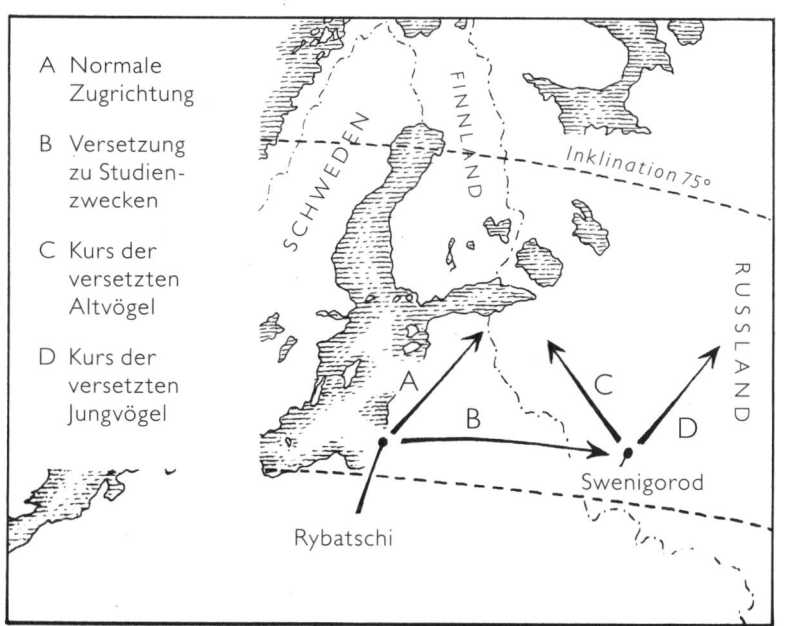

A Normale
   Zugrichtung

B Versetzung
   zu Studien-
   zwecken

C Kurs der
   versetzten
   Altvögel

D Kurs der
   versetzten
   Jungvögel

Die Rohrsänger von Rybatschi. Man beachte, dass an beiden Orten
die gleiche magnetische Inklination besteht

getestet wurden, waren die Altvögel fest entschlossen, nach Nordwesten zu fliegen – genau in die richtige Richtung, um von ihrem
neuen Standort aus zu ihren Brutgebieten zu gelangen.[2] Sie schienen
zu wissen, was ihnen widerfahren war, und korrigierten ihren Kurs
entsprechend. Die Jungvögel orientierten sich hingegen in nordöstliche Richtung.

Chernetsov merkte an, dass sich die magnetische *Intensität* in Rybatschi und am Freilassungsort der Vögel geringfügig unterschied
(um drei Prozent). Theoretisch war es also möglich, dass sie diesen
Anhaltspunkt genutzt hatten, um den veränderten Längengrad wahrzunehmen, doch das schlossen die Wissenschaftler zunächst aus.

Eine andere Möglichkeit bestand darin, dass die Vögel anhand
der unterschiedlichen Zeiten von Sonnenaufgang und Sonnenunter-

gang an den beiden Standorten den Längengradunterschied ermittelt hatten. Das würde bedeuten, dass sie über zwei innere Uhren verfügten – eine, die ständig auf die Rybatschi-Zeit eingestellt blieb, und eine weitere, die sich rasch an die Sonnenzeit der neuen Örtlichkeit anpasste.

Es ist zwar nicht erwiesen, dass Vögel Vergleiche dieser Art vornehmen können, doch die »innere Uhr« von Säugetieren (die in der Hirnregion des Hypothalamus angesiedelt ist) verfügt über zwei Arten von Neuronen, von denen eine unmittelbar auf eine Veränderung der Tageslichtstunden reagiert, während die andere bis zu sechs Tage braucht, um sich anzupassen.[3] Diese beiden Uhren könnten es Säugetieren – und vielleicht auch Vögeln – ermöglichen, eine Veränderung der geografischen Länge wahrzunehmen.

Um diese faszinierende »Doppeluhridee« zu überprüfen, führte Kishkinev ein Experiment durch, bei dem Rohrsänger einer künstlichen Uhrenumstellung unterzogen wurden.[4] Zunächst testete er Rohrsänger in einem Emlen-Trichter, um ihre bevorzugte Zugrichtung bei normalen Gegebenheiten zu ermitteln. Noch am selben Standort in Rybatschi setzte er sie einem leichten Jetlag aus, indem er die Zeiten des Sonnenaufgangs und des Sonnenuntergangs künstlich so veränderte, dass diese den Verhältnissen in Swenigorod entsprachen. Wenn sich die Vögel wirklich auf ein Doppeluhrsystem stützten, um Veränderungen ihres Längengrades zu verfolgen, hätten die unter Jetlag leidenden Vögel ihre bevorzugte Richtung ändern müssen. Doch das war nicht der Fall, und damit war bewiesen, dass die versetzten Vögel einen anderen Mechanismus nutzen mussten, um ihren Standort zu ermitteln.

Verfolgten die Vögel ihre Reise nach Osten mit einer Art Trägheitsnavigation? Stützten sie sich auf Geruchs- oder Schallsignale – oder bedienten sie sich insgeheim einer ausgeklügelten Form von astronomischer Navigation?

Chernetsov und Kishkinev verwarfen all diese Möglichkeiten im

Rahmen eines geschickt geplanten Experiments, bei dem die Rohrsänger gar nicht von ihrem Standort entfernt wurden. Stattdessen umgaben sie die Vögel lediglich mit einem modifizierten Magnetfeld, das genau den magnetischen Bedingungen in Swenigorod entsprach.[5] Die Vögel veränderten nun ihre bevorzugte Richtung; ihre Reaktion war »nicht zu unterscheiden« von ihrem Verhalten nach einer tatsächlichen Versetzung um 1000 Kilometer nach Osten. Da sich nichts anderes geändert hatte, konnten sie nur magnetische Signale genutzt haben. Doch wie sahen diese genau aus?

Dasselbe Forscherteam wies ebenfalls nach, dass die Rohrsänger eine Versetzung nach Osten nicht ausgleichen können, wenn der Trigeminus (Drillingsnerv), der ihren Oberschnabel mit dem Gehirn verbindet, durchtrennt ist.[6] Dies deutet darauf hin, dass »eine Art von Karteninformation« über diesen Kanal an das Gehirn übertragen wird, doch es ist nach wie vor unklar, wie die Information aussehen könnte und von welchem Sinnesapparat sie stammt.

Magnetische Deklination

Wenn Messungen der magnetischen Intensität und Inklination keine brauchbare Information über Veränderungen der geografischen Länge liefern, ist vielleicht die magnetische Deklination der Schlüssel.

Die Deklination (Missweisung) definiert sich, wie wir uns erinnern, als der Winkel zwischen der Richtung zum geografischen Nordpol und der Richtung zum magnetischen Nordpol, der über die Erdoberfläche hinweg stark variiert. Chernetsov und seine Kollegen haben nun getestet, ob eine Veränderung der magnetischen Deklination das Verhalten der Rohrsänger während ihrer Herbstwanderung nach Westsüdwest beeinflusst. Dabei machten sie eine faszinierende Entdeckung.[7]

Dieses Mal setzten sie sowohl Altvögel als auch Jungvögel einem modifizierten Magnetfeld aus, das jenem von Rybatschi entsprach, allerdings mit einer Abweichung: Die Deklination wurde um 8,5 Grad gegen den Uhrzeigersinn gedreht. Das veränderte Feld ähnelte nun sehr stark demjenigen, das nahe der schottischen Stadt Dundee auftritt; Dundee liegt nahezu 1500 Kilometer weiter westlich und fernab von ihrer normalen Wanderroute. Alle anderen Informationen, die den Vögeln zugänglich waren – magnetische Intensität und Inklination sowie olfaktorische, astronomische und akustische Signale –, blieben natürlich unverändert und mussten den Tieren zu erkennen geben, dass sie sich nach wie vor in Rybatschi befanden.

Die Ergebnisse waren aufregend. Bei Tests in Emlen-Trichtern unter mondlosem Sternenhimmel reagierten die ausgewachsenen Vögel mit einer »dramatischen Veränderung ihrer durchschnittlichen Ausrichtung um 151 Grad« von Westsüdwest nach Ostsüdost – ein Kurs, der sie zu ihrem angestrebten Ziel geführt hätte, wenn sie sich tatsächlich in Dundee befunden hätten. Im Gegensatz dazu veränderten Jungvögel, die derselben Deklinationsumstellung ausgesetzt wurden, ihre Ausrichtung nicht; sie waren lediglich verwirrt.

Um ihre Zugrichtung in Reaktion auf Modifikationen der magnetischen Deklination zu ändern, müssten die Rohrsänger den Unterschied zwischen den Richtungen zum geografischen und zum magnetischen Nordpol nachverfolgt haben. Aber wie ist das möglich? Höchstwahrscheinlich ermitteln sie, wo der geografische Nordpol liegt, indem sie das rotierende Muster zirkumpolarer Sterne beobachten und dieses dann mit der Information abgleichen, die ihnen ihr Inklinationskompass liefert.

In Übereinstimmung mit Thorups Feststellungen – und der viel früheren Arbeit Perdecks – deutet diese neue Studie darauf hin, dass die erfahrenen älteren Vögel Informationen über ihre gewohnte Wanderroute gesammelt haben, die den Jungvögeln nicht vorliegen. Die Fähigkeit, Veränderungen der geografischen Länge auszugleichen,

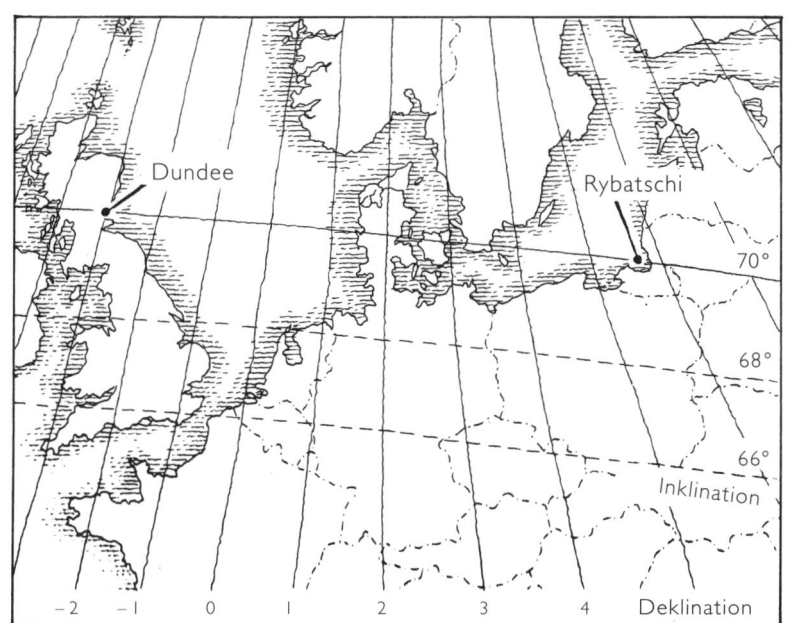

*Womöglich bestimmen wandernde Rohrsänger die geografische Länge,
indem sie Veränderungen der magnetischen Deklination messen*

dürfte daher erlernt und nicht ererbt beziehungsweise im Gehirn vor-programmiert sein.

Mouritsen räumt zwar ein, dass der Emlen-Trichter eine ausge-sprochen künstliche Umgebung darstellt, betont aber, dass der Ex-perimentleiter zumindest genau weiß, was darin vor sich geht. Die Inputs können gezielt gesteuert werden, und jeweils ein bestimmter Parameter lässt sich verändern. Mouritsen testete Vögel, indem er sie in die entgegengesetzte Richtung zu jener hochwarf, in die sie bei dem Experiment aufbrechen wollten, und beobachtete, dass sie umdrehten und wieder in die richtige Richtung flogen. Außerdem erklärte er, dass die Ergebnisse von Tests mit dem Emlen-Trichter ziemlich durchgängig mit dem beobachteten Verhalten frei fliegender Vögel übereinstimmen.

Anna Gagliardo hegt jedoch Zweifel. Früher wurden die Orientierungsfähigkeiten von Tauben häufig beurteilt, indem man die Tiere durch Ferngläser beobachtete, bis sie aus dem Blickfeld verschwanden. Manche Vögel, die Richtung Heimat flogen, solange sie noch in Sichtweite des Beobachters waren, kamen nicht an ihrem Schlag an; und umgekehrt fanden einige Vögel, die anfangs falsch ausgerichtet waren, wieder nach Hause zurück. Deshalb geht Gagliardo davon aus, dass das Testen von Vögeln in Emlen-Trichtern keine verlässliche Methode ist, um ihre wahren Navigationspräferenzen zu bestimmen.

Ein weiteres Problem kommt hinzu. Da der Deklinationsunterschied, den die Vögel vermeintlich wahrnahmen, klein war, hätten ihr Sternenkompass und ihr Inklinationskompass ausgesprochen genau sein müssen. Ob die Vögel tatsächlich Deklinationsunterschiede messen können, ließe sich beispielsweise feststellen, indem man beobachtet, wie sie reagieren, wenn die Sterne nicht sichtbar sind oder wenn das Rotationszentrum der Sterne in einem Planetarium verschoben wird. Idealerweise müssten die Experimente von Rybatschi mit frei fliegenden Vögeln und GPS-Sendern wiederholt werden, doch das wäre eine technische Herausforderung.

Die Sachlage ist zwar noch nicht geklärt, doch wir haben inzwischen zum allerersten Mal solide, wenn nicht sogar eindeutige Belege dafür, dass Vögel das Längengradproblem lösen können, indem sie gleichzeitig geomagnetische und astronomische Signale nutzen.

Wie können Lachse, die sich mit dem üppigen Nahrungsangebot des offenen Meeres gemästet haben, die Mündungen der Flüsse ausfindig machen, in denen sie geboren wurden – insbesondere wenn diese vielleicht Tausende Kilometer entfernt sind?

Einer der Vorzüge des geomagnetischen Feldes ist seine Allgegenwärtigkeit. Überall – an Land, in der Luft und sogar im Meer – kann man es mit den entsprechenden Sensoren wahrnehmen. Da sich Lachse an Magnetfeldern der Erdstärke orientieren können[8], ist die

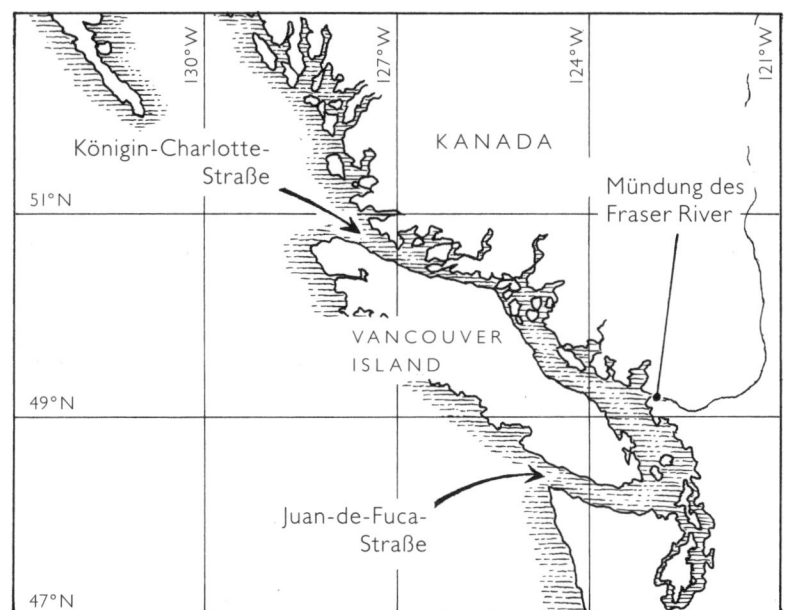

*Lachse, die von den offenen Gewässern des Pazifiks zum Laichen
in den Fraser River zurückkehren, folgen einer von zwei Routen:
durch die Königin-Charlotte-Straße oder die Juan-de-Fuca-Straße*

Vorstellung, dass ihr transozeanisches Zielfindungssystem auf Geomagnetismus beruhen könnte, durchaus reizvoll. Aber es ist natürlich
nicht einfach, Experimente mit Fischen durchzuführen, die im offenen Meer umherziehen.

Nathan Putman fand heraus, dass die Fangmengen von Rotlachs
über einen Zeitraum von 65 Jahren aufgezeichnet wurden, um die
Streitigkeiten zwischen den kanadischen und den US-amerikani-
schen Behörden bezüglich deren Aufteilung beizulegen. Von beson-
derem Interesse waren für ihn die Lachse, die ihren Nachwuchs im
Fraser River in der kanadischen Provinz British Columbia aufziehen.
Dieser Fluss mündet südlich von Vancouver ins Meer, 1375 Kilometer
von seiner Quelle hoch oben in den Rocky Mountains.

Die Rotlachse verbringen normalerweise zwei Jahre im offenen Meer, bevor sie zum Laichen zurückkehren. Da Vancouver Island wie eine breite Palisade vor der Küste liegt, müssen sich die Fische entscheiden, von welcher Seite sie auf die Mündung des Fraser River zusteuern: entweder von Norden durch die Königin-Charlotte-Straße oder von Süden durch die Juan-de-Fuca-Straße.

Die Aufzeichnungen der Fischereiwirtschaft offenbarten verblüffende jährliche Schwankungen in der Zahl der Lachse, die aus beiden Richtungen kamen. Diese Information an sich nützte nicht viel, doch Putman wusste, dass das geomagnetische Feld rings um Vancouver Island graduellen Veränderungen unterlag, die als »säkulare Drift« bezeichnet werden. Er fragte sich, ob ein Abgleich der beiden Sachverhalte – der Schwankungen in den Fangmengen und der säkularen Drift – möglicherweise Aufschluss darüber geben könnte, wie die Fische ihren Weg wählen.

Putman stellte fest, dass sich die Lachse dem Fraser River bevorzugt durch diejenige Meerenge näherten, in der sich die magnetische Intensität am wenigsten von der um die Flussmündung unterschied. Es sah so aus, als prägten sich die Fische die magnetische Signatur des Flusses beim Verlassen ein und nutzten bei der Rückkehr eine Art Magnetstärkensensor, um die Route auszuwählen, der sie folgten. In bestimmten Jahren bedeutete dies, dass die Lachse die südliche Route durch die Juan-de-Fuca-Straße nahmen, während sie in anderen Jahren die nördliche Route durch die Königin-Charlotte-Straße bevorzugten.

Man mag sich fragen, wie die Lachse Magnetstärkegradienten nutzen können, wenn man bedenkt, dass das Intensitätssignal ausgesprochen verrauscht und ungenau ist. Aber Lachse sind nicht Brieftauben; sie müssen nur zwischen zwei breiten Wasserstraßen wählen, die viele Hundert Kilometer weit auseinanderliegen; eine große Genauigkeit ist also nicht erforderlich. Putman glaubt, dass die Fische eine innere Magnetkarte nutzen könnten, wenn sie von ihren Futterplätzen im Golf von Alaska über das offene Meer heimwärts navigieren.[9] Sobald sich die Fische aber der Mündung des Fraser River nähern, stützen sie sich vermutlich nicht auf magnetische, sondern eher auf olfaktorische Signale.

Inzwischen hat Putman weitere Experimente durchgeführt, die seiner Meinung nach darauf hindeuten, dass junge Lachse möglicherweise eine Kombination aus Signalen der magnetischen Intensität und Inklination nutzen, um den Kurs zu ihren Futterplätzen draußen im Meer zu bestimmen, wenn sie erstmals »in See stechen«.[10]

Putmans Erkenntnisse sind faszinierend, doch die Anzeichen dafür, dass Lachse auf innere Magnetkarten zurückgreifen, sind nicht durchweg eindeutig. Wie im Fall der russischen Vögel kann noch nicht ganz ausgeschlossen werden, dass die Fische in diesen Experimenten in Wirklichkeit einen einfacheren Mechanismus nutzten, der vielleicht auf magnetisch definierten Orientierungspunkten beruhte.

– – – –

Aufgeschrecktes Wild flüchtet meist in geschlossener Gruppe – alle Tiere springen in dieselbe Richtung. So können sie wahrscheinlich Zusammenstöße besser vermeiden und sich leichter wieder sammeln, wenn sie außer Gefahr sind. Wie aber entscheiden sie alle gleichzeitig, in welche Richtung sie sich davonmachen?

Um diese Frage zu beantworten, haben Forscher unlängst 188 verschiedene Rehherden in diversen Jagdgebieten in der gesamten Tschechischen Republik aufgeschreckt.[11] Sie stellten fest, dass die Rehe bevorzugt in Richtung magnetisch Nord beziehungsweise magnetisch Süd Zuflucht suchten, selbst wenn andere plausible Faktoren wie Wind oder Sonnenstand berücksichtigt wurden. Wenn die Gefahr von Süden oder Norden auftrat, wichen die Tiere in die genau entgegengesetzte Richtung aus. Wurden sie von Osten oder von Westen aus bedroht, flüchteten sie in der Regel entweder nach Norden oder nach Süden. Wenn

möglich, vermieden sie es, in östliche oder westliche Richtung zu entkommen. Darüber hinaus zeigte sich, dass die Tiere beim friedlichen
Äsen meist entlang einer magnetischen Nord-Süd-Achse ausgerichtet
waren.

Die Ergebnisse der Studie deuten darauf hin, dass Rehe sensibel für
geomagnetische Kräfte sind und diese nutzen, um ihr Fluchtverhalten
zu koordinieren. Solch ein Verhalten war noch nie zuvor bei einem Säu-
getier nachgewiesen worden.

20. KAPITEL

Die geheimnisvolle Navigation
der Meeresschildkröten

Der Anblick einer weiblichen Meeresschildkröte, die aus dem Meer kriecht und sich über einen Sandstrand schleppt, um ihr Nest zu bauen, ist zutiefst anrührend. Die enorme Anstrengung und große Hingabe zeugen von mütterlicher Fürsorge oder – falls einem diese Sichtweise zu anthropomorph erscheint – der übermächtigen Kraft des Fortpflanzungstriebs eines jeden Tieres.

Für Forscher, die sich mit Tiernavigation beschäftigen, sind weibliche Meeresschildkröten jedoch aus einem anderen Grund interessant: Sie sind bemerkenswert gut in der Zielfindung. Und inzwischen gilt es als wahrscheinlich, dass sie sich bei ihrer Orientierung stark auf magnetische Signale verlassen.

Paolo Luschi ist nicht nur Taubenexperte, sondern gehört auch der kleinen Gruppe von Wissenschaftlern an, die umfangreiche Forschungsarbeiten über Meeresschildkröten in freier Natur durchgeführt haben. Dabei wurden in der Regel Peilsender an den Panzern der Tiere angebracht, wenn diese zum Nestbau an Land kamen. Als ich Luschi in Pisa besuchte, erklärte er mir, welche Schwierigkeiten mit solchen Studien einhergehen.

Seeschildkröten sind große, starke Tiere. So sind beispielsweise Grüne Meeresschildkröten rund einen Meter lang und können 200 Kilogramm oder mehr wiegen. Wenn sie – für gewöhnlich nachts – aus dem Meer kriechen, ziehen sie sich mit ihren vorderen Flossen über den Sandstrand, bis dahin, wo die Vegetation beginnt.

Sobald sie eine geeignete Stelle für den Nestbau gefunden haben, buddeln sie zunächst eine flache Vertiefung – die sogenannte Körpergrube. Dann heben sie mit den hinteren Flossen überraschend geschickt eine annähernd zylindrische Eierkammer aus (»ein schönes Beispiel der Baukunst«, wie Luschi meint). Recht häufig ist die Schildkröte unzufrieden mit dem Ergebnis; dann gibt sie entweder auf und kehrt ins Meer zurück oder fängt an einer anderen Stelle von vorn an. Die wartenden – und mitunter frustrierten – Forscher müssen sich dann weiter in Geduld üben.

Wenn die Schildkröte mit der Eierkammer zufrieden ist, beginnt sie mit der Ablage der normalerweise achtzig bis hundert Eier; diese sind weich und etwa so groß wie ein Pingpongball. Sobald die Eiablage begonnen hat, ist die Schildkröte furchtlos und nicht mehr aufzuhalten; dafür wurde sie schließlich geboren. Es ist fast unmöglich, sie abzulenken. Zu diesem Zeitpunkt, erklärt Luschi, »kann man alles mit ihr machen«.

Auf genau diesen Moment haben die Wissenschaftler gewartet, aber sie müssen sich beeilen, denn die Eiablage dauert vielleicht nur eine halbe Stunde. Bevor sie den Peilsender anbringen können, müssen sie den Panzer zunächst mit Schleifpapier und dann mit Azeton reinigen. Schließlich kleben sie das Gerät mit einem wasserbeständigen Epoxidharz am Panzer fest. Den Schildkröten scheint dies nichts auszumachen.

Ist die Ablage beendet, deckt die Schildkröte die Eier sorgfältig mit Sand zu; dazu benutzt sie erneut ihre hinteren Flossen. Um das Nest vor potenziellen Räubern zu schützen, füllt sie die Körpergrube mit ihren starken Vorderflossen auf. Dabei fliegt der Sand in alle Richtungen, und die Forscher müssen aufpassen, dass sie keinen – mitunter sehr schmerzhaften – Schlag abbekommen. Sobald das Nest vollkommen bedeckt ist, kehrt sie umgehend zurück ins Meer. Falls das Harz noch nicht trocknen konnte, muss die Schildkröte jedoch zurückgehalten werden. Kein einfaches Unterfangen, denn die Tiere sind sehr willensstark; es ist fast so, als versuchte man, einen »kleinen Panzer« zu stoppen. Zwei bis drei Personen müssen anpacken, um sie aufzuhalten. Die Forscher können jedoch einen Trick anwenden: Sie müssen einfach nur eine Taschenlampe anschalten, und die Schildkröte folgt dem Licht. Luschi zufolge ist es fast so, als würde man einen großen, trägen Hund Gassi führen.

Im Lauf der letzten rund dreißig Jahre haben Wissenschaftler entdeckt, dass diese wunderbaren Reptilien Navigationsfähigkeiten besitzen, die mindestens ebenso beeindruckend sind wie die der Lachse. Bis zu den 1950er-Jahren kamen Meeresschildkröten jedoch lediglich in volkstümlichen Geschichten vor – für die wissenschaftliche Forschung wurden sie erst später interessant. Es wurde viel Seemannsgarn über Schildkröten gesponnen, die an die Strände zurückkehrten, an denen sie geboren wurden. Doch man wusste kaum etwas darüber, wie sie lebten – abgesehen davon, dass sie an bestimmten Küsten Nester bauten und große Entfernungen zurücklegten. Am interessantesten waren Schildkröten, weil sie ein vorzügliches Gericht abgaben. Beim alljährlichen Bankett des Londoner Bürgermeisters, zu dem die Reichen und Mächtigen geladen waren, gab es früher stets auch Schildkrötensuppe, die als ausgesprochene Delikatesse galt. In London steht diese längst nicht mehr auf der Speisekarte, doch Schildkröten sind in manchen Ländern nach wie vor eine wichtige Einkommens- und Eiweißquelle. In den Tropen, in denen die Schildkröten häufig nisten, sind viele Menschen auf das Fleisch und die Eier angewiesen. Das Bestreben, diese Tiere zu schützen, und menschliche Bedürfnisse kommen sich hier häufig in die Quere.

Einer der ersten Wissenschaftler, die Meeresschildkröten in freier Natur erforschten, war Archie Fairly Carr (1909–1987). Er war ein einflussreicher Umweltschützer, lange bevor der Naturschutz ein breiteres öffentliches Anliegen wurde, und er wirkte maßgeblich daran mit, dass in Tortuguero an der Ostküste Costa Ricas ein Nationalpark eingerichtet wurde – das erste Schildkrötenreservat der Welt. Auch an der Ostküste Floridas wurde ein nach ihm benanntes Wildtier-schutzgebiet gegründet.

Um mehr darüber zu erfahren, was Meeresschildkröten treiben, wenn sie ihre Strandgelege verlassen haben, versuchte Carr zunächst, den Weibchen nachzuspüren, indem er Ballons an ihnen befestigte. Diese Methode war aber nur für sehr kurze Distanzen geeignet, und so folgte er dem Beispiel der Vogelbeobachter und stattete die Schild-kröten mit Markierungen aus. Dieses Verfahren bewährte sich aller-dings auch nicht. Anfangs wurden die Etiketten mit starkem Draht an den Panzern der Tiere befestigt, doch diese lösten sich häufig schon ab, bevor die Schildkröten ihre Nestreviere verlassen hatten.

Es war zwar weitgehend unklar, was die weiblichen Schildkröten in der Zeit zwischen ihren Eiablagezyklen machten, aber eines schien sicher: Direkt vor der Küste spielte sich »ein intensives Liebesleben« ab. Und schon bald wurde deutlich, dass der Verlust der Markierun-gen das Werk der brünstigen Männchen war:

Verliebte Meeresschildkröten sind unheimlich emsig. […] Um sich über dem glatten, gewölbten, nassen und von den Wellen hin und her geworfenen Panzer des Weibchens in der Paarungsposition zu halten, wendet das Männchen einen dreifachen Haltegriff an, bei dem es seinen langen, dicken, zurückgebogenen, verhornten Schwanz und die starke, hakenförmige Kralle an jeder der Vor-derflossen einsetzt. Meeresschildkröten atmen natürlich Luft, […] und so versuchen beide Geschlechter naturgemäß, während des heftigen Paarungsaktes an der Wasseroberfläche zu bleiben. Das verschärft die akrobatischen Herausforderungen an das Männ-chen noch und verstärkt sein unbeherrschtes Kratzen und Ziehen am Panzer seiner Auserkorenen. […] Währenddessen versammeln sich die anderen Männchen und tummeln sich um das Weibchen in einem riesigen, schäumenden Gemenge. Vom Strand aus kann man nichts davon sehen, aber offensichtlich geht es ziemlich aufregend zu.[1]

Schließlich ging Carr dazu über, Viehmarkierungen zu verwenden, die nicht am Panzer befestigt wurden, sondern an der Vorderflosse; diese Variante funktionierte viel besser. Den Erfolg seines Forschungsprojekts führte er jedoch größtenteils darauf zurück, dass er für jede zurückgegebene Markierung eine Belohnung von fünf Dollar bot. In den 1950er-Jahren war das für einen karibischen Fischer sehr viel Geld; jedenfalls mehr, als er auf dem Markt für eine Schildkröte bekam.

Immer mehr Markierungen wurden abgegeben, und Carr konnte schließlich beweisen, dass die vermeintlichen Märchen über die Wanderung der Meeresschildkröten und ihre Zielfindung einen wahren Kern hatten. Wie sich die Schildkröten auf dem offenen Meer orientierten, war ein großes Rätsel, das er nicht lösen konnte; doch er machte einen wichtigen ersten Schritt, indem er viele der zentralen Fragen definierte, die beantwortet werden mussten.

Carr interessierte sich besonders für die Grünen Meeresschildkröten, die von ihren Futtergründen an der Küste Brasiliens zu ihren Paarungs- und Brutplätzen an den Stränden der Insel Ascension wandern. Ascension – »ein Krümel Land mitten im Meer zwischen Afrika und Südamerika« – ist so winzig und abgelegen, dass es manchmal sogar menschlichen Navigatoren schwerfällt, die Insel zu finden. Während des Zweiten Weltkriegs nutzten Flugzeuge, die von den USA über den Atlantik nach Burma verlegt wurden, die Insel als Tankstopp, aber wenn die Piloten sie nicht fanden, mussten sie im Südatlantik notwassern. Unter den Fliegern kursierte eine Redensart: »Verfehlst du Ascension, kriegt deine Frau eine Pension.«[2] Dieser Spruch verstärkte zweifellos die Konzentration der Navigatoren.

Wie also finden die Meeresschildkröten die Insel Ascension? Carr erkannte, dass visuelle Orientierungspunkte auf weiten Strecken der

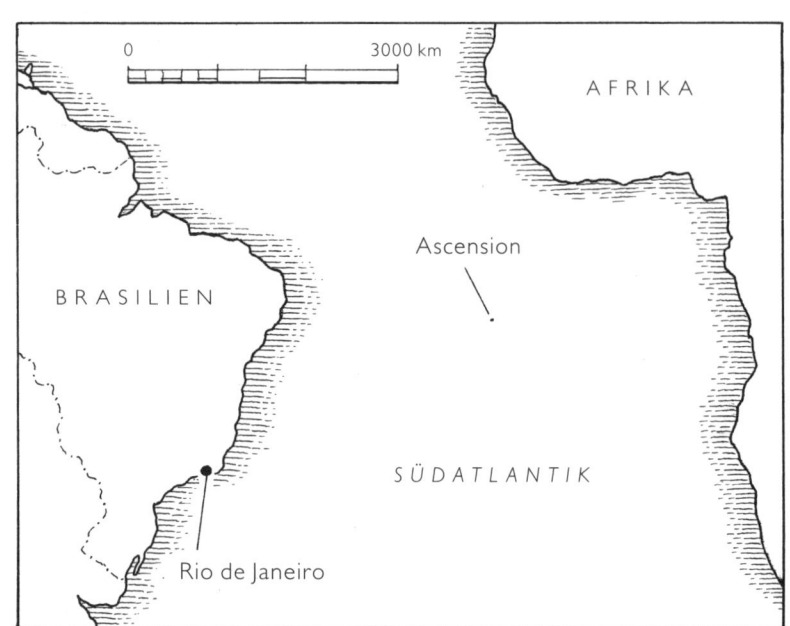

Die abgelegene Insel Ascension

2250 Kilometer langen Wanderung wohl irrelevant waren, wenngleich der Vulkangipfel (mit einer Höhe von 859 Metern) im Zentrum der Insel für die Schildkröten aus großer Entfernung sichtbar sein mochte. Er wusste um die Entdeckung eines Kompass-Sinns bei Insekten und anderen Tieren und fragte sich, ob Schildkrötenweibchen möglicherweise eine ähnliche Fähigkeit besaßen. Wie groß aber war die Chance, »nach einer tausend Meilen langen Schwimmtour ein fünf Meilen breites Ziel zu treffen, wenn sie allein den Kompass-Sinn nutzten«?

Selbst wenn es keine Strömungen gäbe, gegen die die Tiere ankämpfen müssten, wäre dies laut Carr eine unglaubliche Navigationsleistung. Da die Schildkröten es jedoch mit einer kontinuierlichen Westströmung zu tun hatten, ganz zu schweigen von gelegentlichen starken Seegängen, folgerte Carr, dass ein innerer Kompass allein nicht ausreichen konnte: »Die Navigation muss sich noch auf etwas anderes stützen. Wie Tiere [...] all die Inseln finden, die sie regelmäßig aufsuchen, ist das große Rätsel, das eines Tages gelöst werden muss.«[3]

Carr spekulierte, ob nicht vielleicht irgendein Geruch oder Geschmack, der von der Insel Ascension ausging, als eine Art Leuchtturm fungierte, dessen Signal sich über das Meer ausbreitete. Das war aber wohl kaum die Lösung des Rätsels, da die Schildkröte gezwungen wäre, wie ein Nachtfalter einem langen, ermüdenden Zickzackkurs zu folgen, wenn sie die Duftwolke bis zu ihrer Quelle zurückverfolgte. Er fragte sich auch, ob sich die Schildkröten vielleicht an Konturen auf dem Meeresboden oder eventuell an Schall orientierten – etwa den außergewöhnlich lauten Geräuschen, die von schnappenden Garnelen verursacht werden. Infraschall zog er allerdings nicht in Erwägung.

Andere Methoden wie die Trägheitsnavigation oder eine Navigation nach den Sternen kamen ebenfalls infrage, doch hier gab es keine Anhaltspunkte, denen man hätte folgen können. Carr dachte sogar an die Corioliskraft: Vielleicht bestimmte die Schildkröte bei ihrer Wanderung nach Norden oder Süden ihre geografische Breite, indem sie die leichten Veränderungen in der Beschleunigung aufgrund der Erdrotation wahrnahm. Dies erschien jedoch zu weit hergeholt. Schließlich setzte er sich mit der möglichen Rolle des Geomagnetismus auseinander. Obwohl damals (Mitte der 1960er-Jahre) noch keine eindeutigen Beweise dafür vorlagen, dass sich bestimmte Spezies mithilfe des Magnetismus orientieren können, vermutete Carr zu Recht, dass dies ein verheißungsvoller Forschungsansatz war.

Die Zielfindung der Grünen Meeresschildkröte

Es fiel der nächsten Generation von Schildkrötenforschern zu, den faszinierenden Fragen nachzugehen, die Carr aufgeworfen hatte, und in dieser Riege sollten sich Floriano Papi und sein Student Paolo Luschi besonders hervortun.

Papi hatte sich zwar durch seine Arbeit zur Geruchsnavigation bei Tauben einen Namen gemacht, doch er bestand stets darauf, dass er kein Vogelkundler, sondern Verhaltensforscher war. Er interessierte sich für Tiernavigation im Allgemeinen und nicht nur für das Verhalten einer bestimmten Spezies. Papi begeisterte sich auch für die neue Tracking-Technologie, die ab den späten 1980er-Jahren verfügbar war.

Anfang der 1990er-Jahre begegnete Papi bei einer Konferenz zufällig zwei malaysischen Forschern, die Schildkröten mit Kurzstrecken-Funksendern verfolgten. Der unentwegt neugierige Italiener war so angetan, dass er beschloss, sich fortan ebenfalls mit der Navigation von Schildkröten zu befassen. Luschi, der erst 1989 sein Studium abgeschlossen hatte, arbeitete damals mit Tauben und war völlig überrascht, als Papi ihn – zunächst ohne weitere Erklärung – fragte, ob er in die Tropen mitreisen wolle. Solch ein Angebot konnte Luschi kaum ausschlagen, besonders als Papi ihm schließlich offenbarte, worum es ging.

Also machte sich der junge Wissenschaftler 1993 auf den Weg zu der abgelegenen Insel Redang vor der Ostküste Malaysias, um seinen ersten Versuch mit Schildkröten durchzuführen. Es war seine erste Reise außerhalb Europas, und so verzauberte ihn die unberührte Schönheit des Strandes, an dem die Grünen Meeresschildkröten ihre Nester bauten und Eier ablegten – und zwar wiederholt über eine Dauer von etlichen Monaten.

Diese Expedition musste während der italienischen Sommerferien stattfinden. Der Juli war jedoch nicht der geeignetste Zeitraum, denn er fiel in die Mitte der Paarungszeit der Schildkröten, und es war damit zu rechnen, dass ein an einem Weibchen befestigter Sender nach kürzester Zeit von einem übererregten Männchen weggerissen wurde. Um Ergebnisse zu bekommen, musste man ganz am Ende des Eiablagezyklus ein Weibchen finden, das den Strand verließ und direkt ins Meer abtauchte.

Zusätzlich erschwert wurde die Sache dadurch, dass sich die ersten Peilsender, die man ausprobierte, als hoffnungslos undicht erwiesen und versagten. Aber Papi hatte Glück, wie sich Luschi erinnerte. Trotz all dieser Schwierigkeiten gelang es dem Team mit der Unterstützung der malaysischen Kollegen, einige der ersten Daten aus der Satellitenverfolgung einer wandernden Grünen Meeresschildkröte zu erheben.

Ein bestimmtes Weibchen legte mehr als 600 Kilometer vom Niststrand zu seinem Futterrevier weit draußen im Chinesischen Meer zurück. Noch eindrucksvoller als die bewältigte Distanz war die Tatsache, dass das Tier auf den letzten 475 Kilometern seiner Wanderung einen konstanten Kurs beibehielt.[4]

Es ist sehr knifflig, genaue Positionsdaten von einem Tier zu erhalten, das sich die meiste Zeit unter Wasser aufhält. Die Sender, die Luschi normalerweise verwendet hat, brauchen ein paar Sekunden, um genügend Informationen an die Satelliten zu übertragen; und das ist nur möglich, wenn die Schildkröte kurz zum Atmen auftaucht. Es kann also sein, dass nur ganz vereinzelte Positionsbestimmungen zustande kommen, die selbst unter den besten Bedingungen nicht sehr genau sind. Inzwischen können die Peilsender jedoch mit GPS gekoppelt werden, um Standorte präziser zu ermitteln.

Aufgrund seiner Erfahrungen mit Tauben war Papi natürlich darauf erpicht, Versetzungsexperimente mit Schildkröten durchzuführen. 1994 reiste Luschi – noch als Doktorand – erneut nach Malaysia, diesmal aber ohne Papi. Er und sein Team konnten eine versetzte weibliche Grüne Meeresschildkröte verfolgen, die zu ihrem Niststrand zurückkehrte, und kartierten später die Routen mehrerer Schildkröten auf viel längeren Wanderrouten.

Die Ergebnisse waren verblüffend: Eine dieser Schildkröten schwamm von Malaysia bis nach Nord-Borneo, eine andere zu den südlichen Philippinen. Auch dieses Mal stellten die Forscher fest, dass die Tiere pfeilgeraden Kursen folgten – in diesen Fällen sogar über Entfernungen, die deutlich über 1000 Kilometer hinausgingen.[5]

Papi und Luschi reisten als Nächstes nach Südafrika, wo sie sowohl Karettschildkröten als auch Lederschildkröten erforschten – prächtige Geschöpfe mit tiefen Längskielen auf dem ledrigen Rücken, die ungefähr so groß sein können wie ein alter Fiat 500. Dieses Mal arbeiteten die Wissenschaftler mit George Hughes zusammen, der die Verwaltung der Nationalparks in KwaZulu-Natal leitete und seit Beginn der 1960er-Jahre Schildkröten markierte und studierte.

Mit einer ihrer Versetzungsstudien wiesen die beiden Forscher nach, dass weibliche Karettschildkröten über Entfernungen von bis zu siebzig Kilometern zu ihren Niststränden zurückfanden.[6] Später verfolgten sie eine einzelne Karettschildkröte auf einer Wanderung von fast 7000 Kilometern, auf der das Tier über eine weite Strecke in einer fast geraden Linie schwamm, was teilweise aber auch durch eine starke Meeresströmung bedingt gewesen sein mochte.[7]

Luschi und seine Kollegen flogen später nach Ascension und machten sich daran, die Navigationsfähigkeiten frei beweglicher Grüner Meeresschildkröten zu untersuchen. Die Ergebnisse waren – wie so häufig bei Feldstudien – nicht eindeutig. In einer Versetzungsstudie fingen sie auf der Insel achtzehn Weibchen ein, statteten sie mit Peilsendern aus und ließen sie im offenen Meer frei, in Entfernungen von 60 bis 450 Kilometern, was für Schildkröten nicht sehr weit ist. Vier der Tiere steuerten sofort auf Brasilien zu (wo ihre Futterplätze lagen), vier weitere zogen schließlich ebenfalls in diese Richtung, aber erst nachdem sie eine Weile umhergekreist waren, und nur zehn kehrten nach Ascension zurück.[8]

Die Navigationsleistung jener Tiere, die nach Ascension zurückschwammen, war schwach. Alle bis auf eine der aufgezeichneten Routen verliefen in weiten Schleifen, nur die letzten Abschnitte waren gerade, »so als suchten die Schildkröten nach einem sensorischen Kontakt mit der Insel, den sie in unterschiedlichen Entfernungen erhielten«. Die meisten näherten sich der Insel aus einer windabgewandten Richtung, was Luschi vermuten ließ, dass sie sich auf eine Art »windübertragene Information« stützten, die von der Insel herrührte – vielleicht eine Duftwolke.

Eine spätere Studie zeigte deutlicher, welche Rolle der Geruchssinn bei der Zielfindung von Grünen Meeresschildkröten spielt.[9] In diesem Fall wurden Weibchen an einem Niststrand auf Ascension Island eingefangen, mit Satellitenpeilsendern ausgestattet und per Schiff an verschiedene Orte transportiert, die fünfzig Kilometer entfernt waren und sowohl in Windrichtung als auch gegen den Wind lagen. Die Schildkröten, die windabwärts ausgesetzt wurden, fanden alle binnen weniger Tage zur Insel zurück, während jene, die windwärts verfrachtet worden waren, viel größere Schwierigkeiten hatten, sie wieder aufzuspüren.

Eine der gegen den Wind versetzten Schildkröten hatte selbst nach 59 Tagen nicht wieder nach Ascension zurückgefunden, obwohl sie sich der Insel in der Zwischenzeit bis auf 26 Kilometer genähert hatte. Sehr wahrscheinlich half den in Windrichtung ausgesetzten Schildkröten eine von der Insel ausgehende Geruchswolke beim Heimfinden, doch die Befunde waren nicht eindeutig.

Anschließend leitete Luschi eine anspruchsvolle Studie auf den Komoren, einer abgelegenen Inselgruppe im Indischen Ozean zwischen Madagaskar und Afrika. Er wollte herausfinden, ob ein künstliches Magnetfeld das Zielfindungsvermögen der Grünen Meeresschildkröten beeinflusste.[10] Der Niststrand war nur vom Meer aus zu erreichen. Luschi fuhr mit einer kleinen Jacht dorthin – keine besonders angenehme Reise für einen Mann, der unter schwerer Seekrankheit leidet. Dem Team gelang es, die Schildkröten mit einer behelfsmäßigen Trage an Bord der Jacht zu schaffen, allerdings nicht ohne Probleme; es war hilfreich, dass ein Mitglied der Mannschaft ein stämmiger Rugbyspieler war. Und schließlich hinderten starke Winde die Besatzung daran, aus der geschützten Lagune auszulaufen.

Während das Team darauf wartete, dass der Wind nachließ, fühlte sich Luschi bereits sehr unwohl, aber es wurde noch viel schlimmer, als sie endlich aufs Meer hinausfuhren. Nach zwölf Stunden erreichten sie den Freilassungsort, und der Italiener war auf der gesamten Strecke schwer seekrank. Als das Ziel endlich erreicht war, konnte er kaum noch stehen. Auf der Rückfahrt nach Mayotte ging der Kraftstoff aus, also mussten die Segel gesetzt werden. Es war zwar angenehm, vom Motorlärm verschont zu bleiben, doch so dauerte die Fahrt weitaus länger als geplant, und da kein Funktelefon verfügbar war, konnte man die Kollegen auch nicht über die Verzögerung informieren. Luschi und seine Mannschaft waren heilfroh, als sie endlich wieder festen Boden unter den Füßen hatten, und auch das Team an Land war erleichtert.

Bei dieser Expedition ließen Luschi und seine französischen Kollegen zwanzig Schildkröten an 100 bis 120 Kilometer entfernten Standorten in der Straße von Mosambik frei. Bei dreizehn Tieren hatte man Magnete am Kopf befestigt. Mit einer einzigen Ausnahme gelang es schließlich allen, nach Mayotte zurückzukehren, wenn auch nicht immer auf direktem Kurs; die Schildkröten schienen nicht in der Lage zu sein, die Auswirkungen von Meeresströmungen auszugleichen. Aber die Tiere, die durch Magnete behindert wurden, folgten viel längeren Heimwegen. Damit wurde zum ersten Mal im Rahmen einer Feldstudie nachgewiesen, dass Schildkröten tatsächlich magnetische Signale für Navigationszwecke nutzen.

– – – –

Viele Salzwasserfische legen Eier, aus denen Larven schlüpfen, die mit dem Plankton frei umhertreiben. Die Wahrscheinlichkeit, dass sich aus den Larven ausgewachsene Fische entwickeln, die den Weg zu ihrem Ursprungsort zurückfinden, mag recht gering erscheinen. Aber genau dies scheint beim Kabeljau der Fall zu sein.

Mithilfe von DNS-Fingerabdruckmethoden, die auf die Knochen in den Ohren von Fischen (Otolithen bzw. Gehörsteinchen) angewandt werden, können Wissenschaftler inzwischen genau bestimmen, wo die Tiere geschlüpft sind. Vor Kurzem analysierte man archivierte Otolithen, die (über einen Zeitraum von rund sechzig Jahren) von Kabeljauen gesammelt worden waren, welche man in den Gewässern vor der Westküste Grönlands gekennzeichnet hatte. Es zeigte sich, dass 95 Prozent der markierten Fische, die später vor Island wieder eingefangen wurden, ursprünglich aus isländischen Gewässern stammten.[11] Sie mussten also nach Grönland gewandert sein (wo sie gekennzeichnet wurden), bevor sie nach Island zurückschwammen. Dies ist ein überzeugender Beweis dafür, dass Kabeljaue über Entfernungen von 1000 Kilometern und mehr in ihr heimisches Revier zurückfinden.

Wir haben zwar noch keine Vorstellung davon, wie die Kabeljaue ihren Weg zurückfinden, doch die Tatsache, dass es ihnen gelingt, ist für die Fischwirtschaft von großer Bedeutung.

21. KAPITEL

Abenteuer in Costa Rica

Ken Lohmann, Professor an der University of North Carolina in Chapel Hill, spricht eher leise und ist vielleicht sogar ein wenig schüchtern. Wenn er eine Frage beantwortet, beginnt er häufig zögerlich mit »Hm, lassen Sie mich überlegen« und sammelt in Gedanken erst einmal alle Fakten. Niemand weiß jedoch mehr darüber, wie Meeresschildkröten den Magnetismus nutzen. Und die außergewöhnlichen Entdeckungen, die er im Lauf der letzten dreißig Jahre gemacht hat, bilden inzwischen einen Teil des Fundaments der Tiernavigationsforschung.

Ich hatte das Glück, eine ganze Woche mit Lohmann zu verbringen, als wir uns zwei seiner Doktoranden anschlossen – Roger Brothers und Vanessa Bézy –, die an der Pazifikküste von Costa Rica Experimente durchführten. Roger und ich flogen mit derselben Maschine von Miami nach Liberia, wo uns Vanessa vom Flughafen abholte. Sie hatte eine große Funkantenne dabei, die wir nur mit Mühe in dem von mir gemieteten Jeep unterbrachten.

Nach einem surrealen Mittagessen – der Jetlag machte sich bemerkbar – in einer deutschen Bäckerei unweit des Flughafens fuhren wir rund 125 Kilometer nach Süden zum Küstenort Playa Guiones, der bei Surfern beliebt ist. Unterwegs erzählten mir Vanessa und Roger von ihrer Arbeit, den vielen Problemen, die es zu bewältigen galt, und den Fragen, die sie zu beantworten hofften. Ken selbst traf ein paar Tage später ein.

An einem langen grauen Strand neben dem kleinen Dorf Ostional, rund zehn Kilometer nördlich von Playa Guiones, kommen regelmäßig weibliche Oliv-Bastardschildkröten – oft zu Hunderten oder Tausenden – an Land, um Nester zu bauen. Im Spanischen werden diese ungewöhnlichen Ereignisse als *arribadas* (»Einlaufen«) bezeichnet. In Forscherkreisen waren diese früher völlig unbekannt, für die Einheimischen bilden sie jedoch seit Langem eine wichtige Einnahmequelle, da sie die Schildkröteneier zu hohen Preisen verkaufen können. Heutzutage ist das Eiersammeln streng reguliert, aber zu bestimmten Zeiten immer noch erlaubt. Der Sand, der intensiv riecht, ist übersät mit Bruchstücken von Eierschalen. Geier und große Falken sind stets auf der Lauer nach Schlüpflingen.

Während der *arribada* kommen so viele Schildkrötenweibchen an Land, dass sie übereinander hinwegklettern müssen, um einen freien Platz zu finden, an dem sie ihr Nest bauen können. Nicht selten gräbt eine Schildkröte versehentlich das Nest einer anderen aus. Wenn es nur darum ginge, potenzielle Räuber auszustechen, müssten die Tiere nicht in solch absurd großer Zahl an Land kommen. Bisher versteht niemand dieses Phänomen, das wenig Sinn zu ergeben scheint, aber ein klarer Beleg für das bemerkenswerte Heimfindevermögen dieser Schildkröten ist.

Die *arribadas* dauern im Allgemeinen ein paar Tage und spielen sich von Juni bis Dezember in regelmäßigen Abständen ab, allerdings nur in Ostional und kaum irgendwo anders auf der Welt. Sie fallen in der Regel mit dem dritten Viertel des Mondzyklus zusammen – ein Umstand, der interessante Fragen über die Zeitwahrnehmung der Schildkröten aufwirft.

Direkt am Strand von Ostional hat Roger im Schutz einiger Büsche und unter freiem Himmel neben der Station der Parkaufseher – weitgehend mit Materialien aus den örtlichen Eisenwarengeschäften – ein Magnetspulensystem zusammengebaut, das um ein kreisrundes, wassergefülltes Plastikbassin ein gleichmäßiges Magnetfeld erzeugen soll. Hier wollte er mit Genehmigung der Parkverwaltung untersuchen, welche Rolle der Geomagnetismus beim Heimfindeverhalten der Oliv-Bastardschildkröte spielt.

Die hiesigen Exemplare, die kleiner sind als Grüne Meeresschildkröten, mussten eingefangen und von Hand in das Bassin gehievt werden. Hierbei zählte Roger auf Vanessas, Kens und meine Hilfe. Vanessa versuchte ihrerseits herauszufinden, was diese ungewöhnlichen massenhaften Ereignisse auslöste. Dazu wollte sie Schildkrötenweibchen bereits draußen im Meer mit Funksendern ausstatten und sie dann verfolgen, bis sie an Land kamen. Von einem kleinen offenen Boot aus hatten sie und Roger bereits einige Schildkröten präpariert, doch die erste Funkantenne hatte sich als unbrauchbar erwiesen; Vanessa hoffte, dass die neue besser funktionierte.

Es war das Ende der mittelamerikanischen Regenzeit. Die Fahrt vom Flughafen nach Süden verlief anfangs problemlos, doch auf den letzten fünfzig Kilometern waren die Straßen übersät von riesigen Schlaglöchern voll Wasser, die selbst mit einem Jeep mit Vierradantrieb vorsichtig umfahren werden mussten. Die wogenden kakaofarbenen Flüsse liefen fast über, und an den langen Sandstränden tobte eine starke Brandung. Das Meer selbst hatte eine bräunliche Farbe und trieb Baumstämme und andere Trümmer an. Selbst Vanessa, die in Playa Guiones lebte, hatte selten so schlechte Bedingungen erlebt. Sie und Roger waren ziemlich bedrückt, und als ich nach meiner langen Anreise aus London endlich erschöpft ins Bett sank, fühlte auch ich mich entmutigt.

Als mich am ersten Morgen die gespenstischen Schreie der Brüllaffen auf den hohen Bäumen vor meinem Fenster jäh aus dem Schlaf rissen, war es noch dunkel. Es regnete immer noch. Wir wollten nach Ostional fahren, konnten jedoch nicht einmal den ersten Fluss überqueren und mussten umkehren. Nach ein paar Tagen lichteten sich die Wolken allmählich. Unter der heißen tropischen Sonne stieg nun Dampf vom Boden auf. Riesige Leguane krochen aus ihren Verstecken, und herrliche Schmetterlinge, darunter auch einige blau schillernde Morphofalter, flatterten zwischen den Blüten umher. Nun konnten wir endlich alle Flussbetten durchfahren und holperten auf der Schotterpiste nach Ostional.

Vanessa verwendete eine programmierbare Drohne mit einer Videokamera, um die Schildkröten zu beobachten, die ein paar Kilometer weit draußen im Meer dümpelten und auf mysteriöse Weise den richtigen Zeitpunkt abwarteten. Dieses erstaunliche Gerät folgte einem genau festgelegten Kurs und kehrte dann folgsam an unseren Standort zurück, wo es sanft wie ein abgerichteter Falke neben Vanessa landete. Auf dem Livevideo konnte man die Schildkrötenweibchen gut beim Fressen beobachten. Es waren Unmengen, aber ein Tag nach dem anderen verstrich, ohne dass etwas passierte. Das Warten war frustrierend, besonders für Roger und Vanessa, und machte überdeutlich, welche Unsicherheiten die Feldforschung mit sich bringen kann.

Hin und wieder kam zwar eine vereinzelte Schildkröte an Land, um zu nisten, und wir sahen häufig die Spuren von Schlüpflingen, die zum Wasser führten, doch schließlich musste ich heimreisen, ohne das große Ereignis gesehen zu haben. Dass die Schildkröten-Armada ausblieb, war zwar enttäuschend, aber in gewisser Weise auch eine glückliche Fügung. Anstatt jede Nacht durchzuarbeiten, mit Schildkröten zu rangeln und tagsüber den Schlaf nachzuholen, hatten wir jede Menge Zeit, uns zu unterhalten.

Ken Lohmann wuchs weit entfernt vom Meer in Indiana auf. Als kleiner Junge faszinierten ihn die Monarchfalter, die in großer Zahl sein Haus umschwirrten. Die Ferien verbrachte die Familie jedoch an der See, und dort begeisterte er sich für die seltsamen Geschöpfe, die er in den Gezeitenbecken entdeckte. Sein Interesse für Meerestiere vertiefte sich, als er zunächst an der Duke University Biologie studierte.

Seinen Master erwarb Lohmann schließlich in Florida, wo er sich mit der Magnetnavigation von Langusten beschäftigte (auf die wir noch zu sprechen kommen). Dann zog er an das entgegengesetzte Ende des Landes, auf die herrlichen San Juan Islands vor der Pazifikküste nördlich von Seattle, und arbeitete in einem meeresbiologischen Forschungsinstitut. Er interessierte sich immer noch für den schwer zu fassenden Magnetsinn, doch nun musste er sich mit einem ganz anderen Thema beschäftigen – einer großen rosafarbenen Meeresnacktschnecke namens Tritonia, die in den kalten nördlichen Gewässern gedeiht. Dieses scheinbar wenig verheißungsvolle Tier hatte einen großen Vorteil: Es ließ sich leicht im Labor erforschen.

Lohmann zeichnete zunächst elektrische Signale einzelner Zellen im Nervensystem der Schnecke auf und machte dabei die überraschende und wichtige Entdeckung, dass das Tier sensibel auf Veränderungen des umgebenden Magnetfelds reagierte. Es schien sogar einen Kompass-Sinn zu besitzen. Nach der Promotion befasste sich Lohmann erstmals – und unter der inspirierenden Anleitung des renommierten Feldbiologen Mike Salmon – mit der Navigation von Schildkröten an der amerikanischen Ostküste.

Wenn frisch geschlüpfte Schildkröten im Schutz der Dunkelheit aus ihren Sandnestern kriechen, müssen sie sich unverzüglich der Herausforderung stellen, sicher das Meer zu erreichen. Waschbären, Füchse und Krebse verspeisen nichts lieber als Schildkrötenbabys. Daher ist es lebenswichtig für die Jungtiere, auf Anhieb den kürzesten Weg zum Rand des Wassers zu finden.

Die Winzlinge krabbeln wie kleine aufziehbare Spielzeuge über den Sand und setzen alles daran, ins Meer zu kommen, bevor sie gefressen werden. Dabei verlassen sie sich vor allem auf visuelle Anhaltspunkte und richten sich nach Lichtquellen, die tief am Himmel stehen; es ist folglich absolut nachvollziehbar, warum die Anwesenheit von Menschen und künstliches Licht so schädlich für sie sind. Außerdem kriechen sie lieber abwärts – durchaus einleuchtend, zumal Strände zum Wasser hin abfallen.

Wenn die Schlüpflinge den Saum des Wassers erreichen, fangen sie sofort an, wie wild zu schwimmen, und bleiben ein oder zwei Tage in Bewegung. Die Energie dafür liefert ihnen eine kleine Menge übrig gebliebenes Eigelb. Sobald sie sich durch die Brandung gekämpft haben, müssen sie sich so schnell wie möglich von der Küste entfernen, um den vielen Meeresräubern zu entkommen, die im seichten Wasser auf der Lauer liegen. Haben sie die Küste weit hinter sich gelassen, werden sie vom Golfstrom in nördliche Richtung mitgezogen und gehen auf eine 15 000 Kilometer lange Reise, die sie durch das gesamte nordatlantische Becken führt. Nach mehreren Jahren ozeanischer Wanderschaft kehren sie schließlich an Futtergründe zurück, die in der Nähe der Strände liegen, an denen sie einst schlüpften. Zu gegebener Zeit paaren sie sich, und die Weibchen legen an eben jenen Stränden ihre Eier ab.

Die erste Frage, der Lohmann und seine Kollegen 1988 nachgingen, war folgende: Wie schaffen es die frisch geschlüpften Schildkröten vom Strand ins Meer? Mit der »typischen Selbstüberschätzung« eines jungen Postdocs – so erklärte mir Lohmann selbst – hielt er es damals für »offensichtlich«, dass die Schlüpflinge ihren Kurs mit einem Magnetkompass bestimmten. Wenn eine Meeresnacktschnecke einen besaß, warum nicht auch eine Schildkröte? Dies sollte den Beginn einer langen, spannenden Geschichte markieren, die längst noch nicht auserzählt ist.

Salmon entwickelte ein »schwimmendes Orientierungsbassin«, in dem getestet werden konnte, in welche Richtung die Schlüpflinge vorzugsweise zogen, sobald sie im Meer waren. Die Forscher fuhren mit einem Boot vielleicht zwanzig Kilometer weit oder mehr hinaus und setzten das Bassin aufs Wasser. Die Schlüpflinge konnten aus dieser Entfernung kein Land sehen, doch sie schienen stets in östliche Richtung zu schwimmen, auf das offene Meer zu.

Lohmann und seine Frau Catherine – die ebenfalls Wissenschaftlerin ist und häufig mit ihm zusammenarbeitet – glaubten daher, die Schildkröten verfügten tatsächlich über einen inneren Kompass, doch dann erlebten sie durch eine glückliche Fügung ein paar Tage Flaute mit glasklarer See. Nun schwammen die Schildkröten im Kreis, so als hätten sie vollkommen die Orientierung verloren. Sobald wieder Wind aufkam, wandten sich die Tiere erneut nach Osten. Das stellte die Forscher vor ein Rätsel; vielleicht war der Magnetismus doch nicht der entscheidende Faktor.

Es sah so aus, als hinge die bevorzugte Richtung der kleinen Schildkröten in Wirklichkeit davon ab, wohin sich die Wellen bewegten, und diese Vermutung wurde durch Experimente in Wellentanks bestätigt. Es bestand jedoch weiterhin die Möglichkeit, dass die Tiere einem Gradienten folgten, der eventuell auf einem vom Meer zur Küste getriebenen Geruch beruhte. Um diese Hypothese zu widerlegen, musste Lohmann einen Tag abwarten, an dem der Wind nicht landwärts wehte; in dem Fall wären die Schlüpflinge gezwungen, sich zu entscheiden, ob sie weiterhin ihrem gewohnten Kurs von der Küste weg folgen oder auf den aktuellen Wellengang reagieren sollen.

Der Durchzug des Hurrikans »Hugo« im Jahr 1989 bescherte den Forschern die erforderlichen Bedingungen. Eines Morgens wehte ein starker Wind von Westen, also vom Land aufs Meer. Das Ehepaar Lohmann schnappte sich die Versuchstiere und setzte sie in der bewegten See vor der Ostküste Floridas aus. Und siehe da: Unter diesen Bedingungen hielten die kleinen Tiere auf die Küste zu.[1] Damit war bewiesen, dass die Wellenrichtung tatsächlich entscheidend war.

Vielleicht nehmen die Schlüpflinge die Wellen in Augenschein, um festzustellen, in welche Richtung sie sich bewegen; aber da sie normalerweise in der Dunkelheit ins Meer krabbeln, unter Wasser schwimmen und nur gelegentlich zum Luftholen auftauchen, wäre das keinesfalls einfach. Tatsächlich ist die Erklärung um einiges komplizierter. Lohmann fand schließlich heraus, dass die Tiere sensibel auf die charakteristischen Rotationsbeschleunigungen reagieren – aufwärts, rückwärts, abwärts und dann vorwärts –, denen sie *in* einer heranrollenden Welle ausgesetzt sind. Die Forscher wiesen das nach, indem sie die Schlüpflinge in einem »albern aussehenden Gerät« festzurrten, das diese Bewegungen simulierte. Die jungen Tiere zeigten eine vollkommen automatische Reaktion: Sie »schwammen« in der Luft. Nachfolgende Experimente zeigten, dass sich die meisten – wenn auch nicht alle – anderen Schildkrötenarten genauso verhalten.

Nun war zwar erwiesen, dass die Schlüpflinge in dieser frühen Phase ihres Lebens keinen Magnetkompass benötigten, doch Lohmann und seine Kollegen waren weiterhin davon überzeugt, dass der Magnetismus eine wichtige Rolle bei der Navigation von Schildkröten spielen musste.

Lohmanns nächste Aufgabe bestand also darin, festzustellen, ob frisch geschlüpfte Karettschildkröten irgendeine Reaktion auf ein verändertes Magnetfeld zeigten. Dazu sollten die Tiere vorübergehend in Laborbehälter gesetzt werden, für die Lohmann und sein Team anfangs behelfsmäßig alte Satellitenschüsseln und Planschbecken verwendeten. Bevor die Forscher mit den Experimenten beginnen konnten, mussten sie ein spezielles Gurtwerk konstruieren, in dem die Schlüpflinge frei schwimmen konnten, während sie an einem Balken über dem Testbehälter baumelten. Ein einfaches elektronisches System, das ihre Schwimmrichtung aufzeichnete, war ebenfalls nötig.

Es war, wie Lohmann einräumte, eine »sehr, sehr mühsame Arbeit«. Eines der größeren Probleme, vor die sich die Wissenschaftler schon bald gestellt sahen, bestand darin, dass sich die Schlüpflinge in vollkommener Dunkelheit weigerten, konstant in überhaupt irgendeine Richtung zu schwimmen. Da die normalen windgetriebenen Meereswellen fehlten, war das keine große Überraschung. Doch die Forscher stellten fest, dass die jungen Tiere »ausgesprochen sensibel« auf Unterschiede in der Lichtstärke reagierten. Ihre Neigung, sich nach jedweder Lichtquelle zu orientieren, war sogar so stark, dass sie jede andere Reaktion in den Hintergrund drängte.

Lohmann sah sich mit einem wirklich großen Problem konfrontiert: Arbeitete er im Dunkeln, bewegten sich die Tiere in alle Richtungen; zeigte er ihnen aber ein Licht, steuerten sie beharrlich auf dieses zu und nahmen keinerlei Notiz von irgendwelchen anderen Signalen. Wie sollte er also die Auswirkungen eines veränderten Magnetfeldes messen? Er musste eine Möglichkeit finden, diese Klippe zu umschiffen.

– – – –

Wie der Buckelwal zählt auch der Nördliche See-Elefant zu den unermüdlichen transozeanischen Wanderern.[2] Diese Kolosse pendeln jedes Jahr zwischen ihren Kolonien auf den Kanalinseln vor der Küste Südkaliforniens und den Gewässern von Alaska hin und her. Die Weibchen ziehen zu den Aleuten, während die Männchen aus irgendeinem Grund lieber unter sich bleiben und in den Golf von Alaska wandern. Im Lauf eines Jahres legen die Weibchen eine Entfernung von mindestens 18 000 Kilometern zurück, die Männchen bewältigen sogar mindestens 21 000 Kilometer. Ihre jeweiligen Kurse über das offene Meer sind dabei erstaunlich gerade. Die Navigationsmethoden der See-Elefanten sind ebenso rätselhaft wie die der Wale.

Aber nicht nur große Meeressäuger unternehmen ausgedehnte Wanderzüge. Weiße Haie schwimmen durch den gesamten Antarktischen Ozean von Südafrika bis Australien – und wieder zurück.[3] Einige Vertreter der Haifischfamilie sind sensibel für Magnetfelder.[4] Die Möglichkeit, dass sie sich bei der Navigation über große Entfernungen – zumindest teilweise – auf magnetische Anhaltspunkte verlassen, sollte daher ernsthaft in Betracht gezogen werden. Haie sind aber auch extrem reizempfindlich für Geruchssignale; diese könnten also ebenfalls eine Rolle spielen.

Eine neuere Analyse der Trackingdaten von Buckelwalen, See-Elefanten und Weißen Haien deutet darauf hin, dass eventuell sogar die Schwerkraft Einfluss auf ihre Navigation hat.[5] Die Erdanziehungskraft ist auf der Oberfläche unseres Planeten unterschiedlich stark ausgeprägt und schwankt besonders in Nord-Süd-Richtung. Das Gewicht und somit der Auftrieb eines Tieres ändern sich daher von Ort zu Ort. Ein normaler Buckelwal braucht in einem tropischen Habitat offenbar rund 90 Kilogramm weniger Tragkraft, um sich mühelos über Wasser zu halten, als in höheren Breiten. Wenn die Tiere in der Lage sind, solche Unterschiede wahrzunehmen, könnten sie daraus theoretisch nützliche Hinweise für ihre Navigation ziehen – wobei auch Veränderungen im Salzgehalt des Wassers berücksichtigt werden müssten, da dieser den Auftrieb eines Tieres ebenfalls beeinflusst.

22. KAPITEL

Ein Licht im Dunkel

Ken Lohmann löste sein Problem mit den frisch geschlüpften Karettschildkröten, indem er sich deren Lichtfixierung zunutze machte. Er hielt den Testbehälter in vollkommener Dunkelheit und zeigte den schwimmenden Schlüpflingen ein Licht in östlicher Richtung. Sobald ein Tier stetig darauf zuschwamm, schaltete er das Licht aus und verfolgte dessen Verhalten, ohne das natürliche Magnetfeld zu verändern.

Die jungen Schildkröten paddelten weiterhin beharrlich nach Osten, doch als Lohmann die Richtung des Feldes umkehrte, machten die Tiere kehrt und bewegten sich nach Westen. Daraus zog er den Schluss, dass die 180-Grad-Drehung auf das veränderte Magnetfeld zurückzuführen sein und die Karettschildkröte somit tatsächlich einen inneren Magnetkompass besitzen musste. Seither haben Lohmann und seine Kollegen dieses Verfahren mit einigen Abwandlungen bei ihrer Schildkrötenforschung immer wieder angewendet.

Der Azimut des Lichts scheint keine Rolle zu spielen. Anfangs versuchten es Lohmann und seine Mitarbeiter mit einem Licht im Westen. Nachdem es ausgeschaltet worden war, schwammen die Tiere weiterhin nach Westen – was nicht der normalen Zugrichtung eines Schlüpflings entspricht, der von der Ostküste Floridas aus lospaddelt. Wenn das Licht aus war und das Magnetfeld umgekehrt wurde, drehten sie um und bewegten sich in die entgegengesetzte Richtung, und das traf auch dann zu, wenn ihnen ein Licht im Osten gezeigt wurde.

Es ist aber nicht auf Anhieb klar, inwiefern die Ergebnisse dieser Experimente etwas mit dem natürlichen Verhalten der Schlüpflinge zu tun haben. Als ich Lohmann dazu befragte, bot er mir die folgende Erklärung:

Wenn die Schlüpflinge aus dem Nest kommen, folgen sie dem Licht, und mit etwas Glück führt es sie zum Rand des Wassers. Sobald sie im Meer sind, richten sie sich im rechten Winkel zu den anrollenden Wellen aus, die immer parallel zum Strand verlaufen. Wenn sie aber in tiefes Wasser gelangen, sind die Wellen keine zuverlässige Richtschnur mehr, weil deren Richtung dann hauptsächlich vom Wind bestimmt wird. In diesem Moment gehen die Schlüpflinge zu einer anderen Methode über und nutzen ihren Magnetkompass, um den ablandigen Kurs beizubehalten: »Es ist durchaus möglich, dass allein die Erfahrung des Kurshaltens – unabhängig von den verwendeten Signalen – ausreicht, um auch bei der Orientierung per Magnetkompass den Kurs halten zu können.«

Mithilfe eines Magnetspulensystems lassen sich die Intensität und die Inklination eines Magnetfeldes getrennt voneinander verändern. Lohmann untersuchte als Nächstes, wie der Kompass der Schlüpflinge tatsächlich funktionierte, und insbesondere, welche Rolle die Intensität und die Inklination dabei spielten. Zunächst wiederholte er dasselbe Orientierungsexperiment, allerdings mit einem Unterschied: Nachdem das Licht im Osten ausgeschaltet worden war, versuchte er, nur die Inklination des Feldes zu verändern; er stellte sie um drei Grad steiler ein, als sie am Heimatstrand der Tiere war.

Lohmann erwartete, dass die Schildkröten entweder wie gewohnt nach Osten schwimmen oder sich – vollkommen verwirrt – wahllos ausrichten würden. Doch die Schildkröten wandten sich unbeirrt nach Süden.[1] Dieses Verhalten war rätselhaft:

Wir rauften uns eine Zeit lang die Haare und versuchten, den Fehler in unserer Anordnung zu finden. Vielleicht lag es an einem

Lichtleck, oder etwas anderes stimmte nicht. Wir bemühten uns immer wieder, diese Verzerrung zu beseitigen.

Eines Abends nahmen Lohmann und seine Mitarbeiter eine Magnetkarte Floridas unter die Lupe. Sie stellten etwas Bedeutendes fest: Das veränderte Magnetfeld, dem sie die Schlüpflinge aussetzten, entsprach genau einem Feld, das ein Stück weiter nördlich an der Küste ganz natürlich auftrat. Plötzlich ging ihnen ein Licht auf:

Vielleicht ist gar nichts an dem Experiment auszusetzen. Vielleicht nutzen sie den Inklinationswinkel tatsächlich als Hinweis auf den Breitengrad. [...] Bis zu dem Zeitpunkt hatten wir gar nicht über eine andere Etappe der Wanderung nachgedacht – nur darüber, wie die Tiere es von der Küste weg schafften und den Golfstrom erreichten. Und damals lautete der Lehrsatz, dass die Schildkröten in den Golfstrom schwimmen und dann passiv mit der Strömung dahintreiben. Niemand war sich zu jener Zeit überhaupt sicher, dass sie zu ihren heimischen Gebieten zurückkehrten.

Lohmann hat seither nachgewiesen, dass heranwachsende Karettschildkröten, die virtuell von ihrem heimatlichen Futterrevier nach Norden versetzt wurden, sich nach Süden wenden, während nach Süden versetzte Tiere Richtung Norden steuern. Das deutet darauf hin, dass sie – genau wie die frisch geschlüpften Schildkröten – fähig sind, die magnetische Inklination als Hinweis auf den Breitengrad zu nutzen.[2]

Sobald die Schlüpflinge von dem mächtigen, nordwärts gerichteten Golfstrom erfasst worden sind, werden sie in die Weiten des Ozeans hinausgetragen. Und über einen Zeitraum von Jahren, in denen sie – mit etwas Glück – wachsen und gedeihen, paddeln sie in jenen Strömungen mit, die den sogenannten Nordatlantischen Wirbel (oder Nordatlantikstrom) bilden. Wenn sie in diesem gewaltigen Strom bleiben, der sich im Uhrzeigersinn durch das gesamte Meeresbecken bewegt, gelangen die inzwischen herangewachsenen Tiere schließlich erstaunlich nah an ihre Futterreviere vor der Küste Floridas zurück.

Wenn die Schildkröten aber nicht aktiv in die annähernd richtige Richtung schwimmen, laufen sie ernsthaft Gefahr, vom Wirbel abzukommen – mit vermutlich tödlichen Folgen. Computergenerierte Simulationen, die zeigen, wie sich »virtuelle Partikel« innerhalb des Wirbels bewegen, wenn sie nur durch die Strömungen angetrieben werden, sowie Vergleiche der Routen von Bojen und echten Schildkröten verdeutlichen, dass junge Schildkröten keineswegs nur passiv dahintreiben.[3] Woher aber wissen sie, in welche Richtung sie schwimmen müssen, um im Wirbel zu bleiben?

Nachdem Lohmann entdeckt hatte, dass die Schlüpflinge mithilfe der Inklination ihre Versetzung in Nord-Süd-Richtung feststellen können, untersuchte er, wie sich Veränderungen der Intensität auf ihr Verhalten auswirkten. Die Ergebnisse waren sogar noch verblüffender als die vorherigen. Bot man den Schlüpflingen Intensitätssignaturen dar, wie sie vor der Küste von North Carolina anzutreffen sind, schwammen sie meist nach Osten, aber wenn die Signaturen jenen glichen, die auf der anderen Seite des Atlantiks – vor der Küste Portugals – herrschen, steuerten sie nach Westen. Anders gesagt: An diesen beiden Standorten schienen die jungen Schildkröten in der Lage zu sein, allein aufgrund der Intensität in eine Richtung zu schwimmen, die gewährleistete, dass sie auf dem Förderband des Wirbels blieben.[4]

Als Nächstes änderte Lohmann sowohl die Inklination als auch die Intensität, um jene magnetischen Bedingungen zu simulieren, welche die Schlüpflinge auf verschiedenen Etappen ihrer Wanderung durch das Meeresbecken antreffen würden. Solange man die Kleinen in dem Versuch an Standorte schickte, die nah an den Rändern des

Wirbels lagen, hielten sie gewöhnlich auf eine Richtung zu, die ihre Überlebenschancen erhöhte; die gewählten Richtungen variierten jedoch stark, je nachdem, wohin sie durch die virtuelle Versetzung verfrachtet wurden.[5]

Platzierte man sie künstlich an einen Punkt vor der Küste Portugals, zeigten sie eine Tendenz, nach Süden zu schwimmen; im südlichen Abschnitt des Wirbels hingegen steuerten sie in eine nordwestliche Richtung.[6] Die Daten waren recht verrauscht, also uneinheitlich; die Tiere folgten nicht alle gehorsam demselben Kurs. Das wäre zu viel erwartet gewesen. In einem neueren Experiment zeigten sie nur in bestimmten Bereichen des Wirbels aussagekräftige Ausrichtungen[7], doch die allgemeine Theorie bestätigte sich.[8]

Nathan Putman (einer von Lohmanns ehemaligen Studenten, dessen Forschung zu Lachsen wir bereits kennengelernt haben) hat nachgewiesen, dass Schlüpflinge zwei weit voneinander entfernte Orte auseinanderhalten können, die sich nur hinsichtlich ihres Längengrades unterscheiden.[9] Er versetzte die Schildkrötenbabys in Meeresgebiete entweder nahe Puerto Rico (65,5 Grad westliche Länge, 20 Grad nördliche Breite) oder nahe den Kapverdischen Inseln (30,5 Grad westliche Länge und ebenfalls 20 Grad nördliche Breite).

Wenn die Tiere nach Puerto Rico verfrachtet wurden, steuerten sie in der Regel nach Nordosten, aber wenn man sie zu den Kapverden schickte, schwammen sie nach Südwesten. Auch in diesem Fall sorgten die Verhaltensreaktionen dafür, dass die Schildkröten im Wirbel blieben. Es ist unwahrscheinlich, dass sich die Schildkröten unter diesen Umständen auf einen einzigen Parameter – die Inklination oder die Intensität – verlassen, weil sich keiner der beiden über die Breite des Atlantischen Beckens von Ost nach West stark verändert, sehr erheblich allerdings von Nord nach Süd. Die Schlüpflinge konnten die Standorte Kapverden und Puerto Rico jedoch unterscheiden, wenn sie sowohl auf die Intensität als auch auf die Inklination achteten.

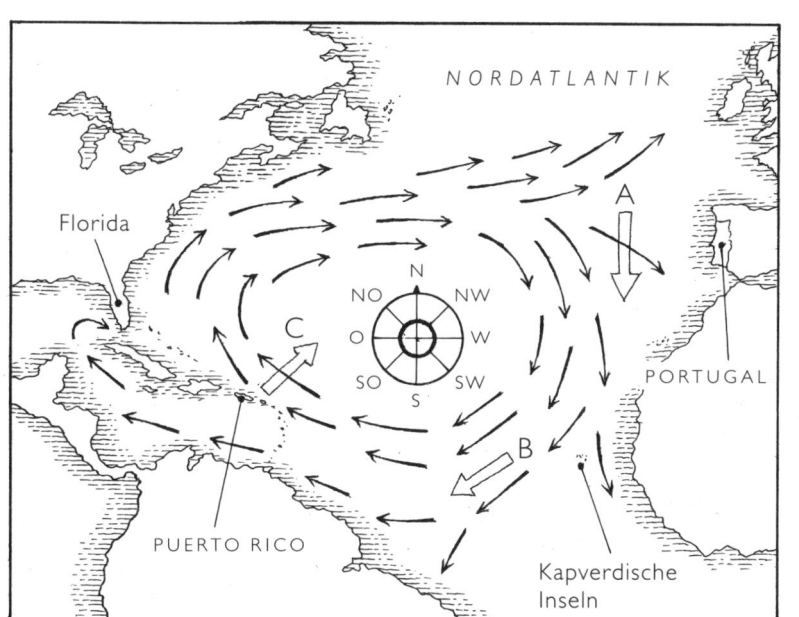

Der Nordatlantische Wirbel (schmale Pfeile). Frisch geschlüpfte Schildkröten in Florida, die virtuell an unterschiedliche Standorte im Atlantischen Becken (A, B und C) versetzt wurden, schwammen in Richtungen (markiert mit breiten Pfeilen), die sie zuverlässig im Wirbel hielten

Lohmann und seine Kollegen deuten diese Erkenntnisse als Beleg dafür, dass die jungen Schildkröten mit einer Reizempfindlichkeit für die charakteristischen Signaturen des Erdmagnetfeldes um den Wirbel herum geboren werden, die durch bestimmte Kombinationen aus magnetischer Intensität und Inklination definiert sind. Die Signaturen funktionieren auf offener See wie Orientierungspunkte, die eine vorprogrammierte, automatische Reaktion auslösen. Diese lenkt die Schildkröten in eine Richtung, die dafür sorgt, dass sie innerhalb des Wirbels bleiben. Wie im Fall von Putmans Lachsen am Fraser River erfordert dieses System keine große Genauigkeit; es genügt, wenn die Schildkröten ihren Standort grob ermitteln können.

Urteilt man nach einigen der übertriebenen Schlagzeilen, die Lohmanns Forschung ausgelöst hat, könnte man es für eine verbürgte Tatsache halten, dass die Schildkröten über eine eigene biologische Variante von GPS verfügen. Lohmann glaubt jedoch nicht, dass Schlüpflinge »eine echte Vorstellung« davon haben, wo sie sich befinden. Mir gegenüber erklärte er mit – wie üblich – sorgfältig gewählten Worten: »Die Schildkröten können zweifellos zwischen den verschiedenen Magnetfeldern entlang der Route unterscheiden und entsprechend darauf reagieren.«

Diese Formulierung impliziert, dass die Schildkröten nur begrenzt mit Karte und Kompass navigieren, doch die Vorstellung, dass frisch geschlüpfte Schildkröten sich selbst in dieser eingeschränkten Weise Magnetfelder zunutze machen können, ist allemal erstaunlich.

Wie hat sich solch eine Methode wohl entwickelt? Diese Frage lässt sich nicht gesichert beantworten. Schildkröten und ihre Artverwandten existieren seit mindestens hundert Millionen Jahren; sie atmeten einst dieselbe Luft wie Dinosaurier. Die natürliche Selektion hatte daher genügend Zeit, um ihre Wunder zu wirken, und muss das Überleben von Tieren begünstigt haben, deren Gene es ihnen ermöglicht haben, entscheidende Punkte entlang ihrer Wanderroute zu erkennen. Und die Tatsache, dass sie nicht alle genau gleich reagieren, ergibt auch aus Sicht der Evolution durchaus Sinn. Das wunderliche Verhalten einiger Tiere kann unter Umständen deren Überleben sichern, wenn das Erdmagnetfeld massive Veränderungen erfährt, wie zum Beispiel im Fall einer Feldumkehr (siehe S. 169).

Durch gentechnische Verfahren wurde bestätigt, dass weibliche Schildkröten zur Eiablage tatsächlich in das Gebiet (wenn nicht sogar an den genauen Ort) zurückkehren, wo ihr Leben begann. Ein auf Magnetismus beruhendes Navigationssystem könnte erklären, wie ihnen das gelingt. Es gibt einige Beweise dafür, dass die magnetischen Merkmale des Geburtsstrandes hierbei eine entscheidende Rolle spielen.[10]

Roger Brothers verfolgt die Theorie, dass die jungen Schildkröten – noch im Ei oder kurz nach dem Schlüpfen – auf die spezifische geomagnetische Signatur ihres Geburtsstrandes geprägt werden und dann Jahre später mithilfe dieser erinnerten Information wieder zu ihm zurückfinden.

Brothers orientierte sich an Putmans Studien mit Lachsen und analysierte Protokolle, in denen über einen Zeitraum von neunzehn Jahren Standorte von Karettschildkröten-Nestern in Florida aufgezeichnet worden waren. Auch hier – wie in British Columbia – gibt es eine säkulare Drift; die magnetischen Signaturen (definiert sowohl hinsichtlich der Inklination als auch der Intensität) verändern sich graduell entlang der Küste.

Falls die Prägungstheorie zuträfe, würde jede Schildkröte an einen Ort zurückkehren, der unweit von ihrem tatsächlichen Geburtsstrand liegt. Das wiederum würde zu vorhersehbaren Veränderungen in der Gesamtverteilung der Nester führen. Brothers verglich daher die Nestdichten in Abständen von zwei Jahren (Weibchen kommen typischerweise alle zwei Jahre für die Eiablage an Land) und kalkulierte dabei Schwankungen in der Gesamtzahl der Nester mit ein. Er stellte fest, dass sich die Nestdichte in Gebieten, in denen die säkulare Drift die magnetischen Signaturen enger zusammenbrachte, deutlich erhöhte und bei einem Auseinandergehen der Werte verringerte.[11] Die geniale Auswertung der Nestprotokolle untermauert die Theorie, dass sich das Heimfindeverhalten von Schildkröten auf einen auf Prägung beruhenden Magnetsinn stützt.

Erst vor Kurzem haben Brothers und Lohmann nachgewiesen, dass ein Zusammenhang besteht zwischen Schwankungen im geomagnetischen Feld und genetischen Unterschieden zwischen Schildkrötenpopulationen, die an getrennten Stränden nisten. Damit liegt der erste genetische Beweis vor, dass die geomagnetische Prägung tatsächlich existiert und den Aufbau von Schildkrötenbeständen beeinflusst.[12]

Keines der hier vorgestellten Experimente liefert einen direkten Beleg dafür, dass sich Schildkröten in freier Natur bei ihrer Orientierung auf geomagnetische Signale verlassen. Wollte man unwiderlegbar nachweisen, dass junge Schildkröten, die im Nordatlantischen Wirbel umherkreisen, auf geomagnetische Signale reagieren, müsste man eine Möglichkeit finden, das Feld um sie herum zu verändern, während sie mitten im Meer vor sich hin schwimmen. Gleichermaßen gilt: Um zweifelsfrei feststellen zu können, ob eine weibliche Schildkröte auf ihren Geburtsort geprägt wurde, müsste man das umgebende Magnetfeld ändern, wenn sie schlüpft, und sie dann vielleicht fünfzehn Jahre oder noch länger verfolgen, um zu sehen, wo sie schließlich ihre Eier ablegt.

Würde sie dann an den Ort zurückkehren, der durch das künstliche Magnetfeld definiert ist, dem sie bei ihrer Geburt ausgesetzt war, hätte man einen soliden Nachweis für eine Prägung. Lohmann und seine Kollegen würden gern derlei Experimente durchführen, doch die Schwierigkeiten, die damit einhergehen, sind einfach zu groß.

Inzwischen ist zwar klar, dass Magnetismus beim Navigationsverhalten von Schildkröten eine entscheidende Rolle spielt und der Geruchssinn ebenfalls beteiligt sein dürfte[13], doch sehr wahrscheinlich stützen sich diese Tiere auch auf andere Signale.[14] Möglicherweise können sie – wie die Pazifikinsulaner – beständige Meeresdünungen nutzen, um einen konstanten Kurs beizubehalten. Vielleicht sind sie in der Lage, die charakteristischen Wellenmuster rings um Inseln wahrzunehmen oder typische Gerüche zu erkennen beziehungsweise auf das Geräusch brechender Wellen zu achten. Auf all diese Fragen haben wir noch keine Antworten.[15]

Luschi vergleicht die Schildkrötennavigation mit dem, was die Franzosen als *bricolage* bezeichnen – auf Ressourcen zurückgreifen, die man gerade zur Hand hat. Er geht davon aus, dass Schildkröten ganz opportunistisch den größtmöglichen Nutzen aus jeder brauchbaren Information ziehen, die ihnen zur Verfügung steht. Sie können vielleicht sogar beurteilen, welche der aktuell verfügbaren diversen Quellen höchstwahrscheinlich die verlässlichsten Informationen liefern. Aber eines ist inzwischen klar: Selbst wenn Schildkröten keine inneren Magnetfeldkarten haben, stützen sie sich bei ihrer Orientierung massiv auf magnetisch definierte Signale.

Verblüffende Krebstiere

Langusten unterscheiden sich so sehr von uns Menschen, dass sie genauso gut von einem anderen Planeten stammen könnten. Wie die Schildkröten existieren sie bereits seit sehr langer Zeit; ein versteinerter Vorfahr wurde gefunden, der 110 Millionen Jahre alt ist. Langusten besitzen zehn spinnenartige Beine und zwei lange Antennen. Die meisten Menschen würden wohl kaum Notiz von diesen Meerestieren nehmen, wenn sie nicht so schmackhaft wären. Durch diese für sie nachteilige Eigenschaft weckten die Langusten (wie ihre mit Scheren bewehrten Verwandten, die Krebse) die Aufmerksamkeit von Fischern, die sie in großer Zahl fangen. Kurioserweise zählen sie zu den besten Navigatoren im Tierreich.

Die Languste geht nachts auf Beutefang und legt auf der Jagd nach Venusmuscheln und Seeigeln recht große Entfernungen zurück, bevor sie sich wieder in ihre sichere Höhle zurückzieht. Sie unternimmt auch merkwürdige jährliche Wanderungen, die sie aus seichtem in tieferes Gewässer führt, um den Gefahren von Winterstürmen und Orkanen zu entgehen. Dabei bilden die Langusten lange Schlangen, wie Menschen bei der Polonaise, und krabbeln dicht hintereinander bis zu 200 Kilometer weit in einer geraden Linie vor sich hin, bei Tag und bei Nacht. Unsere begrenzte menschliche Wahrnehmung will uns weismachen, dass Langusten nicht besonders talentiert sind; dennoch gelingt es ihnen irgendwie, trotz der Unebenheiten des Meeres-

bodens und der häufig schlechten Sicht, einen konstanten Kurs beizubehalten – eine eindrucksvolle Navigationsleistung.

Während seines Masterstudiengangs in Florida hörte Ken Lohmann einen Vortrag über die Wanderung des Monarchfalters und die
Möglichkeit, dass dieser magnetische Signale nutzt, um seinen Kurs
zu bestimmen. Inspiriert durch diese Einblicke, versuchte er eine
Zeit lang herauszufinden, ob die Navigationsfähigkeiten der Languste ebenfalls etwas mit Magnetismus zu tun haben könnten. Er war
einer der ersten Wissenschaftler, die eine elektromagnetische Spule
verwendeten, um zu überprüfen, ob das Verhalten eines Tieres beeinflusst werden kann, indem man das umgebende Magnetfeld verändert.
Aber wie die meisten jungen Forscher stieß Lohmann auf Hürden.
Das erste Spulensystem, das er baute, ging in Flammen auf, als er die
Stromkreise überlastete. Selbst als er eine sichere Anlage konstruierte,
stellte es sich als schwierig heraus, ein konstantes Magnetfeld um die
eingesperrte Languste herum zu erzeugen; doch das war nötig, um
stimmige Ergebnisse zu erzielen.

Lohmanns Bestreben, der geheimnisvollen Navigation von Langusten auf den Grund zu gehen, führte ihn schließlich zu einem Gerät,
das als SQUID bezeichnet wird; die Abkürzung steht für Supercon-
ducting Quantum Interference Device – eine supraleitende Quanten-
interferenzeinheit. Mithilfe elektrischer Schaltkreise, die fast auf den
absoluten Nullpunkt gekühlt werden, können diese hochempfindli-
chen Magnetfeldsensoren extrem schwache Magnetfelder wahrnehmen. Lohmann zerstückelte nun Langusten und legte die Teile in
eine Kammer, die von einem Behälter mit flüssigem Helium umgeben
war. Er wollte herausfinden, ob die Tiere magnetisch aktives Gewebe
besaßen. Das konnte er schließlich nachweisen; ein großartiges Ergebnis, aber weiter kam er nicht. Nach seinem Masterabschluss machte er sich daran, die Meeresschnecke Tritonia zu erforschen.

Lohmann vergaß die Langusten jedoch nicht. Jahre später nahm
er seine Forschung zu ihren Navigationsfähigkeiten wieder auf, dies-

mal mit einfachen Versetzungsstudien. Er und sein Kollege Larry Boles fingen in den Florida Keys Langusten und transportierten diese per Boot an Orte, die bis zu 37 Kilometer entfernt waren. Während dieser Bootsfahrten saßen die Tiere in undurchsichtigen Plastikbehältern, die mit Wasser aus ihrem Stammrevier gefüllt waren, damit sie keine verräterischen Geruchssignale aufnehmen konnten. Und für den Fall, dass sie Koppelnavigation beherrschten, kurvte das Boot mehrfach im Kreis herum.

Bevor die Langusten ausgesetzt wurden, deckte Lohmann ihre Augen mit Plastikhauben ab. Dann band er die Tiere in einem Versuchsbassin fest, damit aufgezeichnet werden konnte, in welche Richtung sie sich bewegten. Das Ergebnis war erstaunlich. Die Langusten waren keineswegs verwirrt (uns Menschen würde es unter ähnlichen Umständen sicherlich anders gehen), sondern krabbelten zielsicher in eine Richtung, die eindeutig heimwärts führte. Ging man davon aus, dass sie auf dem Hinweg keinerlei brauchbare Informationen aufschnappen und am Freilassungsort keine Orientierungshilfen oder Signalmarken erkennen konnten, lag der Schluss nahe, dass sie irgendwie in der Lage waren, sowohl ihren Standort als auch den richtigen Kurs nach Hause zu bestimmen. Dies wäre ein Fall von Navigation mit Karte und Kompass: der Heilige Gral der Tiernavigationsforschung.

Lohmann hatte bereits nachgewiesen, dass Langusten einen Kompass-Sinn besitzen.[16] Es war also eindeutig möglich, dass die Tiere des beschriebenen Experiments ihre Fortbewegung auf der Hinfahrt mithilfe von magnetischer Information nachverfolgten. Daher wiederholte er den Versuch – diesmal mit einigen zusätzlichen Wendungen.

Die Langusten wurden nun mit Lastwagen an die Teststelle transportiert. Bei der Hälfte der Fahrten wurde der Behälter, in dem sich die Tiere befanden, mit Magneten ausgestattet; einige hingen an Schnüren, sodass sie umherbaumelten. Die Magnete störten das natürliche Feld, das die Langusten umgab, und verwehrten ihnen die Möglichkeit, den Hinweg anhand von magnetischen Anhaltspunkten nachzuverfolgen. Die andere Hälfte der Transporte erfolgte im selben Container, aber ohne Magnete. In beiden Fällen war der Container an Seilen aufgehängt, damit er frei schwingen konnte, während der Lastwagen auf der Fahrt zur Teststelle alle möglichen Drehungen und Kreise vollführte.

Auch bei diesem Test steuerten die Langusten geradewegs nach Hause – unabhängig davon, ob sie mit oder ohne Magneten befördert worden waren.

Der nächste Schritt war eine virtuelle Versetzungsstudie mit demselben Magnetspulensystem, das Lohmann früher bereits bei Schildkröten verwendet hatte. Physisch waren die Tiere nur über recht kurze Distanzen versetzt worden. Nun wurden die Langusten künstlich auf viel längere Reisen geschickt, nämlich 400 Kilometer weit nach Norden beziehungsweise Süden. Genau wie die heranwachsenden Schildkröten steuerten die Langusten grob nach Süden beziehungsweise Norden – so als wüssten sie, in welche Richtung sie sich bewegen mussten.

Diese außergewöhnlichen Ergebnisse deuteten nicht nur darauf hin, dass Langusten zur Navigation mit Karte und Kompass imstande sind; sie zeigten auch, dass geomagnetische Signale den Kern dieses Prozesses bilden. Wie das System genau funktioniert, ist weniger klar, doch womöglich beruht es auf einer Kombination aus Intensität und Inklination. Boles und Lohmann brachten es 2003 in ihrem bahnbrechenden Artikel in *Nature* folgendermaßen auf den Punkt: »Diese Ergebnisse liefern den bislang direktesten Beweis dafür, dass Tiere Magnetfeldkarten besitzen und nutzen.«[17] Diese Aussage hat bis heute Gültigkeit.

Der Lachs, die Schildkröte und die Languste bilden ein bunt gemischtes Trio – Fisch, Reptil und Gliederfüßer –, doch eben diese Verschiedenartigkeit ist aufschlussreich. Wenn Vertreter solch unterschiedlicher Tiergruppen imstande sind, das Erdmagnetfeld für komplexe Navigationsaufgaben zu nutzen, wäre es verwunderlich, wenn diese Anlage nicht weiter verbreitet wäre. Bislang ist nicht bekannt, ob die vielen verschiedenen Formen magnetgestützter Navigation in einer sehr frühen Phase der Entwicklung des Lebens auftraten und sich als so nützlich erwiesen, dass sie allgemein erhalten blieben, oder ob sie immer wieder »neu erfunden« wurden.

Joe Kirschvink, ein Geophysiker am California Institute of Technology, erregte jüngst Aufsehen, als er die ehemals in Verruf geratene Annahme, dass manche Menschen einen Magnetsinn besitzen, wieder aufgriff.

Propagiert worden war diese Theorie von dem britischen Forscher Robin Baker, der 1980 behauptete, dass Studenten, die mit verbundenen Augen in einem Kleinbus auf verschlungenen Routen durch die ländliche Umgebung von Manchester gefahren wurden, nach dem Aussteigen (relativ) verlässlich die korrekte Richtung nach Hause angeben konnten. In einem nachfolgenden Experiment hatten die Studenten entweder einen kleinen Stabmagneten oder einen ähnlich großen, nicht magnetischen Messingstab in ihren Augenbinden. Nun konnten nur diejenigen mit dem Messingstab den Weg nach Hause richtig anzeigen.[18] Baker deutete dies als überzeugenden Hinweis dafür, dass der Richtungssinn auf magnetisch definierten Informationen beruhte. Es überraschte nicht, dass seine Behauptungen große Aufmerksamkeit erregten.

Mehrfache Versuche, Bakers Ergebnisse zu wiederholen, blieben allerdings erfolglos, und so setzte sich der Konsens durch, dass die Studenten der ursprünglichen Studien Zugang zu irgendeiner nicht magnetisch definierten Richtungsinformation gehabt haben mussten. In einem besonders gründlichen Test wurden 103 australische Studenten mit OP-Overalls, Fäustlingen und Gesichtsmasken ausstaffiert; zudem deckte man ihre Ohren ab, tupfte ihnen Parfüm unter die Nasenlöcher und stülpte ihnen – als letzte Demütigung – einen Korb über den Kopf. Diese bedauernswerten Probanden deuteten am Ende ihrer Fahrten in beliebige Richtungen. Als der Versuch ohne die Behinderungen wiederholt wurde, konnten jedoch alle korrekt anzeigen, in welcher Richtung Norden lag.[19]

Kirschvink hatte zwar anfangs zu jenen gehört, die Bakers Erkenntnisse in Zweifel zogen, doch vor wenigen Jahren behauptete er selbst, Menschen könnten eine veränderte Ausrichtung eines Magnetfeldes wahrnehmen, auch wenn ihnen dies nicht bewusst sei. Er stützte sich auf Aufzeichnungen elektrischer Aktivität im Gehirn.

Ich war bei der Konferenz (im Jahr 2016) zugegen, auf der Kirschvink diese Erkenntnisse erstmals bekannt gab, und kann verbürgen, dass er auf Skepsis stieß, auch wenn niemand sein Fachwissen und seine Qualifikation infrage stellte. Seine Resultate wurden inzwischen offiziell veröffentlicht.[20] Wenn er recht hat, stehen wir vor einem neuen Rätsel. Vielleicht ist dieser unbewusste Sinn lediglich ein nutzloses Überbleibsel eines Instruments, das unsere fernen Vorfahren eingesetzt haben. Ein Magnetkompass dürfte für Jäger und Sammler zweifellos von unschätzbarem Wert gewesen sein. Warum also hätte die natürliche Selektion ihn ausmustern sollen? Vielleicht gibt es ein paar Glückspilze, die ihn nach wie vor nutzen – unwissentlich.

– – – –

Eines der rätselhaftesten aller Wandertiere ist der Europäische Aal. Diese außergewöhnlichen Fische weisen einen sehr komplexen Lebenszyklus auf; sie bewältigen nicht nur eine einzige, sondern insgesamt drei transozeanische Wanderungen. Ihre Bestände sind in den letzten Jahren allerdings deutlich zurückgegangen. Um sie zu erhalten, müssen wir ihr Wanderverhalten besser verstehen.

Das Leben der Aale beginnt in der Sargassosee, einem Meeresgebiet im Atlantik östlich von Florida. Die erste Aufgabe der frisch geschlüpften Larven (Leptocephali) besteht darin, in den Golfstrom zu schwimmen, der sie – wie die Karettschildkrötenbabys – durch den Nordatlantischen Wirbel trägt. Wenn sie den europäischen Festlandsockel erreichen, vor dem das Wasser viel seichter und weniger salzig ist, verwandeln sie sich in Glasaale und suchen sich einen Weg in die Ströme und Flüsse des Kontinents.

Es dauert etwa zwanzig Jahre, bis das ausgewachsene Tier, der sogenannte Gelbaal, fortpflanzungsfähig ist. Die Geschlechtsreife löst seine Rückkehr in die Laichgründe der Sargassosee aus, die rund 5000 Kilometer weit entfernt sind.

In einem neueren Experiment fing man Glasaale ein, nachdem sie den Fluss Severn in Wales aufgestiegen waren, und führte dann verschiedene magnetische Versetzungen mit ihnen durch. Wie sich zeigte, reagierten die Fische auf »feine Unterschiede in Bezug auf Magnetfeldintensität und Inklinationswinkel entlang ihrer Meereswanderroute«. Darüber hinaus tendierten sie offenbar dazu, in Richtungen zu schwimmen, die ihre Chancen erhöhten, vom Golfstrom erfasst zu werden – genau wie die frisch geschlüpften Karettschildkröten.[21]

Diese Studie hat allerdings einen entscheidenden Schwachpunkt: Sie berücksichtigt nicht, dass sich Glasaale deutlich von Leptocephali unterscheiden. Es ist daher unklar, ob diese Erkenntnisse auch für das Verhalten frisch geschlüpfter Aale weit draußen im Atlantik relevant sind.[22] Doch wenn Aale zu einem bestimmten Zeitpunkt in ihrem Leben auf unterschiedliche Konfigurationen des geomagnetischen Feldes reagieren, ist es wohl wahrscheinlich, dass sie sich am Magnetismus orientieren. Zu diesem Thema muss unbedingt weiter geforscht werden.

23. KAPITEL

Das große Rätsel des Magnetismus

D ie Suche nach den Sensoren, mit deren Hilfe Tiere das Erdmagnetfeld wahrnehmen können, hält die Forscher auf Trab. In den letzten zehn Jahren hat diese Herausforderung Wissenschaftler der verschiedensten Fachgebiete zusammengebracht – Quantenphysik, Chemie, Geophysik, Molekular- und Zellbiologie, Elektrophysiologie, Neuroanatomie und natürlich Verhaltensforschung –, doch vielleicht müssen noch weitere Disziplinen mitmischen. Ein Nobelpreis könnte jene belohnen, die irgendwann die Antworten finden.

Wenn Forscher von Navigation mittels Seh- beziehungsweise Hörvermögen, Geruchssinn oder Trägheit sprechen, haben sie eine ziemlich klare Vorstellung der sensorischen Mechanismen, die daran beteiligt sind. Sie wissen, wie Augen, Ohren und Nasen aussehen und funktionieren, wobei sich die verschiedenen Tiergruppen bezüglich der Feinheiten stark unterscheiden. Sturmtaucher und Mistkäfer nutzen beide ihre Augen, um zu sehen, aber sie nehmen unterschiedliche Dinge wahr. Ein Lachs kann im Wasser chemische Stoffe schmecken, die für einen Vogel oder einen Falter bedeutungslos wären. Und Fledermäuse vollbringen mit ihren Ohren Kunststücke, die unseres Wissens nur wenige andere Tiere schaffen. Bei einigen Spezies haben die Forscher ein klares Bild davon, wie die Signale der Sinnesorgane im zentralen Nervensystem verarbeitet werden – bis hin zu den Mustern, in denen einzelne Gehirnzellen feuern.

Wenn es jedoch um Navigation anhand von Geomagnetismus

geht, ist die Sachlage viel verworrener. Derzeit gibt es drei radikal unterschiedliche Theorien, von denen sich jede einzelne oder gar alle als richtig herausstellen könnten. Und es ist längst nicht auszuschließen, dass vielleicht ein vollkommen anderer, bislang ungeahnter Mechanismus im Spiel ist. Dieser Themenbereich ist so komplex und hochtechnisch, dass ich nur einen kurzen Überblick zum Stand der Dinge liefern kann.

Forscher, die herausfinden wollen, wie Tiere das Erdmagnetfeld wahrnehmen, stehen unter anderem vor dem Problem, dass der Magnetismus lebendes Gewebe leicht durchdringt. Das bedeutet, dass sich ein Magnetorezeptor [eine Sinneszelle, die magnetische Reize aufnimmt, Anm. d. Übers.] nicht etwa im Auge, in der Nase oder im Ohr befinden muss, sondern ebenso gut tief im Inneren des Tieres verortet sein könnte. Die Sinneszelle muss auch nicht besonders groß sein, zudem könnte sie auf mehrere Stellen verteilt sein, die weit auseinanderliegen – buchstäblich vom Kopf bis zum Schwanz. Möglicherweise ist überhaupt keine identifizierbare Struktur vorzufinden.

Die Suche nach Antworten ist jedoch nicht völlig aussichtslos. Wir wissen, wie magnetotaktische Bakterien auf Magnetfelder reagieren, und wir wissen auch, dass diese Lebewesen seit Urzeiten existieren. In ihrem Inneren befinden sich mikroskopisch kleine kristalline Ketten aus Magnetit, mit deren Hilfe sie sich vollkommen passiv an dem umgebenden Magnetfeld ausrichten können – wie die Nadel eines Kompasses. Wenn die Fähigkeit, das Erdmagnetfeld wahrzunehmen, ihre Überlebens- und Fortpflanzungschancen erhöht, wäre es möglich, dass viele oder vielleicht sogar die meisten Tiere einen auf Magnetit basierenden Mechanismus geerbt haben.[1] Wie aber würde dieser in einem mehrzelligen Organismus funktionieren?

Eine Anordnung mehrerer Millionen Zellen, die Magnetit enthalten, könnte durchaus dazu dienen, kleine Veränderungen der Intensität des Erdmagnetfeldes wahrzunehmen.[2] Es ist sehr schwer nachzuweisen, dass lebende Zellen Magnetit aufweisen, weil Ge-

webeproben extrem leicht verunreinigt werden können; selbst luft-
übertragene Partikel von Vulkanstaub bereiten mitunter Probleme.
Trotzdem wurden bei Insekten, Vögeln, Fischen und sogar beim
Menschen Magnetzellen gefunden.

Das häufige Vorkommen des kristallinen Minerals Magnetit deutet darauf hin, dass es eine wichtige Aufgabe hat. Honigbienen haben beispielsweise dauerhafte, auf Magnetit beruhende Magnete in
ihrem Hinterleib. Diese bilden sich heraus, wenn sich die Insekten
noch im Larvenstadium befinden, und übernehmen ihre Ausrichtung
vermutlich, wenn jede einzelne von ihnen in einer eigenen Zelle der
Puppe im rechten Winkel zur Oberfläche der Honigwabe angeord-
net wird. Honigbienen verfügen auch über Hunderte spezialisierter
Zellen in ihrem Oberbauch, die Tausende separater Magnetitkörner
bergen. Diese Zellen sind in eine Matrix eingebettet, die sich offenbar ausdehnt oder zusammenzieht, je nachdem, wie sich das umgebende Feld verändert. Einige Forscher gehen davon aus, dass dieser
Mechanismus den Bienen möglicherweise einen Inklinationskompass zur Verfügung stellt.[3]

Forellen können schnell lernen, dass sie mit Futter belohnt werden, wenn sie mit der Nase gegen ein Ziel unter Wasser stoßen, das
nur erkannt werden kann, indem eine geringfügige Veränderung der
Intensität des umgebenden Magnetfeldes wahrgenommen wird. Diese Fähigkeit beruht anscheinend auf Magnetitzellen in den Nasen
der Fische. Ähnliche Zellen finden sich auch beim Lachs. (Forellen
zeigen hingegen keine Reaktion auf Veränderungen der *Inklination*
des Feldes.) Und Haie, die lernen, magnetische Ziele zu erkennen
und sich ihnen zu nähern, scheinen sich nicht auf ihre wohlbekannte
elektrische Sensibilität zu verlassen, sondern auf ein separates, mag-
netempfindliches Organ.[4]

2007 wurde bekannt gegeben, dass sensible Nervenzellen in den
Schnäbeln von Tauben Magnetite und ein weiteres magnetisches Material enthalten.[5] Da der Trigeminus der einzige Nerv ist, der diesen

Körperteil der Taube versorgt, wurde angenommen, dass jedwede magnetische Information auf diesem Weg das Gehirn des Vogels erreicht. Die Theorie wurde durch die Tatsache bestätigt, dass Tauben, die auf die Wahrnehmung eines starken Magnetfeldes dressiert worden waren, dieses nicht mehr erkannten, wenn der Trigeminus durchtrennt war.[6] Einige Jahre später zeigte sich, dass bestimmte Areale im Gehirn des europäischen Rotkehlchens auf ein sich rasch veränderndes Magnetfeld reagierten; dieselben Hirnregionen waren jedoch in Abwesenheit eines Feldes inaktiv. Wurde der Trigeminusnerv durchtrennt, war die Aktivität dieser Hirnbereiche deutlich verringert.

Angesichts dieser Erkenntnisse erschien die Theorie, dass Magnetitpartikel in Vogelschnäbeln tatsächlich die Grundlage des Rezeptormechanismus bildeten, einigermaßen vielversprechend. 2012 wurde jedoch offengelegt, dass die in Taubenschnäbeln gefundenen vermeintlichen Magnetitpartikel falsch identifiziert worden waren. Es handelte sich um etwas vollkommen anderes, nämlich um Immunzellen, die als Makrophagen bezeichnet werden.[7] Und nicht nur diese Erkenntnis sorgte für Verwirrung. Etliche Vogelarten, die nachts wandern, kommen bestens zurecht, wenn ihr Trigeminusnerv durchtrennt ist[8], wohingegen Brieftauben ihren Geruchssinn benötigen, nicht aber ihren Trigeminus, um nach Hause zu finden.[9] Andererseits können Rohrsänger eine Versetzung um 1000 Kilometer nach Osten (siehe S. 224) nicht ausgleichen, wenn der Augenast ihres Trigeminusnervs durchtrennt ist.[10] Darüber hinaus stören starke magnetische Impulse, die einen magnetitbasierten Rezeptor durcheinanderbringen würden, tatsächlich die Orientierung erwachsener (nicht aber heranwachsender) Singvögel, die nachts wandern.[11]

Laut Henrik Mouritsen besteht »die wahrscheinlichste Funktion des mit dem Trigeminusnerv verknüpften Magnetsinns« darin, große Veränderungen in der Intensität beziehungsweise Inklination eines Magnetfelds wahrzunehmen, damit der Vogel seine *ungefähre* Position bestimmen kann. Wie das genau funktioniert, ist nach wie vor unklar.[12] Ein neueres Experiment deutet darauf hin, dass ein *Gravitationssensor* im Ohr des Vogels (die sogenannte Lagena) bei der Magnetorezeption möglicherweise ebenfalls eine Rolle spielt.[13] Die Sachlage ist daher sehr undeutlich, und wenn Ihnen der Kopf schwirrt, habe ich dafür größtes Verständnis.

Über die Rolle des Magnetits herrscht zwar nach wie vor große Unklarheit, doch zum Kompass-Sinn bildet sich allmählich ein Konsens heraus.

Seit vielen Jahren ist bekannt, dass die Fähigkeit von Molchen und Vögeln, einen Magnetkompass zu verwenden, von Licht abhängt. Bereits 1978 wies Klaus Schulten darauf hin, dass chemische Reaktionen in lichtempfindlichen Molekülen im Zentrum dieses Prozesses stehen könnten.[14] Im Jahr 2000 wurde ein spezifisches Molekül genannt, in dem diese Reaktionen stattfinden könnten: Cryptochrom. Beinahe über Nacht fand diese neue Theorie ernsthafte Beachtung.

Cryptochrom-Moleküle kommen in vielen Pflanzen und Tieren vor; sie sind an der Steuerung des Wachstums und der inneren Uhr beteiligt. Die Hypothese eines vermeintlichen »lichtabhängigen Kompasses« stützt sich auf die Produktion »radikaler Paare« von Elektronen innerhalb dieser Moleküle, wenn sie durch Licht stimuliert werden.[15]

Den Kern dieser Theorie bildet die Annahme, dass sich die radikalen Paare unterschiedlich verhalten, je nachdem, wie die Moleküle, zu denen sie gehören, im Verhältnis zum Erdmagnetfeld ausgerichtet sind. Die äußerst subtilen subatomaren Prozesse, die sich daraus ergeben, führen wiederum zu einer Reihe weiterer Ereignisse – einer »Signalkaskade«, die schließlich das Feuern eines Nervensignals auslöst. Treten genügend solcher Ereignisse auf, kann das Tier den Zustand des umgebenden Magnetfelds wahrnehmen.

Es mag sonderbar erscheinen, dass die vielen Vögel, die nachts wandern – wie etwa Rotkehlchen –, einen lichtabhängigen Kompass benutzen, doch der Cryptochrom-Mechanismus funktioniert wohl auch bei sehr geringer Lichtstärke. Cryptochrome kommen in den Augen von Vögeln vor, und wenn sich die Theorie der radikalen Paare als richtig herausstellt, wäre es möglich, dass sich die Gestalt des Erdmagnetfeldes über das normale Gesichtsfeld des Vogels legt – vergleichbar mit der Blickfeldanzeige eines Piloten. Die Vögel sind vielleicht sogar imstande, die Form des sie umgebenden Magnetfeldes zu *sehen*.

Cluster N

Einer der führenden Experten, die der Hypothese der radikalen Paare nachgehen, ist der Chemieprofessor Peter Hore von der University of Oxford. Er arbeitet seit einigen Jahren mit Henrik Mouritsen zusammen, und ihre jeweiligen Kompetenzen ergänzen sich ideal: Mouritsen kennt sich mit den verhaltensbedingten und neurophysiologischen Aspekten der Tiernavigation aus, während der Chemiker Hore bestens über die Eigenschaften der Radikalpaar-Reaktionen Bescheid weiß.

Hore arbeitet in einem gemütlichen Labor auf dem begrünten Campus von North Oxford, umgeben von überquellenden Bücherregalen und Papierstapeln. Er ist freundlich, bescheiden und wählt seine Worte mit Bedacht. Er hat seine gesamte Laufbahn der Chemie der radikalen Paare gewidmet und versteht so gut wie kein anderer, wie diese Elektronen einen biologischen Kompassmechanismus unterstützen könnten (oder auch nicht).

Es ist ein Zeichen für das Interesse, das die Radikalpaar-Hypothese erregt hat, dass sich die Defence Advanced Research Projects Agency (DARPA) – ein mächtiger, aber etwas undurchsichtiger Zweig der US-Regierung – vor ein paar Jahren mit dem Angebot an

Hore wandte, seine Arbeit zu unterstützen. In der DARPA geht man ganz klar davon aus, dass radikale Paare eines Tages mehr als nur einen Einblick in die Orientierung von Tieren eröffnen werden. Sie sind vielleicht sogar für die Entwicklung effektiver Quantencomputer relevant, deren Leistungen prinzipiell weit über die von derzeitigen Rechnern hinausgehen könnten. Hore ließ sich nicht zweimal bitten und reichte gemeinsam mit Mouritsen einen Projektantrag ein, für den sofort umfangreiche Mittel bewilligt wurden.

Das Interesse an dem Thema ist zwar schnell gewachsen, doch bisher konnten nur wenige Fortschritte verzeichnet werden, da die Forscher vor vielen praktischen und theoretischen Problemen stehen. Hore zufolge dürfte sich dies nicht so schnell ändern; allerdings hofft er, zu gegebener Zeit und in Zusammenarbeit mit anderen Forschern ein »Killerexperiment« entwickeln zu können, mit dem sich die Cryptochrom-Hypothese schlagkräftig widerlegen oder aber beweisen ließe.

Mouritsen sieht die Aussichten auf einen raschen Erfolg ebenso skeptisch wie Hore. Er arbeitet darauf hin, ein »Bouquet von Beweisen« aus vielen unterschiedlichen Quellen zusammenzutragen:

Um diesen Magnetsinn begreifen zu können, muss man alle Ebenen verstehen, vom Spin [Eigendrehimpuls, Anm. d. Übers.] eines einzelnen Elektrons bis hin zum frei fliegenden Vogel – und genau das fasziniert mich.

Mouritsen hat eine Region im Gehirn von Vögeln entdeckt, die als »Cluster N« bezeichnet wird und Informationen von den Augen empfängt. Cluster N ist der einzige Teil des Gehirns, der hochaktiv ist, wenn sich der Vogel in einem Magnetfeld orientiert. Noch aufschlussreicher ist die Tatsache, dass der Vogel bei ausgeschaltetem Cluster N seinen Kompass-Sinn verliert, aber weiterhin fähig ist, seinen Gestirns- und Sonnenkompass zu nutzen.[16] Diese Erkenntnisse sprechen stark dafür, dass die primären Magnetkompass-Sensoren im Auge des Vogels angesiedelt sind (und nicht im Schnabel).

Die Forschung an genetisch veränderten Insekten liefert inzwischen ebenfalls einige Antworten. Es wurde nachgewiesen, dass Cryptochrome eine wichtige Rolle bei der Wahrnehmung von Magnetfeldern durch Fruchtfliegen spielen.[17] Und wenn ein Cryptochrom, das dem von Säugetieren ähnelt, künstlich in den Augen von Kakerlaken erzeugt wird, können diese Tiere dazu gebracht werden, ihren Kurs zu ändern, indem man sie einem rotierenden Magnetfeld aussetzt.[18]

Die meisten wichtigen Experimente zur Magnetorezeption bei Wirbeltieren stützen sich auf eingefangene Vögel in Emlen-Trichtern. Wie bereits erwähnt, stören sich daran einige Forscher – wie etwa Anna Gagliardo –, die lieber mit frei fliegenden Vögeln arbeiten (siehe S. 230). Mouritsen räumt ein, dass es im Prinzip gut wäre, Experimente mit frei fliegenden Vögeln durchzuführen, doch er weist darauf hin, dass außerhalb des Labors zahlreiche Variablen auftreten, die schwer zu kontrollieren sind. Es könnte jedoch schon bald möglich sein, die von Nachum Ulanovsky entwickelten Techniken zur Aufzeichnung von Signalen einzelner Zellen in den Gehirnen fliegender Fledermäuse (siehe S. 294) auch auf Vögel auszuweiten. In dem Fall dürften wir uns sicher auf einige aufregende Entwicklungen freuen.

An der magnetgestützten Navigation ist womöglich noch ein weiterer Mechanismus beteiligt – die elektromagnetische Induktion. Viguier erörterte diese Möglichkeit bereits 1882, doch sie zog in den letzten Jahren nicht annähernd so viel Aufmerksamkeit auf sich wie die Hypothesen um Magnetit und Cryptochrom. Das zugrunde liegende Prinzip, das auch bei einem (magnetohydrodynamischen) Dynamo wirkt, besteht darin, dass ein elektrischer Strom in einem Leiter induziert wird, wenn sich dieser durch ein Magnetfeld bewegt.

Die elektromagnetische Induktion ist im Grunde der Prozess, auf den wir bei unserer Stromversorgung angewiesen sind.

Es ist bekannt, dass einige Fische, darunter Haie und Rochen, sehr schwache elektromagnetische Signale wahrnehmen können und diese für die Ortung ihrer Beute verwenden. Dabei nutzen sie lange, gallertgefüllte Kanäle, die nach dem italienischen Anatom, der sie im 17. Jahrhundert entdeckte, als »Lorenzinische Ampullen« bezeichnet werden. Diese Sinnesorgane liegen unter der Haut am Kopf und sind mit dem Nervensystem im Inneren der Fische verbunden.

Lange Zeit glaubte man, elektromagnetische Induktion funktioniere nur, wenn das Tier von einem Medium umgeben ist, in dem ein Schaltkreis geschlossen werden kann. Im Gegensatz zu Wasser ist Luft ein schlechter elektrischer Leiter, doch ein Landtier könnte dieses Problem bewältigen, wenn der gesamte elektromagnetische Schaltkreis *innerhalb* seines Körpers eingeschlossen wäre. Und tatsächlich sind die halbkreisförmigen Kanäle im Innenohr eines Vogels mit einer hochgradig leitfähigen Flüssigkeit gefüllt, die genau diesen Zweck erfüllen könnte.[19]

Die jüngste Entdeckung einer Struktur mit Partikeln eines magnetischen Minerals in den Haarzellen im Innenohr eines Vogels hat der Hypothese einer elektromagnetischen Induktion Auftrieb gegeben.[20] Man geht davon aus, dass ein elektrischer Strom in der Flüssigkeit induziert werden kann, die im Inneren dieser Organe zirkuliert, und dass die Haarzellen diesen registrieren können.

Bezüglich der elektromagnetischen Induktion herrscht weit mehr Unklarheit als bei den anderen beiden Hypothesen, doch vielleicht lohnt sich eine eingehendere Prüfung.[21]

– – – –

Blauflossen-Thunfische gehören zu den stärksten und schnellsten Schwimmern in den Meeren; sie können sich fast genauso schnell durch die Wellen bewegen wie ein Gepard an Land. Die Art und Weise, wie sie den Pazifik und den Atlantik zwischen ihren Brut- und Futtergebieten durchkreuzen, ist höchst vorhersehbar.[22] Sie sind sicherlich sehr geschickte Navigatoren und nutzen womöglich den Magnetismus.

In der Morgen- und Abenddämmerung vollführen die Blauflossen-Thunfische ein merkwürdiges Manöver, das als »spike dive« bezeichnet wird: Sie schießen in einem steilen Winkel in die Tiefe und steigen kurz danach wieder auf. Diese Steiltauchgänge erfolgen etwa dreißig Minuten vor Sonnenaufgang beziehungsweise nach Sonnenuntergang, wenn die Sonne ungefähr sechs Grad unter dem Horizont steht.[23]

Kurioserweise befindet sich ein durchsichtiges Fenster auf der Stirn des Blauflossen-Thunfischs, genau zwischen den Augen. Von diesem Bullauge führt eine hohle Röhre zum Gehirn des Fisches, durch die Licht zu fotosensitiven Zellen auf der Oberfläche der ungewöhnlich stark entwickelten Zirbeldrüse gelangt. Während des Aufstiegs von einem Steiltauchgang zeigt die Röhre senkrecht nach oben.

Es ist denkbar, dass die Fische die Polarisationsmuster am Dämmerungshimmel nutzen, um ihren Magnetkompass zu kalibrieren. Und während der tieferen Stadien ihres Tauchgangs (die bis zu 600 Meter hinabführen) können sie die Intensität des Magnetfeldes auf dem Meeresboden vielleicht mit größerer Präzision messen, als es näher an der Oberfläche möglich wäre. Dieser Prozess könnte für die Verwendung einer Magnetfeldkarte maßgeblich sein.

Auch von anderen Vertretern der Thunfischfamilie ist bekannt, dass sie auf Magnetfelder reagieren.[24] Daher besteht Grund zur Annahme, dass der Geomagnetismus bei der Navigation der Blauflossen-Thunfische eine Rolle spielt.

24. KAPITEL

Die Seepferdchen in unseren Köpfen

R atten spielen in der Tiernavigationsforschung eine noch größere Rolle als Tauben, Bienen oder Ameisen. Sie sind leicht zu halten und leisten keinen (allzu großen) Widerstand; noch wichtiger ist jedoch, dass sie zu den Säugetieren zählen und dem Menschen daher viel ähnlicher sind als Vögel oder Insekten. Das macht sie zu einem ausgesprochen reizvollen Forschungsgegenstand.

Dank Zehntausender Experimente, in denen Ratten darauf abgerichtet wurden, sich in geschickt konstruierten Labyrinthen zurechtzufinden, wissen wir, dass sie sich – wie wir Menschen – sehr stark auf unterschiedlichste Orientierungspunkte verlassen. Es scheint also nicht nötig zu sein, irgendwelche höheren kognitiven Prozesse ins Feld zu führen, um ihr Navigationsverhalten zu erklären – ganz zu schweigen von inneren Landkarten. Oder vielleicht doch?

In der ersten Hälfte des 20. Jahrhunderts hielten Vertreter der vorherrschenden behavioristischen Psychologie beharrlich an der Theorie fest, dass sämtliches erlerntes Verhalten nach dem sogenannten Reiz-Reaktions-Modell erklärt werden könne. Fairerweise muss man sagen, dass die Reiz-Reaktions-Theorie tatsächlich vieles von dem verständlich macht, was Tiere in einer Laboranordnung zu tun lernen. Doch der doktrinäre Behaviorismus ist längst in Ungnade gefallen. Heutzutage würde kein Wissenschaftler ausschließen, dass Tiere über komplexe mentale oder sogar emotionale Leben verfügen. Der berühmte Primatenforscher Frans de Waal formulierte seine Meinung dazu:

Indem der Behaviorismus sämtliches Verhalten auf Erden einem einzigen Lernmechanismus zuschrieb, beschwor er seinen eigenen Niedergang herauf. Seine dogmatische Zuspitzung machte aus ihm eher eine Religion als eine wissenschaftliche Methode.[1]

Selbst in der Hochphase des Behaviorismus wagten es einige aufgeschlossene Psychologen, die starre Lehrmeinung infrage zu stellen. Edward Tolman (1886–1959) von der University of California in Berkeley war einer von ihnen. In einem berühmten Aufsatz, der 1948 erschien, traute er sich, Zweifel an der Eignung der Reiz-Reaktions-Theorie für Tiernavigationsstudien zu äußern:

> Das Lernen besteht für [die Behavioristen] in der Stärkung einiger dieser Verbindungen und in der Schwächung anderer. Der »Reiz-Reaktion«-Schule zufolge reagiert die Ratte, die sich durch ein Labyrinth vorwärtsbewegt, wehrlos auf eine Folge äußerer Reize – Bilder, Geräusche, Gerüche, Druck usw. –, die auf ihre äußeren Sinnesorgane einwirken, sowie innerer Reize, die von den inneren Organen und den Skelettmuskeln herrühren. Diese äußeren und inneren Reize verursachen das Gehen, Rennen, Drehen, Umkehren, Schnuppern, Aufrichten und ähnliches Verhalten, das sichtbar wird. Gemäß dieser Sichtweise kann das zentrale Nervensystem der Ratte mit einer komplizierten Telefonzentrale verglichen werden.[2]

Tolman erschien diese schablonenhafte Darstellung jedoch hoffnungslos unzulänglich. Er machte eine entscheidende Beobachtung: Ratten konnten Abkürzungen nutzen, um Ziele zu finden, die sie zuvor nur über längere, indirekte Routen zu erreichen gelernt hatten. Die Tiere waren sogar in der Lage, bei einem versperrten antrainierten Pfad Umwege zu machen. Wie war das möglich? Tolman kam es so vor, als tüftelten die Ratten irgendwie aus, wo das Ziel im Raum positioniert war, anstatt nur blind einer festen, streng nach dem Reiz-Reaktions-Modell angelegten Route zu folgen. Mit anderen Worten: Sie schienen sich einer Form der allozentrischen Navigation zu bedienen.

Aus weiteren eigenen Experimenten und Versuchen von Kollegen schloss Tolman, dass Ratten ihre Umgebung spontan erkunden und dabei kognitive Landkarten erstellen, auf denen alle für sie wichtigen Orte und Gegenstände verzeichnet sind. Wie vorherzusehen war, irritierte diese These die Hardliner; mit einer Findigkeit, die an mittelalterliche Theologen erinnerte, versuchten sie, Tolmans Ergebnisse rein behavioristisch wegzuerklären.

Tolman war nicht der erste namhafte Forscher, der in Betracht zog, dass Tiere womöglich innere Landkarten nutzen. In den 1920er-Jahren veröffentlichte ein führender deutscher Psychologe namens Wolfgang Köhler einige rätselhafte Beobachtungen, die er gemacht hatte, als er sich während des Ersten Weltkriegs mit seinem Hund auf den Kanarischen Inseln versteckt hielt.[3]

Als Köhler ein Stück Fleisch aus dem Fenster warf und dieses zumachte, blieb der Hund davor stehen, kratzte an der Scheibe und sah den Happen sehnsüchtig an. Nicht unbedingt clever, könnte man meinen. Doch als Köhler auch die Fensterläden schloss und dadurch dem Hund die Sicht auf das Futter versperrte, lief das Tier zur Tür hinaus und um das Haus herum, um das Fleisch zu finden.

Nachdem der übermächtige visuelle Bann des Fleischstücks gebrochen war, schien der Hund innezuhalten, um nachzudenken und sich den Grundriss von Haus und Garten vor Augen zu führen. Mithilfe dieser Information konnte er dann einen indirekten Weg zu seinem Ziel finden; für das Befolgen dieser Route war er noch nie belohnt worden. Diese Beobachtung ließ sich nicht so ohne Weiteres behavioristisch erklären. Es sah ganz danach aus, als würde der Hund eine Art mentale Karte benutzen.

Der Begriff »kognitive Landkarte« ist zwar ein bequemes Kürzel, sollte jedoch mit Vorsicht verwendet werden. Ratten und Hunde haben natürlich keine Landkarten im buchstäblichen Sinne in ihren Köpfen – ebenso wenig wie wir Menschen. Sie sind sicherlich nicht von Geburt an mit ihnen ausgestattet und halten auch nicht inne, um sie zurate zu ziehen, wenn sie wissen wollen, wo sie sind. Tolman gebrauchte den Begriff metaphorisch und meinte, das Gehirn der Ratte sei vielleicht in der Lage, geografische Information in einer Art Code abzuspeichern; dabei könnte ihm durchaus der kurz zuvor erfundene Digitalrechner in den Sinn gekommen sein.

Eine kognitive Landkarte stellt man sich am besten als *Prozess* vor und nicht als Objekt. Er entsteht aus den vereinten Aktivitäten der Sinnesorgane und des zentralen Nervensystems der Ratte. Dass es diesen Prozess gibt, kann nur aus dem Verhalten eines Tieres geschlossen werden – und solche Schlüsse mit einiger Bestimmtheit zu ziehen, ist schwer.

Weil weder Tolman noch irgendein anderer Forscher in den 1940er-Jahren über die nötigen Instrumente verfügte, um zu untersuchen, was in den Gehirnen von Ratten tatsächlich vor sich ging, konnte unmöglich nachgewiesen werden, dass diese (oder irgendwelche anderen) Tiere tatsächlich kognitive Landkarten nutzten. Doch Tolmans Ideen wurden dank der Entwicklungen in der Psychologie während der 1950er-Jahre allmählich akzeptiert. Der Behaviorismus verlor langsam an Bedeutung, und Experimentalpsychologen beschäftigten sich mit tiefgründigen – und bislang weitgehend ausgeklammerten – Fragen; zum Beispiel, wie Tiere und Menschen ihre Umwelt wahrnehmen und praktische Probleme lösen.

Es wurde deutlich, dass Standard-Lernmodelle nach dem Reiz-Reaktions-Prinzip nicht immer plausible Antworten lieferten – was Tolman bereits bezüglich der Ratten im Labyrinth festgestellt hatte. Der große amerikanische Experimentalpsychologe George Miller brachte es folgendermaßen auf den Punkt: »In den Fünfzigerjahren wurde zunehmend klar, dass Verhalten lediglich das Befundmaterial, nicht aber der Sachgegenstand der Psychologie ist.«[4]

Etwa zur selben Zeit führten bahnbrechende technische Entwicklungen zur Entstehung einer ganz neuen Disziplin: der kognitiven Neurowissenschaft. Mikroskopisch dünne Drahtelektroden, die in die Gehirne lebender Tiere eingeführt wurden, ermöglichten Aufzeichnungen der winzigen, nur ein paar zehntausendstel Volt starken elektrischen Signale, die von einzelnen Nervenzellen (Neuronen) erzeugt wurden. Indem Wissenschaftler geduldig Tausende solcher Aufzeichnungen machten, entstand allmählich ein zusammenhängendes Bild davon, wie das Gehirn eines Tieres die Signale verarbeitet, die von den Augen durch die Sehnerven weitergeleitet werden.

Forscher wiesen nach, dass Neuronen in verschiedenen Teilen der Sehrinde darauf abgestimmt sind, auf unterschiedliche Reize zu reagieren. Einige Nervenzellen feuerten beispielsweise nur, wenn dem Tier dunkle Balken vor einem hellen Hintergrund gezeigt wurden, andere dagegen lediglich bei schmalen Lichtspalten vor dunklem Hintergrund.[5] Endlich konnte in allen Einzelheiten festgehalten werden, was bestimmte Regionen des Gehirns tatsächlich leisteten.

In den 1950er-Jahren wurden zur Behandlung sowohl schwerer Psychosen als auch der Epilepsie häufig Teile des Gehirns entfernt. Diese drastischen Maßnahmen hatten natürlich oft unerwartete Folgen.

Ein junger kanadischer Epilepsie-Patient namens Henry Molaison – lange Zeit nur unter seinen Initialen »H. M.« bekannt – war »durch seine Anfälle vollkommen eingeschränkt« und reagierte nicht einmal auf die stärksten Medikamente. Als letzten Ausweg beschlossen seine Ärzte mit seiner Zustimmung, eine »offen gestanden experimentelle« Operation durchzuführen, bei der große Bereiche seiner beiden Schläfenlappen herausgeschnitten wurden – einschließlich beider Teile seines Hippocampus.[6]

Diese Hirnstruktur, deren Form an ein Seepferdchen erinnert, wurde von Anatomen des 19. Jahrhunderts so benannt. Die lateinische Bezeichnung leitet sich vom Namen eines Fabelwesens aus der griechischen Mythologie ab, teils Pferd (griechisch *hippos*), teils Fisch beziehungsweise Seeungeheuer (griechisch *kampos*). Weil das Gehirn aus zwei Hälften (Hemisphären) besteht, die einander stark ähneln, gibt es im Grunde zwei Hippocampi – einen auf jeder Seite.

Molaisons »Verstehen und Denken« blieben von der Operation zwar unberührt, und seine epileptischen Anfälle wurden schwächer, doch der Eingriff hatte »eine auffällige und vollkommen unerwartete Folge«: Sein Gedächtnis wurde drastisch beeinträchtigt. Molaison erkannte weder das Krankenhauspersonal, noch fand er den Weg zur Toilette.

Als seine Familie umzog, war er nicht in der Lage, sich die neue Adresse zu merken und nach Hause zu finden; er wusste allerdings noch, wie er zu seinem alten Haus kam. Molaison konnte sich nicht einmal erinnern, wo sich Gegenstände befanden, die er täglich benutzte, und verbrachte Stunden damit, immer wieder dieselben Puzzles zusammenzusetzen. Sein Gedächtnisverlust war lähmend und unaufhaltsam, und es gab keine Aussicht auf Besserung.[7]

Der Fall Henry Molaison ist berühmt, weil er einige wichtige Dinge offenbarte. Er lieferte den ersten handfesten Beweis dafür, dass der Hippocampus eine wichtige Rolle für das Gedächtnis spielt; und es wurde klar, dass unsere Orientierungsfähigkeit von einem intakten Hippocampus abhängig ist. Molaisons trauriges Schicksal initiierte ein Forschungsprogramm, das zu bedeutenden Fortschritten in unserem Verständnis der neuronalen Grundlagen der Orientierung, ja sogar der Kognition selbst führte.

Der Hippocampus liegt tief im Inneren des Gehirns. Anders als die Sehrinde ist er weit entfernt von jedweden direkten Reizeinströmungen. In den 1960er-Jahren bezweifelten die meisten Fachleute, dass Signalaufzeichnungen von einzelnen Zellen innerhalb dieser Struktur irgendetwas Verständliches offenbaren würden, ganz zu schweigen davon, dass sie deutlich machen könnten, wie räumliche Erinnerungen gebildet werden.

Trotzdem regte der Fall Henry Molaison viele Forscher zu neuen Überlegungen an. So beschloss etwa der Neurowissenschaftler John O'Keefe (der inzwischen am Sainsbury Wellcome Centre for Neural Circuits and Behaviour in London tätig ist), unter Mitwirkung seines Studenten Jonathan Dostrovsky (mittlerweile an der University of Toronto), zu ergründen, was sich im Hippocampus der Ratte abspielt.

Orientierungshirnzellen

Zu Beginn der 1970er-Jahre machte sich O'Keefes Mut bezahlt: Er gab die Entdeckung einzelner Hirnzellen bekannt, die etwas Ungewöhnliches leisteten – etwas, das noch nie zuvor beobachtet worden war. Jede dieser Zellen feuerte nur, wenn die Ratte an einer bestimmten Stelle innerhalb des Käfigs saß, den sie erkundete.[8] Oder anders gesagt: Jede aufgesuchte Stelle löste das Feuern einer besonderen Zelle oder Zellgruppe im Hippocampus der Ratte aus. O'Keefe konnte sogar genau feststellen, wo sich das Tier befand, indem er einfach die Muster der elektrischen Aktivität innerhalb der Zellen betrachtete.

Es war natürlich möglich, dass die neu entdeckten Zellen in Reaktion auf etwas anderes feuerten, aber nichts, was die Tiere sehen, riechen oder hören konnten, hatte irgendeinen Einfluss darauf, wie die Zellen sich verhielten. Im Grunde schienen die Zellen nur die räumlichen Eigenschaften der Rattenwelt zu kodieren, weshalb O'Keefe sie als *Ortszellen* bezeichnete. Ihre Entdeckung war revolutionär.

Im Jahr 1978 behaupteten O'Keefe und Lynn Nadel in einem gemeinsamen Buch, dass Ortszellen Teil eines allozentrischen Navigationssystems seien, mit dessen Hilfe die Ratte die Positionen von Orientierungspunkten und Zielen erfassen und wieder abrufen könne. Anders gesagt: Die Neuronen im Hippocampus *kartierten* die Umgebung des Tieres. Dies, so argumentierten die beiden Autoren, bilde die organische Grundlage der kognitiven Karte Tolmans.[9] Für die damalige Zeit war das eine kühne Behauptung; und sie beschwor natürlich den Zorn der Behavioristen herauf. Die behavioristischen Hardliner sträubten sich massiv gegen diese Funktionsbeschreibung des Hippocampus, vor allem, weil sie die Ansichten ihres alten Gegenspielers Tolman zu bestätigen schien.

Wie sich herausstellte, waren die Ortszellen jedoch nur die erste Stufe einer außergewöhnlichen Reihe von Entdeckungen, die im Lauf der letzten fünfzig Jahre das wissenschaftliche Verständnis der neuronalen Basis der Orientierung – zumindest bei Säugetieren – grundsätzlich verändert haben. Inzwischen ist klar, dass viele unterschiedliche Teile des Säugetiergehirns auf die räumlichen Eigenschaften des jeweiligen Lebensraums reagieren und dass erfolgreiche Orientierung nicht ausschließlich vom Hippocampus abhängt. Das Gesamtbild ist also immer spannender – und auch komplexer – geworden.

In den 1980er-Jahren entdeckte man eine weitere Gruppe von Zellen in der Gehirnregion direkt neben dem Hippocampus, die als Präsubiculum bezeichnet wird. Diese Neuronen feuerten nur, wenn die Ratte in eine bestimmte Richtung gewandt war, und wurden entsprechend als *Kopfrichtungszellen* bezeichnet. Sie reagierten auf genau dieselbe Weise, unabhängig davon, wo das Tier war, was es sehen, hören oder riechen konnte und ob es sich bewegte oder nicht. Sie waren sogar in vollkommener Dunkelheit aktiv, und ihre Feuerungsmuster blieben über lange Zeiträume konstant. Hier hatte man es also mit einer Gruppe von Zellen zu tun, die sich wie ein Kompass verhielten; ihre Aktivität wurde jedoch nicht vom Erdmagnetfeld beeinflusst.

In jüngerer Zeit machten Marianne Fyhn und Torkel Hafting, zwei Nachwuchsforscher an der University of Science and Technology im norwegischen Trondheim, eine noch erstaunlichere Entdeckung. Unter der Aufsicht des Forscherehepaars May-Britt und Edvard Moser untersuchten sie Zellen im sogenannten entorhinalen Cortex, der den Hippocampus mit anderen Hirnregionen verbindet. Die beiden

Wissenschaftler fanden Zellen, die sich wie Ortszellen verhielten, allerdings mit einem großen Unterschied: Anstatt zu feuern, wenn sich die Ratte an einem bestimmten Ort aufhielt, feuerte jede einzelne dieser Zellen an *vielen verschiedenen* Positionen.

Dieser Vorgang war zunächst rätselhaft, doch als die Forscher die Größe des Raumes ausdehnten, den die Ratte erkunden durfte, trat ein ungewöhnliches Muster auf. Nun war klar, dass die neuen Zellen an einer regelmäßigen Reihe von Positionen feuerten, die ein gleichmäßiges Gitter über den gesamten Raum bildeten, den die Ratte einnahm. Diese sogenannten *Gitterzellen* schienen rein räumliche Eigenschaften des Umfelds der Ratte aufzuzeichnen. Es war so, als legte die Ratte ein normiertes Gittermuster über ihre Umgebung, ähnlich wie ein Vermesser oder Kartograf. Die Wissenschaftler fanden auch Kopfrichtungszellen im entorhinalen Cortex. Einige davon bildeten ebenfalls ein Gitter, waren aber nur aktiv, wenn die Ratte eine besondere Stelle aufsuchte und in eine bestimmte Richtung gewandt war.[10]

Im Jahr 2008 machte das Team um das Forscherpaar Moser eine weitere Entdeckung: Zellen im entorhinalen Cortex, die nur feuerten,

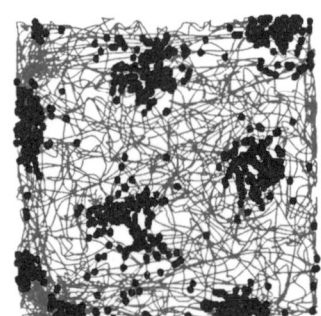

Die Feuerungsmuster in einer einzigen Gitterzelle einer Ratte, die ein kleines quadratisches Feld erkundet.
Die grauen Linien zeigen den Pfad an, den die Ratte einschlägt; die schwarzen Flecken stehen für die Spitzen der elektrischen Aktivität während ihres Erkundungsgangs

wenn sich die Ratte (oder Maus) an der Begrenzung ihres Käfigs befand. Diese wurden daher als *Grenzzellen* bezeichnet. 2015 stießen die Mosers auf andere Zellen, die nur auf die Laufgeschwindigkeit der Ratte reagierten und immer häufiger feuerten, je schneller das Tier rannte; im Grunde funktionierten sie wie ein Tachometer. Die bereits lange Liste spezialisierter Zellen, die an der Orientierung mitwirken, wird immer länger.[11]

Diese erstaunlichen Durchbrüche wurden 2014 mit einem Nobelpreis gewürdigt, den sich die Mosers und O'Keefe teilten.[12]

Ähnliche spezialisierte Orientierungszellen wurden inzwischen in den Gehirnen von Mäusen, Affen, Fledermäusen und Menschen nachgewiesen. Signale, die direkt von einzelnen Zellen im menschlichen Gehirn kommen, lassen sich nur aufzeichnen, wenn zu medizinischen Zwecken Elektroden eingesetzt werden, doch hoch entwickelte Bildgebungsverfahren ermöglichen es den Forschern inzwischen, auch ohne chirurgische Eingriffe vergleichbare Ergebnisse zu erzielen. Die Bedeutung des Hippocampus für die Orientierung von Tauben ist ebenfalls erwiesen, und auch wenn sich der Hirnaufbau der Taube deutlich von dem der Ratte unterscheidet, sind auch hier spezialisierte Orientierungszellen anzutreffen.[13]

Trotzdem sind immer noch viele Fragen unbeantwortet. Ortszellen, Gitterzellen und Kopfrichtungszellen mögen zwar die Grundlage für eine Navigation mit Karte und Kompass bilden, doch es genügt nicht, zu wissen, wo man sich befindet und in welche Richtung man gehen will. Man muss auch in der Lage sein, eine Route zu einem bestimmten Ziel zu planen und dieses dann zu erreichen.

Spezialisierte Hirnzellen, die feuern, wenn sich eine Ratte durch ein komplexes Labyrinth bewegt, liefern einen vielversprechenden Hinweis. Diese Zellen, die außerhalb des Hippocampus liegen, definieren offenbar Routen und Ziele. Darüber hinaus fand man auch innerhalb des Hippocampus weitere Zellen, die wohl an der Routenplanung beteiligt sind.[14]

Experimente in einem Labor sind natürlich sehr artifiziell und spiegeln nicht die Lebensrealität in der freien Natur wider. Die Entfernungen, um die es bei der Navigation in der realen Welt geht, können Hunderte oder sogar Tausende Kilometer betragen. Und während sich die meisten Versuche nur mit der Orientierung in zwei Dimensionen befassen, müssen sich viele Tiere – insbesondere jene, die fliegen oder schwimmen – sogar in drei Dimensionen zurechtfinden. Wie ihre (und unsere) Gehirne mit diesen höchst komplexen Herausforderungen fertigwerden, ist noch nicht klar.[15]

Es wäre daher sehr günstig, wenn man die Funktionen des Gehirns untersuchen könnte, während sich ein Tier frei in seinem natürlichen Umfeld bewegt. Der israelische Forscher Nachum Ulanovsky hat tatsächlich Methoden entwickelt, um Signale einzelner Zellen in den Gehirnen fliegender Fledermäuse aufzuzeichnen.[16] Diese Verfahren könnten schon bald auch auf andere Tiere ausgeweitet werden.

Zwar spielen der Hippocampus und eng verknüpfte Areale eine zentrale Rolle bei der Bewältigung von Navigationsaufgaben, doch offenkundig leisten auch andere Teile des Gehirns wichtige Beiträge. Während sich ein Tier in seinem Habitat bewegt, sich an frühere Positionen erinnert oder neue Ziele ansteuert, werden Signale zwischen vielen verschiedenen Hirnregionen hin und her geleitet. Es ist nach wie vor ein Rätsel, wie diese komplexe Verschaltung Orientierungsprozesse beeinflusst.

Als gesichert gilt auch, dass der Hippocampus viel mehr leistet, als uns beim Kartieren unserer physischen Umgebung und unserer Orientierung in dieser zu helfen. Er ist entscheidend für die Erinnerung an Menschen, Gegenstände, Ereignisse und Beziehungen; seine Grundfunktion könnte durchaus darin bestehen, einen abstrakten »Erinnerungsraum« bereitzustellen, in dem alle möglichen Konzepte umgesetzt werden können. So gesehen stellt der Hippocampus die Speicherbank zur Verfügung, von der erfolgreiche Orientierung abhängt, ohne selbst Navigationsberechnungen durchzuführen.[17]

Offensichtlich sind viele Punkte nach wie vor ungeklärt, aber in einem neueren Aufsatz, in dem die Forschung der letzten fünfzig Jahre gesichtet und eingeschätzt wurde, kamen die Mosers zu einer kühnen Schlussfolgerung: Die Orientierung ist vielleicht »eine der ersten kognitiven Funktionen, die in mechanistischen Begriffen verstanden wird«.[18]

Eine interessante philosophische Frage bleibt dennoch unbeantwortet. Obwohl inzwischen nachgewiesen ist, dass der Hippocampus und der entorhinale Cortex wichtig für die Orientierung sind, diskutiert man immer noch über die Grundlage des Raum-Zeit-Koordinatensystems, das sie zu verkörpern scheinen. In Übereinstimmung mit der klassischen Physik halten es die meisten Neurowissenschaftler für gesichert, dass Raum und Zeit fundamentale, feste Dimensionen der Realität sind – gleichsam »da draußen in der Welt« –, die im Gehirn irgendwie *repräsentiert*, also dargestellt oder abgebildet werden.

Die moderne Physik sagt uns jedoch, dass Raum und Zeit im Grunde keine gesonderten Dimensionen und alles andere als fixe Größen sind. Unser subjektives Gefühl sowohl von Zeit als auch von Raum ist ebenfalls sehr fließend. Gibt es also noch eine andere Möglichkeit? Vielleicht sind Raum und Zeit lediglich Konstrukte, die aus unseren physischen Interaktionen mit der Welt hervorgehen.[19]

– – – –

Andrius Pašukonis, ein junger Wissenschaftler an der Stanford University, hat viel Zeit in den Regenwäldern von Französisch-Guayana verbracht und dort geduldig winzige (25 Millimeter lange) Frösche untersucht, die etwas Erstaunliches – und bisher Unerklärtes – zustande bringen.

Die Männchen besetzen kleine Flecken im Unterholz, die sie eisern verteidigen, und locken mit ihren Rufen Weibchen an. Nach der Paarung legen die Weibchen ihre Eier ab, welche die Männchen dann sorgfältig zu Tümpeln in anderen Teilen des Waldes transportieren, in denen die Kaulquappen reifen und heranwachsen können. Die Männchen kehren anschließend in ihre Reviere zurück. Pašukonis entwickelte ein spezielles Neopren-Suspensorium, um die Männchen mit einem Funkpeilsender ausstatten zu können, und versetzte die Tiere dann bis zu 800 Meter von ihrem angestammten Platz.

Zu Pašukonis' großem Erstaunen konnten die Frösche nicht nur den Weg zu ihrem Stammrevier zurückfinden; sie folgten dabei sogar direkten Routen, auch wenn sie für die Strecke mitunter mehrere Tage brauchten. Da der Regenwald äußerst unübersichtlich ist, unendlich viele Geräusche, Gerüche sowie Hindernisse aufweist und kaum einen freien Blick zum Himmel bietet, ist es sehr schwer nachzuvollziehen, wie die Frösche diese Leistung vollbringen.[20]

25. KAPITEL

Das menschliche Gehirn als Navigator

Viele komplexe Fragen müssen noch beantwortet werden, aber man weiß nun, warum der arme Henry Molaison nach der Entfernung seiner Hippocampi unter solch starkem Gedächtnisverlust litt und warum es ihm insbesondere so schwerfiel zu lernen, wo sein neues Zuhause war. Gemeinsam mit verknüpften Hirnregionen unterstützt uns der Hippocampus bei der Orientierung, und er bildet die Grundlage für Tolmans mutmaßliche kognitive Karte.

Zudem leuchtet es durchaus ein, warum der Beginn einer Alzheimer-Erkrankung so häufig mit Anzeichen von Orientierungslosigkeit einhergeht.[1] Die zugrunde liegende Schädigung tritt oft zuerst im entorhinalen Cortex auf, in dem das Netzwerk der Gitterzellen angesiedelt ist, bevor sie sich auf den Hippocampus ausweitet. So verwundert es nicht, dass Patienten mit Symptomen einer Demenz als Erstes gefragt werden: »Wo, glauben Sie, sind Sie gerade?«

Bei der Suche nach Behandlungsmöglichkeiten (oder Präventionsmaßnahmen) für Alzheimer sind nur kleine Fortschritte zu verzeichnen; doch neue Erkenntnisse darüber, wie das Gehirn uns bei der Orientierung hilft, erleichtern Betroffenen bereits das Leben. So planen Architekten inzwischen Gebäude, in denen sich Patienten einfacher orientieren können.[2] Die Zusammenarbeit zwischen Neurowissenschaftlern und Designern, Ingenieuren sowie Konstrukteuren ist ein Wachstumsfeld, von dem wir alle profitieren dürften – egal, ob es dabei um uns selbst geht oder um Menschen, die uns nahestehen.

In einem der bekanntesten Experimente zur menschlichen Orientierung wurden Londoner Taxifahrer untersucht, die sich Tausende Straßennamen und Routen durch die ganze Stadt einprägen müssen, um eine Lizenz zu erhalten. Das sogenannte Knowledge (»das Wissen«) zu erwerben, ist äußerst mühsam. In der Regel dauert es zwei bis drei Jahre, und nicht jeder Bewerber besteht die Abschlussprüfung. Mithilfe von MRT-Gehirnscans haben Eleanor Maguire und ihr Team nachgewiesen, dass der hintere Teil des Hippocampus bei Taxifahrern signifikant größer ist als der von Probanden einer Kontrollgruppe.[3]

Darüber hinaus stand das Ausmaß der Vergrößerung im Verhältnis dazu, wie lange der Betreffende bereits Taxi gefahren war – je länger, desto größer der Hippocampus.[4] Interessanterweise zeigten die Hippocampi von Londoner Busfahrern mit ähnlich langer Beschäftigungsdauer nicht dieselben Größenveränderungen, vermutlich weil das tagtägliche Abfahren derselben Route navigatorisch viel weniger anspruchsvoll ist als das Steuern eines Taxis.[5]

Maguires Erkenntnisse lassen darauf schließen, dass die Größe des Hippocampus in Zusammenhang mit der entsprechenden Übung steht – also damit, wie oft und regelmäßig wir etwas tun, das den Hippocampus aktiviert. Wenn wir sehr häufig unser räumliches Gedächtnis für die eigene Orientierung nutzen, dürfen wir mit einem Wachstum des Hirnareals rechnen, und umgekehrt.[6] Gemäß der Devise »Wer rastet, der rostet« haben einige Forscher sogar empfohlen, dass wir unser räumliches Gedächtnis verstärkt einsetzen sollten, wenn wir älter werden – anstatt ausschließlich auf GPS zu vertrauen. So könnte das Risiko verringert werden, beispielsweise an Alzheimer zu erkranken und der normalen, altersbedingten Verminderung der Orientierungsfähigkeit zum Opfer zu fallen.

Diese Theorie hat ein großes Medieninteresse geweckt, doch bislang liegen keine direkten Nachweise vor, die sie bestätigen. Ich habe Martin Rossor, den nationalen Direktor für Demenzforschung in

Großbritannien, und seinen Kollegen Jason Warren gefragt, ob ihrer Meinung nach ein Schrumpfen des Hippocampus aufgrund von mangelndem Einsatz die Wahrscheinlichkeit erhöhen könnte, an Alzheimer zu erkranken.

Rossor äußerte sich vorsichtig. Er konnte keinen Grund dafür erkennen, warum allein eine Verkleinerung des Hippocampus das Risiko einer Erkrankung erhöhen sollte. Trotzdem hielt er es für möglich, dass die »kognitive Reserve« eines Patienten mit einem relativ kleinen Hippocampus geringer sei als die eines Menschen mit einem größeren.[7] Mit anderen Worten: Der Schweregrad der Auswirkungen einer Erkrankung könnte teilweise davon abhängen, wie gut die betroffenen Teile des Gehirns vor Beginn der Erkrankung entwickelt waren. Man könnte also sagen, dass ein Mensch, der einen kleinen Hippocampus hat – weil er ihn vielleicht nicht so oft nutzt –, weniger widerstandsfähig gegenüber einer Alzheimer-Erkrankung ist.

Warren verwies jedoch auf das »Henne-Ei-Problem«:

Nehmen wir jemanden wie mich, der einen furchtbaren Orientierungssinn hat und sich an jede verfügbare Form von elektronischer Unterstützung klammert, weil dann die vage Hoffnung besteht, dass man von A nach B findet. Liegt dann die Ursache meiner späteren Alzheimer-Erkrankung darin, dass ich mich auf elektronische Hilfe verlassen habe oder dass mein hippocampales Orientierungssystem schwach ist?

Rossor betonte zudem, dass Alzheimer nicht immer mit Orientierungsproblemen einhergeht. Alles hängt davon ab, in welchen Gehirnarealen sich die für diese Krankheit typischen Plaques und Fibrillen tatsächlich bilden. Probleme bei der Wegfindung können außerdem auch ein Ausdruck von Schwierigkeiten sein, die nichts mit der Orientierung zu tun haben. Bei einigen Formen der Demenz verlieren Betroffene beispielsweise die Fähigkeit, Orte zu *erkennen*.

Sie wissen vielleicht, dass sie sich in einem Krankenhaus befinden, und sogar, wie sie dort hingekommen sind, aber weil sie das Gebäude nicht benennen können, scheint es so, als wären sie orientierungslos. Und wenn jemand nicht sagen kann, wo er ist, kann er auch bloß vergessen haben, wie er dort hingelangt ist.

Begriffliche Orientierung

In der Alltagssprache benutzen wir häufig Wendungen, die auf räumliche Beziehungen verweisen: »sich obenauf fühlen«, »den Bach runtergehen«, »nahe Bekannte« oder »entfernte Verwandte«. Der große Wissenschaftsphilosoph Thomas Kuhn bezeichnete wissenschaftliche Theorien als »Karten«. Und oft ist davon die Rede, dass Menschen ihre Beziehungen »kartieren«. Die menschliche Sprache setzt stark auf räumliche Metaphern, die sowohl in Gesprächen als auch in Denkprozessen ständig verwendet werden. Das ist wahrscheinlich kein Zufall und könnte durchaus etwas Grundlegendes darüber offenbaren, wie das menschliche Gehirn funktioniert.

Eine der faszinierendsten Theorien auf dem Gebiet der Neurowissenschaften besagt, dass jene Teile des menschlichen Gehirns, welche die *geografische* Orientierung unterstützen – darunter vor allem der Hippocampus –, womöglich auch an der *begrifflichen* Orientierung beteiligt sind.[8] Lange Zeit glaubte man, dass unsere höheren Denkprozesse und unsere wunderbar flexible Intelligenz auf den Funktionsmechanismen des präfrontalen Cortex beruhen, doch inzwischen wissen wir, dass dieser nicht allein zurechtkommt. So unterschiedliche Tätigkeiten wie Gespräche führen, soziale Bindungen pflegen, vernünftige Entscheidungen treffen, Ideen umsetzen, Zukunftspläne schmieden und die Kreativität ausleben wären ohne einen gesunden Hippocampus nicht möglich.[9]

Unsere komplexen sozialen Gefüge verdanken vermutlich sehr viel der Fähigkeit, die Positionen unserer Mitmenschen sowohl im physischen als auch im begrifflichen Raum zu verorten und präzise Voraussagen über ihr wahrscheinliches künftiges Verhalten zu machen. Es ist eine erstaunliche Tatsache, dass Vertreter beider Geschlechter den Standort eines Menschen genauer einschätzen können als den eines leblosen Objekts.[10] Es gibt auch Anzeichen dafür, dass Ratten, Mäuse und Fledermäuse über spezialisierte Hirnzellen verfügen, die dazu dienen, die Position anderer Artgenossen zu verfolgen.[11] Unsere Fähigkeit zur Empathie dürfte ebenfalls von der Intaktheit des Hippocampus abhängen.[12]

In einem faszinierenden neueren Experiment nahmen achtzehn Personen an einem Rollenspiel teil, bei dem ihre Hippocampi per Gehirnscan beobachtet wurden. In dem Spiel zogen die Teilnehmer in eine neue Stadt und mussten eine Arbeitsstelle und eine Wohnung finden, indem sie die Bewohner der Stadt kennenlernten. Man zeigte ihnen Aufnahmen von Comicfiguren, die sich in Sprechblasen äußerten. Im Lauf der Interaktionen veränderten sich die Beziehungen zwischen den Teilnehmern und den fiktionalen Charakteren.

Die entsprechenden Veränderungen der hippocampalen Aktivitäten der Teilnehmer deuteten darauf hin, dass sie »in einem sozialen Raum [navigierten], der durch Macht und Zugehörigkeit definiert wurde«. Die Autoren der Studie folgerten, dass der Begriff des sozialen Raums mehr als nur eine bloße Metapher ist; er könnte tatsächlich die Art und Weise »widerspiegeln, wie das Gehirn unsere Position in der Sozialwelt darstellt«.[13] Aus entwicklungsgeschichtlicher Sicht leuchtet diese Theorie durchaus ein. Unsere Vorfahren, die als Jäger und Sammler lebten, mussten natürlich wissen und sich daran erinnern können, wo Wild, essbare Pflanzen und Wasser zu finden waren; aber es war ebenso wichtig für sie, den Überblick über ihre *Beziehungen* zu anderen Mitgliedern des Stammes zu behalten, egal ob Verwandte, Freunde, Verbündete oder Feinde.

Neuere Studien mit namibischen Stammesangehörigen deuten sogar darauf hin, dass die Überlegenheit der Männer in Fragen der Orientierung eine evolutionsbedingte Folge davon sein könnte, dass Männer, die größere Strecken zurücklegten, um Sexualpartner zu finden, mehr Nachwuchs hatten als ihre Konkurrenten.[14] Folgende Behauptung ist keineswegs übertrieben: Um zu überleben, sind wir darauf angewiesen, mentale Karten nutzen zu können, in denen nicht nur Orte verzeichnet sind, sondern auch Beziehungen.

Den eigenen Standort und die sich verändernden Positionen anderer Menschen, Tiere und Gegenstände sowie unsere Beziehungen zu diesen zu kennen, ist ein wesentlicher Bestandteil unseres physischen, sozialen und kulturellen Lebens. Dasselbe gilt aber auch für die Fähigkeit, kreativ zu denken und sich in imaginäre zukünftige Situationen hineinzuversetzen.

Jeder, der versucht, die Bedeutung eines solch notorisch vagen Begriffs wie Kreativität zu bestimmen, kommt in Teufels Küche; aber das Verknüpfen von Bildern und Ideen, um etwas vollkommen Neues zu erschaffen, ist sicherlich ein wichtiger Aspekt davon. Diese Aktivitäten spiegeln genau unser Vorgehen wider, wenn wir im Kopf eine neue Route planen. Beim kreativen Denken spielen zwar bekanntlich auch andere Teile des Gehirns – vor allem der präfrontale Cortex – eine wichtige Rolle, doch vor Kurzem haben Forscher nachgewiesen, dass Kreativität auch von einem gesunden Hippocampus abhängt.[15]

In einem Test sollten die Teilnehmer nach Möglichkeiten suchen, ein Spielzeug interessanter zu gestalten, neue Verwendungszwecke für einen Pappkarton finden oder ausgehend von einer ovalen Figur originelle Zeichnungen fertigen. Patienten, deren Hippocampus schwer geschädigt war und die unter einem entsprechenden Gedächtnisverlust litten, aber keine anderen kognitiven Beeinträchtigungen aufwiesen, schnitten schlechter ab als gesunde Probanden.

Diesen Patienten fiel es schwer, neue Ideen zu entwickeln, und ihre gestalterischen Ergebnisse wurden als weniger originell und interessant beurteilt als die von Probanden ohne derartige Schädigungen. Dasselbe war der Fall, wenn ihnen Listen mit drei Wörtern vorgelegt wurden, die sich auf ein »Zielwort« bezogen (für »Creme«, »Schlittschuh« und »Wasser« lautete das Zielwort »Eis«). Die Zielwörter zu bestimmen, bereitete ihnen im Vergleich mit gesunden Probanden größere Probleme.[16]

Eine letzte Studie liefert sogar noch konkretere Belege dafür, dass die begriffliche und die räumliche Orientierung beim Menschen von ähnlichen Gehirnprozessen abhängen. Die charakteristischen Feuerungsmuster in den Gitterzellen, die kartenähnliche Darstellungen des Raums stützen, treten auch auf, wenn menschliche Probanden eine vollkommen abstrakte kognitive Aufgabe lösen, die überhaupt nichts mit Orientierung zu tun hat.[17]

Diese Muster finden sich nicht nur in jenen Hirnarealen, die bei der physischen Orientierung im Raum aktiv sind (wie dem entorhinalen Cortex), sondern auch in jenen, die bekanntlich daran mitwirken, wenn vertraute Begriffe auf neuartige Zusammenhänge angewandt werden (wie dem präfrontalen Cortex). Das deutet darauf hin, dass unsere Fähigkeit, Begriffe umzusetzen, auf denselben Prinzipien beruht wie unsere Befähigung, räumliche Beziehungen zu speichern und zu analysieren.

Neue Entdeckungen werden wöchentlich bekannt gegeben, und schon bald dürften Neurowissenschaftler in der Lage sein, ein präziseres und detailliertes Bild der Mechanismen vorzulegen, die sowohl die physische als auch die begriffliche Orientierung steuern. Aber bereits jetzt ist klar, dass der Navigationscomputer in unseren Köpfen nicht bloß ein angeschraubtes Zubehör ist, das nur dann anspringt, wenn wir uns durch den physischen Raum bewegen. Die Gehirnschaltkreise, mit deren Hilfe wir uns zurechtfinden, haben eine viel größere und tiefere Bedeutung: Sie prägen unser Leben und bestimmen unsere Identität auf entscheidende Weise mit.

Im Rahmen einer bahnbrechenden Onlineerhebung wurde vor

Kurzem das Orientierungsvermögen von mehr als 2,5 Millionen Menschen aus aller Welt untersucht. Die Teilnehmer spielten ein Handyspiel namens »Sea Hero Quest«, das als App heruntergeladen werden kann.[18] Wenn die Fähigkeit, ein Online-Game zu spielen, ein verlässlicher Indikator für Navigationsgeschick in der realen Welt ist, dann deuten die Ergebnisse darauf hin, dass wir sie – unabhängig vom geografischen Standort – mit dem Alter allmählich verlieren. Darüber hinaus können sich Männer offenbar im Allgemeinen besser orientieren als Frauen, aber interessanterweise ist das Ausmaß der geschlechtsspezifischen Unterschiede eng mit sozialer Ungleichheit verknüpft.

Vielleicht besitzen Frauen also genau das gleiche angeborene Orientierungspotenzial wie Männer, sind aber oft nicht in der Lage, dieses auszuschöpfen, weil sie ihre Fähigkeiten nur in eingeschränkterer Weise ausbilden und ausüben können; ein weiteres Beispiel des geschlechtsbezogenen Verzerrungseffekts (Gender Bias).

Interessanterweise schnitten die Bewohner der nordeuropäischen Länder am besten ab. Die Autoren der Studie mutmaßen, dass die lange Tradition und die Popularität des Orientierungslaufs in jenem Teil der Erde die überragende Orientierungsfähigkeit erklären könnten, doch es gibt noch einen weiteren möglichen Grund: Vielleicht spielen Nordeuropäer während der langen Winternächte einfach sehr häufig Videospiele.

– – – –

»Elefanten vergessen nicht« – so lautet eine gängige Redewendung, und an diesem Volksglauben scheint durchaus etwas Wahres dran zu sein. Afrikanische Savannenelefanten legen manchmal mehr als hundert Kilometer zurück, um Nahrung oder Wasser zu finden, und können sehr leicht ausmachen, wo sich andere Elefanten befinden, selbst wenn diese außer Sichtweite sind. Mithilfe von Funkpeilsendern haben Forscher nachgewiesen, dass die Tiere einen »bemerkenswerten räumlichen Sinn« besitzen. Auf der Suche nach Wasserstellen steuerten sie genau in die richtige Richtung, in einem Fall sogar aus einer Entfernung von nahezu fünfzig Kilometern. Darüber hinaus scheinen die Elefanten fast immer das nächstgelegene Wasserloch aufzusuchen. Die Wissenschaftler sind davon überzeugt, dass die Dickhäuter immer genau wissen, wo sie sich befinden und wie weit die nötigen Ressourcen entfernt sind. Daher können sie Abkürzungen nehmen und auch bekannten Routen folgen.[19]

Es ist zwar noch nicht genau erforscht, welche Hinweise die Afrikanischen Elefanten für die Langstreckennavigation nutzen, doch Gerüche dürften dabei sicherlich eine Rolle spielen.

Elefanten sind sehr wählerisch, was ihre Nahrung angeht, aber bis vor Kurzem war wenig darüber bekannt, wie sie ihr Futter aussuchen. Man vermutete, dass sie lediglich ihre Augen benutzten und die vorgefundenen Pflanzen einfach ausprobierten, doch das würde vermutlich sehr viel Zeit und Energie kosten, nicht zuletzt, weil ihr Sehvermögen nicht sehr gut ist.

Die von Pflanzen erzeugten flüchtigen chemischen Stoffe können über weite Entfernungen getragen werden und sind äußerst charakteristisch; jede Pflanze und jeder Baum besitzt eine besondere Geruchssignatur. So können die Futterpflanzen sogar dann wahrgenommen werden, wenn sie gar nicht sichtbar sind. Neuere Forschungsarbeiten deuten darauf hin, dass der Geruch ein entscheidender Hinweis ist, der

Elefanten – und wahrscheinlich auch andere Pflanzenfresser – zu den besten Nahrungsquellen führt.

Die Wissenschaftler stellten zunächst fest, welche Pflanzenarten die Elefanten bevorzugten oder mieden, wenn sie in freier Natur nach Futter suchten. Dann errichteten sie im Rahmen eines Experiments eine »Fress-Station«, an der die Elefanten diverse Wahlmöglichkeiten bekamen, die sich nur durch den Geruch unterscheiden ließen. Der Versuch zeigte, dass Elefanten sehr wahrscheinlich aufgrund des Geruchs Baumgruppen ausmachen, die sich zum Fressen eignen, und darüber hinaus die Qualität der Bäume innerhalb einer Gruppe beurteilen. Elefanten in freier Wildbahn nutzen diese Information vermutlich ebenfalls, um ihre Lieblingskost ausfindig zu machen.[20]

Dank ihrer stark ausgeprägten hippocampalen Strukturen sind Elefanten, ähnlich wie Ratten und Menschen, vielleicht in der Lage, kognitive Karten zu erstellen.

TEIL III   Warum ist Orientierung essenziell?

26. KAPITEL

Die Sprache der Erde

Nachdem der berühmte italienische Schriftsteller und Chemiker Primo Levi (1919–1987) fast wie durch ein Wunder ein Jahr voller Schrecken in Auschwitz überlebt hatte, war er zu schwach und zu krank, um direkt in seine Heimatstadt Turin zurückzukehren. Auf seiner langen Heimreise hielt er sich zur Genesung zwei Monate lang in einem Lager in der damaligen Sowjetunion auf. Der Wald, der die Einrichtung umgab, übte eine starke Anziehungskraft auf Levi und seine Kameraden aus:

> Vielleicht, weil er jedem, der danach verlangte, das unschätzbare Geschenk der Einsamkeit zuteilwerden ließ; und wie lange hatten wir sie entbehrt! Vielleicht auch, weil er uns an andere Wälder, andere Einsamkeiten in unserem früheren Leben erinnerte; oder aber, weil er feierlich, still und unberührt war wie nichts sonst, was wir kannten.

Unweit des Lagers wurde der Wald immer dichter, und es gab keine Spur von Leben:

> Als ich zum ersten Mal hier eindrang, musste ich überrascht und entsetzt erleben, dass die Gefahr des »sich im Walde Verirrens« nicht bloß in Märchen existiert. Ich war ungefähr eine Stunde gegangen und hatte mich so gut es ging an der Sonne orientiert, die hier und da, wo die Äste weniger dicht standen, die Dämmerung

durchbrach; aber dann verdüsterte sich der Himmel, es sah nach Regen aus, und als ich umkehren wollte, merkte ich, dass ich die Orientierung verloren hatte. Wo war Norden? Moos an den Stämmen? Es wucherte rings um den Baum; ich ging also auf gut Glück in die Richtung, die mir die beste erschien. Aber nach einem langen, mühsamen Weg durch Brombeerhecken und Gestrüpp fand ich mich an einer Stelle, die mir ebenso unbekannt war wie die, von der ich ausgegangen war.

Nachdem Levi mehrere Stunden lang durch den Wald gewankt war, hatte er das sichere Gefühl, dort sterben zu müssen:

Ich ging noch stundenlang mehr und mehr erschöpft und unruhig, bis gegen Sonnenuntergang; schon glaubte ich, dass die Kameraden, falls sie sich auf die Suche gemacht haben sollten, mich nicht mehr finden würden, oder erst nach Tagen, ohnmächtig vor Hunger oder bereits tot. […] Da beschloss ich, in ungefähr nördlicher Richtung vorwärts zu gehen (das hieß, einen etwas helleren Himmelsstreif, der doch im Westen sein musste, zur Linken zu lassen) und nicht eher zu rasten, als bis ich die große Straße oder zumindest einen Weg oder eine Spur gefunden hätte. So marschierte ich in der endlosen Dämmerung des nördlichen Sommers fast bis zum Einbruch der Dunkelheit dahin, mittlerweile ergriffen von einer panischen Angst, der uralten Furcht vor der Finsternis, dem Wald und der Leere. Trotz meiner Müdigkeit hatte ich das heftige Verlangen, weiterzustürzen, irgendwohin, solange Kraft und Atem reichten.[1]

»Waldschock« lautet die treffende Bezeichnung für den schreckerfüllten Zustand, den Levi beschrieb. Diese Art von Orientierungslosigkeit ist ein wahrer Albtraum, in dem nichts schlüssig erscheint und alles bedrohlich wirkt. Die Welt an sich wird unheimlich – das genaue

Gegenteil von heimelig. Man fühlt sich verloren. In solch einer Lage läuft man viel schneller Gefahr, lebensbedrohliche Fehler zu begehen.

Schließlich hörte Levi eine ferne Zugpfeife und begriff, dass er in die vollkommen falsche Richtung gegangen war. Er fand einen Weg zur Bahnlinie und folgte dieser nach Norden, indem er sich am Sternbild des Kleinen Wagens mit dem Polarstern orientierte, das zum Glück gerade durch die Wolken schimmerte.

Heutzutage wüssten sich nicht viele Menschen so zu helfen, falls sie in eine ähnlich missliche Lage gerieten. Und Menschen mit der außergewöhnlichen Findigkeit eines Enos Mills – der in den Rocky Mountains ganz auf sich gestellt überlebte, nachdem er schneeblind geworden war (siehe S. 128) – sind inzwischen so selten, dass sie als Ausnahmetalente gelten.

Rebecca Solnit, die Such- und Rettungsteams in der amerikanischen Wildnis befragt hat, schrieb dazu Folgendes:

Heutzutage ist die einfachste Antwort auf die Frage, warum Menschen sich im buchstäblichen Sinne verirren, die Tatsache, dass viele einfach nicht aufpassen, nicht wissen, was sie tun sollen, wenn sie merken, dass sie nicht zurückfinden, oder nicht zugeben, dass sie es nicht wissen. Es ist eine Kunst, auf das Wetter zu achten, auf den Weg, auf die Orientierungspunkte entlang des Weges, darauf, dass der Rückweg, wenn man sich umdreht, vollkommen anders aussieht als der Hinweg, es ist eine Kunst, die Sonne, den Mond und die Sterne zu lesen und sich an ihnen zu orientieren, auf die Richtung, in die das Wasser fließt, Acht zu geben, auf die tausend Dinge, die aus der Wildnis einen Text machen, der von Lesekundigen entziffert werden kann. Die Verirrten können diese Sprache oft nicht lesen, diese Sprache der Erde, oder sie halten nicht inne, um sie zu lesen.[2]

Die meisten Stadtmenschen haben schlicht und einfach die uralte Gewohnheit aufgegeben, die eigene Umgebung genau zu beobachten und sich ständig – wenn auch nur unbewusst – zu vergewissern, wo man ist und in welche Richtung man geht. Stattdessen verlassen wir uns auf elektronische Geräte, um uns zurechtzufinden. Normalerweise bereitet das kaum Probleme, aber Akkus können sich entladen, und ein Satellitensignal geht mitunter leicht verloren oder wird sogar gestört. Letzteres birgt eine ernsthafte, aber kaum diskutierte Gefahr.

Die Signalenergie eines GPS-Satelliten ist sehr schwach – im Grunde nicht stärker als das Scheinwerferlicht eines Autos. Da die Satelliten 20 000 Kilometer über der Erdoberfläche kreisen, ist es allzu leicht, ein Signal zu stören, indem man auf derselben Frequenz ein stärkeres ausstrahlt. Störgeräte, die genau das bewerkstelligen, sind im Internet jederzeit erhältlich. Sie werden von Kriminellen benutzt, um die Bewegungen von mit Peilsendern ausgestatteten Fahrzeugen zu verschleiern, und sie können GPS-Empfänger in einem recht weiten Radius stören. Haben Sie auch schon einmal aus unerklärlichen Gründen ein GPS-Signal verloren? Vielleicht sind Sie einer Störung zum Opfer gefallen, ohne es zu wissen.

Eine weitere Gefahr birgt jene Täuschung, die als »Spoofing« bezeichnet wird: die absichtliche Übermittlung eines Signals, das vorgibt, von einem GPS-Satelliten zu stammen, im Grunde aber dazu dient, die wahre Position zu verbergen. Dieses nachgewiesene Verfahren hat bereits Schiffe nahe den Küsten von Nordkorea und Russland in Schwierigkeiten gebracht. Solche Manipulationen könnten als wirksame Waffen in Kriegen eingesetzt oder von Terroristen genutzt werden.

Wir stehen aber vor noch viel schwerwiegenderen Problemen. Laut Nicholas Carr, der unsere Abhängigkeit von automatischen Systemen untersucht hat, machen uns Computer anfällig für kognitive Fehler zweierlei Art:

Automationsbequemlichkeit setzt ein, wenn uns ein Computer ein falsches Gefühl der Sicherheit suggeriert. Im Vertrauen darauf, dass die Maschine fehlerfrei funktioniert und jedes auftretende Problem bewältigt, lassen wir zu, dass unsere Aufmerksamkeit schwindet. Wir werden von unserer Arbeit abgekoppelt und nehmen immer weniger wahr, was um uns herum geschieht. Automationsverzerrung tritt auf, wenn wir zu viel Vertrauen in die Genauigkeit der Information setzen, die aus dem Rechner kommt. Unser Vertrauen in die Software wird so stark, dass wir andere Informationsquellen außer Acht lassen, einschließlich unserer eigenen Augen und Ohren. Wenn ein Computer falsche oder ungenügende Daten bereitstellt, sehen wir den Fehler überhaupt nicht.[3]

Manchmal haben solche Fehler aberwitzige Folgen: So sind Menschen beispielsweise in Flüsse gefahren, weil sie blind den Anweisungen ihres Navis folgten. Aber es kann auch zu richtigen Katastrophen kommen, etwa Flugzeugabstürzen oder Schiffbrüchen.[4] Außerdem besteht die Gefahr, dass die Technik missbraucht oder nicht sachgerecht genutzt wird. Navigationssysteme, die für die Verwendung im Straßenverkehr gedacht sind, sollten nicht beim Bergwandern oder Segeln verwendet werden, doch viele machen diesen Fehler. Häufig gehen Menschen in den Bergen wandern, allein mit ihrem Smartphone ausgerüstet, ohne entsprechendes Kartenmaterial beziehungsweise die Fähigkeit, dieses zu lesen.[5]

Einige bedauernswerte Menschen sind nicht in der Lage, sich auch nur die grundlegendsten Orientierungsfähigkeiten anzueignen. Ihr Gehirn scheint in bester Verfassung zu sein – ganz anders als bei Alzheimer-Patienten –, doch sie verlaufen sich schnell, selbst in Gegenden, die sie seit Jahren kennen. Der erste derartige Fall wurde 2009 beschrieben, und man bezeichnete das Syndrom als »krankhafte Desorientierung« (*developmental topographical disorientation*, DTD). Seither wurden durch eine Onlinebefragung mehr als hundert weitere Fälle ermittelt. In nachfolgenden Tests bestätigte sich, dass Menschen mit DTD – 85 Prozent davon waren Frauen – deutlich schlechter abschnitten als Kontrollprobanden, wenn es darum ging, Orientierungspunkte zu identifizieren und den eigenen Weg zurückzugehen; im Erkennen von Gesichtern und Gegenständen waren sie jedoch genauso gut. Es ist noch nicht klar, was DTD verursacht und ob Frauen wirklich anfälliger für diese lebenslang anhaltende Störung sind als Männer; vielleicht sind Frauen einfach eher dazu bereit, die Orientierungsschwäche zuzugeben.[6]

Für diejenigen, die unter DTD leiden, ist Orientierungslosigkeit ein Dauerzustand, doch inzwischen unternehmen auch die meisten Menschen regelmäßig Reisen, ohne wirklich zu begreifen, wo sie überhaupt waren und wie sie dorthin gekommen sind. Wir werden wie Pakete transportiert und sind froh, wenn wir sicher an unserem Ziel ankommen, und erleichtert, wenn der Trip reibungslos verlaufen ist. Das moderne Reisen fördert die Passivität; wir sind nur allzu willig, die Navigation anderen zu überlassen, sei es dem Piloten des Flugzeugs oder der betörend selbstsicheren Stimme aus dem Navi, die uns überallhin begleitet. Durch selbstfahrende Autos erreicht diese Abhängigkeit eine ganz neue Ebene.

Unsere Vorfahren erkundeten fast den gesamten Planeten und besiedelten weite Erdteile ganz ohne Hilfsmittel, abgesehen von ihren feinen Sinnen und ihrem angeborenen Scharfsinn. Lange bevor Magnetkompass, Astrolabium, Sextant und Marinechronometer erfunden wurden – ganz zu schweigen von GPS –, hatten sie eine erstaunliche Vielzahl von Wegfindungsfähigkeiten entwickelt, angepasst an ihre jeweilige Umgebung – von der Hocharktis über die Wüsten Australiens bis zu den tropischen Gewässern des Pazifiks.

Die folgende Anekdote, die ein Inuit-Ältester namens Ikummaq im Jahr 2000 dem Anthropologen Claudio Aporta erzählte, macht deutlich, wie die moderne Technik jene althergebrachten Gewohnheiten zu verdrängen droht:

Wenn ein junger Mensch das GPS befragt, wo ein bestimmter Ort ist, gibt das GPS ihm die entsprechende Auskunft. Aber wenn dieser junge Mensch sich an einen Älteren wendet und ihn fragt, wo dieser Ort ist, geht der Ältere auf alle möglichen Einzelheiten ein; er beschreibt den Weg, und nicht nur, wo der Ort ist. Er schildert Zusammenhänge, »das kommt zuerst, etwa eine Bucht, eine Landspitze, ein Inuksuk«, und so weiter und so fort. Im weiteren Verlauf erzählt er dir genau, was du zu erwarten hast. Aber ein junger Mensch hat keine Zeit für so etwas. Er will nur wissen, wo der Ort ist …

Es gibt Menschen in meinem Alter, die sich auf GPS verlassen, weil sich ihre Väter nicht mit ihnen zusammengesetzt haben oder mit ihnen hinaus in die Natur gegangen sind, um ihnen beizubringen, wo es langgeht, wie man ans Ziel kommt, was gefährlich ist. Das haben sie versäumt. Durch ständige Übung wird [die Inuit-Wegfindung] im Lauf der Zeit fast zu einer Wissenschaft. Vielleicht ist sie ja eine Wissenschaft, aber keine in Schriftform. Sie existiert nur im Kopf, nur als Wissen, das von Generation zu Generation weitergegeben wird.[7]

Die Satellitennavigation bietet zwar viele praktische Vorteile, doch ihre Nutzung führte zu einer Minderung der Wegfindungsfähigkeiten und allgemein zu einem »schwächeren Gespür für das räumliche Umfeld«:

Ein Inuk auf einem mit GPS ausgestatteten Motorschlitten unterscheidet sich gar nicht so sehr von einem Vorstadtpendler in einem SUV mit Navi: Während er seine Aufmerksamkeit den Anweisungen aus dem Gerät widmet, nimmt er seine Umgebung nicht wahr. […] Eine einzigartige Gabe, die ein Volk jahrhundertelang ausgezeichnet hat, könnte sich innerhalb einer Generation verflüchtigen.[8]

Bob Gill vom US Geological Survey in Anchorage, der die außergewöhnliche Höchstflugdauer der Pfuhlschnepfe entdeckte, erzählte mir, dass die einheimischen Völker Alaskas eine eigene Bezeichnung für GPS haben. Sie nennen es einfach »die Ältesten in einem Kästchen«.

Zwar wurden die uralten Orientierungsfähigkeiten der Pazifikinsulaner aus der Vergessenheit geholt, doch in anderen Teilen der Welt sind die alten Gewohnheiten ernsthaft gefährdet und könnten bald nur noch in Mythen und Legenden überdauern. Ihr Verlust würde eine der wichtigsten noch existenten Verbindungen zwischen uns und unseren nicht so fernen Vorfahren, den Jägern und Sammlern, kappen. Die GPS-Revolution ist die jüngste Phase eines langen historischen Prozesses, in dem wir die meisten der praktischen Fertigkeiten, auf die unsere Ahnen einst angewiesen waren, eine nach der anderen aufgegeben haben. Bereitwillig überlassen wir es Spezialisten, unsere Nahrung zu produzieren, unsere Kleidung zu fertigen und unsere Häuser zu bauen. Und nun verabschieden wir uns auch noch von der vielleicht ältesten und grundlegendsten Fähigkeit überhaupt – der Orientierung.

Auf die Frage, wie er bankrottging, antwortet eine Figur in einem Roman von Ernest Hemingway: »Allmählich und dann plötzlich.«[9] Der Verlust unseres Orientierungsvermögens ist ähnlich vonstattengegangen; mit der Einführung von Instrumenten wie dem Kompass und dem Sextanten fing es ganz langsam an, doch diese haben uns nicht von der Aufgabe entlastet, der Welt um uns herum Aufmerksamkeit zu schenken und unseren Scharfsinn einzusetzen.

Das Aufkommen des GPS führte dagegen zu einer abrupten und tief greifenden Veränderung unserer Beziehung zur Natur. Inzwischen können wir, ohne zu überlegen oder uns anzustrengen, den eigenen Standort und jeden beliebigen Kurs bestimmen – ohne dabei auch nur den Blick von den leuchtenden Bildschirmen abzuwenden. Die Geräte, die uns scheinbar von einer lästigen Bürde befreit haben, schwächen und entmündigen uns nicht nur – sie distanzieren uns auch von der natürlichen Umwelt.

GPS kommt beinahe einem Wunder gleich und gilt als eine der größten technischen Errungenschaften der modernen Zeit. Aber verhalten wir uns in unserer Ergebenheit nicht fast wie Faust, der seine Seele verkaufte, damit ihm seine sehnsüchtigsten Wünsche erfüllt wurden?

Wir sind uns dessen vielleicht nicht bewusst, aber wir verwandeln uns rasant in Orientierungstrottel. Um diesem Schicksal zu entgehen, müssen wir unsere Smartphones und elektronischen Navigationssysteme so oft wie möglich beiseitelegen. Anstatt uns einfach auf GPS zu verlassen, selbst auf einer völlig vertrauten Route, sollten wir die Augen öffnen und das Gehirn trainieren. Wenn wir unsere Orientierungsfähigkeiten nicht vollkommen einbüßen wollen, müssen wir wieder lernen, die Sprache der Erde zu sprechen.

– – – –

Geraldine Largay, eine 66-jährige Krankenschwester im Ruhestand, startete mit ihrer Reisegefährtin Jane Lee am 23. April 2013 von Harper's Ferry in West Virginia aus zu einer ehrgeizigen Unternehmung. Die beiden wollten bis zum nördlichen Ende des Appalachian Trail marschieren – eine Strecke von rund 1770 Kilometern.

Jane Lee musste Ende Juni nach Hause zurückkehren, aber Geraldine Largay war fest entschlossen, allein weiterzugehen, obwohl sie einen schlechten Orientierungssinn hatte und unter Panikattacken litt. Am 21. Juli war sie noch immer in guter Verfassung und hatte nur noch 320 Kilometer bis zum Ende des Wanderwegs in Maine vor sich. Am folgenden Tag traf sie sich mit ihrem Mann, der ihr Proviant für die nächste Etappe brachte. Ein anderer Wanderer machte am 22. Juli gegen 6.30 Uhr ein Foto von Largay, kurz bevor sie sich auf den Weg machte; er war die letzte Person, die Largay lebend gesehen hatte.

Am 24. Juli teilte Largays Ehemann den Behörden mit, dass sich seine Frau längst hätte melden sollen und er nichts mehr von ihr gehört hatte. Der Maine Warden Service begann mit einer Suche in der stark bewaldeten Bergregion rings um ihren letzten bekannten Aufenthaltsort. Viele weitere Einrichtungen beteiligten sich an der groß angelegten Suchaktion, bei der auch Flugzeuge und Spürhunde eingesetzt wurden. Die Suche wurde nach einer Woche eingestellt, doch der Fall blieb ungelöst, und die Polizei ging weiterhin einigen spärlichen Hinweisen nach. Erst im Oktober 2015 – mehr als zwei Jahre später – stieß ein Landvermesser zufällig auf ein eingestürztes Zelt, in dem er Largays sterbliche Überreste fand.

Eine Auswertung ihres Handys ergab, dass sich die Frau am Morgen des 22. Juli ein Stück von dem Wanderweg entfernt hatte, um sich zu erleichtern. Sie verlor die Orientierung und fand nicht mehr zum Weg zurück; wiederholt versuchte sie, ihrem Mann SMS-Nachrichten zu schicken, doch sie fand in diesem abgelegenen und bergigen Winkel von Maine kein Netz.

Der Ort, an dem sie ihr Zelt aufschlug, lag nur drei Kilometer vom Wanderweg entfernt, und Suchtrupps waren mehr als ein Mal nah zu diesem vorgedrungen. Die Einträge in einem Tagebuch, das man in dem Zelt fand, offenbaren, dass Geraldine Largay mindestens bis Mitte August 2013 überlebt hatte, bis ihre Vorräte schließlich zur Neige gingen. Der letzte eindeutig datierte Eintrag stammte vom 6. August 2013. Er klang aussichtslos, aber abgeklärt:

Wenn Sie meinen Leichnam finden, verständigen Sie bitte meinen Mann George und meine Tochter Kerry. Es wird eine große Erleichterung für sie sein, zu wissen, dass ich tot bin und hier gefunden wurde – egal, wie lange es gedauert hat.[10]

27. KAPITEL

Schlussfolgerungen

D er nordamerikanische Monarchfalter stirbt allmählich aus, und die Wissenschaftler, die sein Wanderverhalten erforschen, tragen dazu bei, die Gründe dafür herauszufinden. Die Zerstörung der Hochlandwälder, in denen die Insekten den Winter verbringen, ist eine der vielfältigen Ursachen, ebenso wie der weitverbreitete Einsatz von Unkrautvernichtungsmitteln wie Glyphosat in den Great Plains der USA, mit dem jene Pflanzen vernichtet werden, auf die die Larven angewiesen sind. Wenn nicht wirksame Maßnahmen gegen diese Bedrohungen ergriffen werden, könnte ein jährliches Ereignis, das sicherlich zu den eindrucksvollsten Naturphänomenen der Welt gehört, schon bald nur noch der Erinnerung angehören.

Glyphosat schwächt bekanntlich die Orientierungsfähigkeiten der Honigbienen[1] und trägt vermutlich zu deren Aussterben bei; dieses Problem gefährdet wiederum die landwirtschaftliche Produktivität, weil die Bienen eine wichtige Rolle bei der Bestäubung von Blüten spielen. Die Gefahren des Einsatzes von Herbiziden betreffen höchstwahrscheinlich auch viele andere Insektenarten.

Der Verlust des Habitats bedroht zahllose Tiere, und Zugvögel sind besonders gefährdet. So muss beispielsweise die tapfere Pfuhlschnepfe auf ihrem Rückweg von Neuseeland nach Alaska in den Sumpfgebieten an der Küste Chinas Rast machen, aber da diese Flächen rasant schwinden, steht das Überleben des Vogels auf der Kippe. Veränderungen der Zirkulation der großen Meeresströmungen und Windsysteme sind vermutlich Folgen des Klimawandels und werden die Existenz vieler Tiere bedrohen, die von diesen Dynamiken abhängen – von Schildkröten und Walen bis zu Küstenseeschwalben und Libellen.

Wir wissen, dass Lichtverschmutzung vielen Tieren immens zusetzt. Künstliches Licht lockt frisch geschlüpfte Schildkröten vom Meer weg und verwirrt viele Vogel- und Insektenarten massiv; es hat auch katastrophale Auswirkungen auf die innere Uhr, die das Wanderverhalten zahlreicher Tiere steuert. Dieses wachsende und unnötige Problem muss dringend bewältigt werden und stellt eine große Herausforderung dar, die jedoch noch nicht umfassend genug erkannt wird.[2]

Die Aufzählung ließe sich fortsetzen, doch selbst diese wenigen Beispiele zeigen, dass die Tiernavigationsforschung zu den Bemühungen beiträgt, die atemberaubende Vielfalt an Arten zu bewahren, mit denen wir uns diesen Planeten teilen, und gegen Umweltveränderungen anzukämpfen.

Selbst aus rein eigennütziger menschlicher Sicht ist es von großer ökonomischer und sozialer Bedeutung, die Faktoren zu verstehen, die die Wanderungen landwirtschaftlicher Schädlinge wie Heuschrecken und Erdraupen (einschließlich des Bogong-Falters) steuern. Und um die Ausbreitung gefährlicher Krankheiten (wie Influenza und Malaria) einzudämmen, die von Tieren übertragen werden, muss man wissen, wann, warum und wohin diese Spezies wandern. Forscher, die sich mit Tiernavigation beschäftigen, konnten und können entscheidend dazu beitragen, Lösungen für all diese Probleme zu finden.

Dank der Arbeit von Neurowissenschaftlern wissen wir, dass uns das Trainieren unseres Orientierungsvermögens dabei helfen kann, besser mit dem normalen altersbedingten Verlust dieser Fähigkeit fertigzuwerden und vielleicht sogar die zerstörerische Alzheimer-Erkrankung einzudämmen. Kenntnisse darüber, wie das Gehirn Orientierungsaufgaben bewältigt, können ebenfalls für eine wirksamere Unterstützung von Alzheimer-Patienten sorgen, indem beispielsweise Umgebungen geschaffen werden, in denen sie sich leichter und sicherer zurechtfinden.

Unser wachsendes Verständnis der sensorischen und rechnerischen Prozesse, die der Navigation von Mensch und Tier zugrunde liegen, prägt bereits die Entwicklung radikal neuer Technologien, wie zum Beispiel selbstfahrende Fahrzeuge, Robotersysteme, maschinelles Sehen und vielleicht sogar Quantencomputer. Sie können die Welt, in der wir leben, tief greifend umgestalten. Solche Entwicklungen finden viele potenzielle Anwendungsmöglichkeiten im militärischen Bereich und in der Sicherheitstechnik. Das erklärt auch, warum ein Großteil der Fördermittel für Tiernavigationsstudien von staatlichen Quellen stammt. Ob wir unsere neuen Erkenntnisse zum Guten oder zum Schlechten nutzen, liegt ganz an uns.

Jeder von uns folgt einem Weg durch Zeit und Raum, der die eigene, individuelle Lebensgeschichte prägt. Wenn ich aus einem tiefen Schlaf erwache, muss ich mich erinnern können, wer ich bin, und das bedeutet, mir darüber bewusst zu sein, wo ich früher war, wem ich begegnet bin, was ich getan habe und wo. All das vermittelt mir das Gefühl einer beständigen persönlichen Identität; ohne sie würde mein Leben vollständig zusammenbrechen – was bei Patienten mit fortgeschrittenem Alzheimer der Fall ist. Indem sich die neurowissenschaftlichen Zweige der Navigationsforschung mit der Frage beschäftigen, wie wir unser Ich-Gefühl konstruieren, vertiefen sie auch unser Verständnis dessen, wer wir sind und wie viel wir mit anderen Lebewesen gemeinsam haben.

Wir Menschen haben uns lange Zeit (zumindest in der westlichen Welt) etwas auf unsere Überlegenheit über die restliche »Schöpfung« eingebildet. Unser besonderer Status ist im biblischen Buch Genesis (1,27-28) verankert, in dem es heißt, »Gott schuf also den Menschen als sein Abbild« und trug Mann und Frau auf, »bevölkert die Erde, unterwerft sie euch, und herrscht über die Fische des Meeres, über die Vögel des Himmels und über alle Tiere, die sich auf dem Land regen«. Der heilige Augustinus von Hippo ging sogar noch weiter. Er argumentierte, der Mensch trage keinerlei moralische Verantwortung gegenüber anderen Geschöpfen, und begründete dies damit, dass Jesus einem Menschen Dämonen ausgetrieben habe und diese in eine Herde Schweine fahren ließ, die er dazu brachte, in einen See zu stürzen und zu ertrinken.[3] Unsere Mitgeschöpfe existierten also nur, um für uns von Nutzen zu sein, und ihr Wohl war von keiner wesentlichen Bedeutung.

Im Mittelalter nahm der heilige Thomas von Aquin eine gemäßigtere Position ein; seiner Meinung nach sollten wir gütig zu Tieren sein, weil wir sonst Gefahr liefen, uns eine Grausamkeit anzueignen, die sich auch auf unseren Umgang mit Menschen auszuweiten drohte. Unsere grundsätzliche Überlegenheit als Menschen stellte er jedoch nicht infrage.[4] Und nicht nur christliche Autoren glaubten an den Anthropozentrismus. Bereits Aristoteles hatte behauptet, dass die Natur alles speziell für den Menschen erschaffen habe.[5]

Die Darwin'sche Revolution versetzte diesem zutiefst anthropozentrischen Weltbild einen vernichtenden Schlag, und nachfolgende wissenschaftliche Fortschritte untergruben dessen intellektuelle Glaubwürdigkeit. Wir Menschen mögen in mancherlei Hinsicht begabter sein als unsere Mitgeschöpfe, aber in anderen Dingen sind sie uns eindeutig überlegen. Der Kernpunkt ist der, dass die Unterschiede eher eine Frage des Grades als des Grundsatzes sind.

Menschen gehören nicht einer andersartigen Ordnung von Lebewesen an; auch wir sind letztlich Tiere und das Produkt der gleichen evolutionären Prozesse, die Bakterien, Quallen, Hundertfüßer, Hummer, Vögel und Elefanten hervorgebracht haben. Wir heben uns jedoch dadurch ab, dass wir in der Lage sind, das Schicksal aller anderen Lebewesen auf dem Planeten zu beeinflussen – und in dieser Hinsicht haben wir durchaus Wahlmöglichkeiten.

Es ist schwer, alte Denkgewohnheiten und Glaubenssysteme aufzugeben, und der Anthropozentrismus ist in unseren Denkweisen noch immer tief verwurzelt. Tatsächlich übt er nach wie vor einen starken Einfluss auf das öffentliche Leben aus, besonders in den USA, wo sich viele Politiker aufgrund fundamentalistischer Religionsvorstellungen weigern anzuerkennen, dass der Klimawandel real ist.[6] Aber die Probleme liegen noch viel tiefer. Wer die biblische Offenbarung für eine verlässlichere Quelle der Information über die Welt hält als wissenschaftliche Erkenntnisse, kann kaum erwarten, die vielen praktischen Probleme unserer Zeit zu verstehen, geschweige denn zu lösen. Die durch religiösen Glauben legitimierte Skepsis gegenüber der Wissenschaft erlaubt es Staatsoberhäuptern, Expertenmeinungen zu verhöhnen, wenn diese ihre wenig sachkundigen und bisweilen gefährlichen Ansichten infrage stellen.

Der Anthropozentrismus hindert uns nicht nur daran, intelligent auf die aktuellen Bedrohungen zu reagieren, sondern liefert uns auch einen Vorwand dafür, der Natur mit Missachtung zu begegnen. Ich spreche nicht nur von der Misshandlung von Millionen Nutztieren in der Landwirtschaft, auch wenn diese bereits schlimm genug ist. In einem rasanten Tempo zerstören wir ganze Ökosysteme; das Spektrum reicht von schmelzenden Polkappen und ausgeblichenen tropischen Korallen bis zur Abholzung der Regenwälder und der Überfischung der Ozeane. Wir erleben (genauer gesagt: verursachen) eine Massenvernichtung und eine Zerstörung, die an sich schon schrecklich wären, selbst wenn nicht zugleich auch unser eigenes Wohlergehen auf dem Spiel stünde.

Der Anthropozentrismus ist eine destruktive und gefährliche Kraft; wir müssen sie bezwingen und die nötigen Maßnahmen ergreifen, um den Schaden zu begrenzen, den wir unserer Lebenswelt zufügen. Das wird keine leichte Aufgabe sein, nicht zuletzt, weil wir Menschen alles andere als vollkommen rationale Wesen sind. Wir alle unterliegen starken sozialen Zwängen und ziehen es vor, mit Meinungsführern konform zu gehen. In der Regel ignorieren wir jegliche Indizien, die unsere bestehenden Überzeugungen infrage stellen, und klammern uns an jene, die unsere Sichtweisen bestätigen. Und häufig ziehen wir voreilige Schlüsse, bevor wir alle Sachverhalte sorgfältig geprüft haben.

Wenn bei der Bewältigung der vielen aktuellen Umweltprobleme Fortschritte erzielt werden sollen, müssen wir nicht nur den Skeptikern entgegentreten, sondern auch jene unterstützen, die die Notwendigkeit einer Veränderung erkennen, aber noch zögern, die politisch schwierigen Schritte zu unternehmen, die so dringend geboten sind. Wir erreichen vielleicht raschere Fortschritte, wenn wir uns nicht ausschließlich auf düstere Zukunftsprognosen konzentrieren. Die Gefahr, dass solche Voraussagen den Fatalismus bestärken und sich letztlich selbst erfüllen, ist groß.

Wichtiger ist es, sich bewusst zu machen, dass wir inmitten von Wundern leben, und so weit wie möglich den Kreis jener zu erweitern, die zu würdigen wissen, wie bemerkenswert unsere Mitgeschöpfe wirklich sind. Es wäre absurd zu denken, dass Erkenntnisse zur Tiernavigation von selbst etwas bewirken; doch sie können dazu beitragen, dass wir den Wert all dessen erkennen, was auf dem Spiel steht.

Unsere Spezies existiert seit rund 300 000 Jahren, wobei der Mensch höchstens seit etwa 10 000 Jahren in Dörfern und Städten lebt. Metropolen mit mehr als einer Million Einwohner gibt es erst seit ein paar Hundert Jahren, doch heute leben die meisten von uns in diesen Großstädten, weitgehend von der Natur abgeschnitten – wenn man einmal von Parks und ein paar Pflanzen und Tieren absieht, die das urbane Leben an der Seite des Menschen aushalten. Das Leben unserer Vorfahren zeichnete sich grundlegend dadurch aus, dass der Mensch in die Natur eingebunden war, doch heutzutage gilt das für den größten Teil der Weltbevölkerung keineswegs mehr.

Aus evolutionsgeschichtlicher Sicht ging der radikale Übergang von einer Existenz als Jäger und Sammler zu einer überwiegend urbanen Lebensweise in einem Wimpernschlag vonstatten. Ob es uns gefällt oder nicht: Die weit zurückliegende Vergangenheit übt immer noch einen tief greifenden Einfluss auf uns aus – durch unsere Gene und durch die Kulturen, in die wir eingebettet sind. Und es steht außer Zweifel, dass die Natur für uns nach wie vor lebensnotwendig ist. Der berühmte Insektenforscher Edward Wilson ist davon überzeugt, dass wir »eine Affinität [...] zu den vielen Formen des Lebens« geerbt haben. Dieser hat er einen Namen gegeben: »Biophilie«.[7]

Wir scheinen uns tatsächlich zur Natur in all ihren wunderbar vielfältigen Formen hingezogen zu fühlen. Einige Menschen lieben das Bergwandern, andere das Angeln an einem beschaulichen Fluss, wieder andere das Segeln auf dem offenen Meer. Doch unabhängig von unseren persönlichen Vorlieben ist ausreichend belegt, dass der Kontakt mit der Natur nicht nur angenehm, sondern auch gesund für uns ist.

Eine Dosis Natur kann einiges bewegen. Traumatisierte Kriegsopfer fassten wieder neuen Lebensmut, nachdem sie einige Wochen lang im Kajak in den Stromschnellen des Colorado River unterwegs waren.[8] Selbst der Anblick eines Gartens aus einem Krankenhausfenster hilft Patienten, nach einer Operation schneller zu genesen. Und lange Spaziergänge im Wald (eine Therapieform, die in Japan als *shinrin-yoku* und bei uns als »Waldbaden« bezeichnet wird) bauen Stress ab und haben zahlreiche weitere vorteilhafte Auswirkungen.

In der medizinischen Fachliteratur finden sich viele Beispiele dieser Art. Eine Stärkung des Immunsystems gilt als einer der zugrunde liegenden Mechanismen.[9] Es gibt sogar Hinweise darauf, dass ein Gefühl der »Ehrfurcht«, das uns ein Naturphänomen einflößen kann, in entgegenkommenderem und weniger egoistischem Verhalten resultiert.[10]

Die offensichtlichen Vorteile des Großstadtlebens und der modernen Techniken können uns letztlich nicht für den Verlust einer zutiefst geheimnisvollen Erfahrung entschädigen, die uns nur der physische Kontakt mit der Natur zu ermöglichen scheint. Vielleicht fühlen wir uns deswegen so stark zur Natur hingezogen, weil sie in einem tieferen Sinne unser wahres Zuhause ist, nach dem wir uns sehnen.

Die Natur kann überwältigend und erhaben sein. Denken wir an die geschichteten Felswände des Grand Canyon, das umwerfende Spektrum von Sternen an einem dunklen Nachthimmel oder die endlose Weite des offenen Meeres. Die Großartigkeit solcher Naturschauspiele erteilt unserer frechen Selbstüberhebung eine leise Abfuhr: die scharfen Drehungen und steilen Sturzflüge einer Schwalbe, die wild nach Insekten jagt, um sich für ihre lange Herbstwanderung zu stärken; ein Mistkäfer, der seine Kugel geduldig über die Hügel der Provence rollt; eine Schildkröte, die eifrig ihre Eier an einem tropischen Strand ablegt; die grün leuchtende Spur von Milliarden Planktonteilchen, die nachts im Kielwasser eines Schiffes funkeln; oder die Millionen kleinen braunen Falter, die ihren Kurs nach dem Erdmagnetfeld ausrichten.

Während ich für dieses Buch recherchiert und diese Seiten geschrieben habe, war ich immer wieder sprachlos vor Bewunderung für die außergewöhnlichen Fähigkeiten der Navigatoren des Tierreichs. Selbst wenn unser eigenes Leben nicht vom Wohl und der Vitalität unseres Planeten abhinge, ist es auf jeden Fall ein ethisches Gebot, das beinahe unendlich komplexe Geflecht von Lebensformen zu schützen und zu bewahren, das solche Wunder hervorbringt.

Die Ehrfurcht, die wir im Angesicht der Natur empfinden, ist eine geheimnisvolle Kraft; in längst vergangenen Zeiten galt sie als sicheres Anzeichen einer göttlichen Präsenz. Wir mögen zwar nicht mehr an Gottheiten glauben, aber zu unserem eigenen Wohlergehen müssen wir lernen, die Welt, in der wir leben, und die ungewöhnlichen Geschöpfe, mit denen wir unseren Lebensraum teilen, zu achten und zu hegen.

Wir müssen unseren Kurs neu bestimmen.

ANHANG

Dank

Als Erstes möchte ich meiner Agentin Catherine Clarke und meinem Lektor Rupert Lancaster danken. Catherine half mir geduldig dabei, das ursprüngliche Exposé weiterzuentwickeln, und Ruperts sachkundiger Rat trug maßgeblich dazu bei, dass dieses Buch Gestalt annahm. Mein aufrichtiger Dank gilt auch dem Korrektor Barry Johnston, dem Illustrator Neil Gower, der Presseagentin Karen Geary und ihrer Assistentin Jeannelle Brew sowie Caitriona Horne, die die Marketingkampagne leitete, und Cameron Myers, der alle Fäden zusammenführte.

Bei den Recherchen für dieses Buch habe ich mich größtenteils auf Artikel gestützt, die in wissenschaftlichen Fachzeitschriften veröffentlicht wurden. Aber mein Dank gilt auch den Autorinnen und Autoren verschiedener Bücher (aufgeführt in der Bibliografie), auf die ich intensiv zurückgegriffen habe: Hugh Dingle, Paul Dudchenko, James Gould und Carol Grant Gould, Tania Munz sowie Gilbert Waldbauer.

Zutiefst dankbar bin ich all den Wissenschaftlern, die mich großzügig an ihrem Fachwissen teilhaben ließen: Andrea Adden, Susanne Åkesson, Emily Baird, Vanessa Bézy, Roger Brothers, Jason Chapman, Nikita Chernetsov, Marie Dacke, Michael Dickinson, David Dreyer, Barrie Frost, Anna Gagliardo, Anja Günther, Bob Gill, Dominic Giunchi, Jon Hagstrum, Lucy Hawkes, Stanley Heinze, Peter Hore, Miriam Liedvogel, Lucia Jacobs, Kate Jeffery, Basil El Jundi, Ken Lohmann, Paolo Luschi, Henrik Mouritsen, Martin Rossor, Hugo Spiers, Eric Warrant, Jason Warren, Rüdiger Wehner und Matthew Witt.

Besonderen Dank schulde ich jenen Personen, die freundlicherweise den Erstentwurf des Buches (ganz oder in Teilen) gelesen und mitunter sehr ausführlich kommentiert haben: Jason Chapman, Anna Gagliardo, Jon Hagstrum, Peter Hore, Kate Jeffery, Paolo Luschi, Henrik Mouritsen, Martin Rossor, Eric Warrant und Rüdiger Wehner. Mein Dank gebührt auch den »Zivilisten«, die das Manuskript gelesen und kommentiert haben: Jessie Lane, George Lloyd-Roberts, Richard Morgan und Kit Rogers.

Eric Warrant gestattete mir freundlicherweise, ihn und sein Team in die Snowy Mountains zu begleiten, wo ich ihre faszinierenden Experimente mit dem Bogong-Falter miterleben durfte. Eric und seine Frau Sarah erwiesen mir große Gastfreundlichkeit während meines Aufenthalts in Lund. Das Gleiche gilt für Rüdiger Wehner und seine Frau Sibylle, die ich in Zürich besuchte. Ebenso wohlwollend nahmen mich Paolo Luschi und seine Frau Cristina in Pisa auf. Vanessa Bézy, Roger Brothers und Ken Lohmann kümmerten sich vorbildlich um mich, als ich bei ihnen in Costa Rica Zeit verbrachte. Die Freundlichkeit all dieser Menschen weiß ich sehr zu schätzen.

Zu Dank verpflichtet bin ich auch dem Royal Institute of Navigation (RIN) und seinem derzeitigen Direktor, John Pottle, sowie dessen Vorgänger Peter Chapman-Andrews. Die Animal Navigation Conference des RIN, die 2016 stattfand, bot mir einen ausgezeichneten Überblick über die neuesten Forschungsarbeiten, insbesondere zur magnetischen Navigation, und ermöglichte es mir, zu vielen der führenden Forscher auf diesem Gebiet Kontakt aufzunehmen. Zahlreiche nützliche Erkenntnisse gewann ich auch bei einer Konferenz über Tiernavigation, die im selben Jahr von der Association for the Study of Animal Behaviour (Vereinigung für die Erforschung von Tierverhalten) veranstaltet wurde.

Mein innigster Dank gilt schließlich meiner Frau Mary für ihre beständige Unterstützung, Ermutigung und Beratung sowie meinen Töchtern Nell und Miranda. Ihr Beistand war wichtiger, als ich in Worte fassen kann.

Zitatnachweise

S. 34: Aus: Guy Deutscher, *Im Spiegel der Sprache. Warum die Welt in anderen Sprachen anders aussieht*, aus dem Englischen von Martin Pfeiffer. dtv Verlagsgesellschaft München 2012, S. 190ff und S. 214f. Copyright der deutschen Übersetzung © Verlag C. H. Beck München 2020.

S. 77f.: Aus: Mark Twain, *Durch Dick und Dünn*, aus dem amerikanischen Englisch von Otto Wilck. Carl Hanser Verlag München 1977, S. 192f. Copyright der deutschen Übersetzung © Aufbau Verlag GmbH & Co. KG Berlin 1960, 2008.

S. 124: Aus: Jean-Henri Fabre, *Erinnerungen eines Insektenforschers*, aus dem Französischen von Friedrich Koch, Ulrich Kunzmann und Heide Lipecky. Copyright der deutschen Übersetzung © Verlag Matthes & Seitz Berlin 2015, Bd. 7, S. 295.

S. 132: Aus: Marcel Proust, *Auf der Suche nach der verlorenen Zeit 1, Unterwegs zu Swann*, aus dem Französischen von Eva Rechel-Mertens. Copyright der deutschen Übersetzung © Suhrkamp Verlag Frankfurt am Main 1953, S. 67–70.

S. 309f.: Aus: Primo Levi, *Die Atempause*, aus dem Italienischen von Barbara und Robert Picht. dtv Verlagsgesellschaft München 1994, S. 168–170. Copyright der deutschen Übersetzung © Carl Hanser Verlag München 1991.

S. 311: Aus: Rebecca Solnit, *Die Kunst, sich zu verlieren: Ein Führer durch den Irrgarten des Lebens*, aus dem amerikanischen Englisch von Michael Mundhenk. Piper Verlag München 2009, S. 15. Copyright der deutschen Übersetzung © Verlag Matthes & Seitz Berlin 2020.

Auswahlbibliografie

Ackerman, Jennifer, *Die Genies der Lüfte: Die erstaunlichen Talente der Vögel*, aus dem Englischen von Christel Dormagen, Reinbek: Rowohlt, 2017

Bagnold, Ralph A., *Libyan Sands*, London: Eland Publishing, 2010

Balcombe, Jonathan, *Was Fische wissen*, aus dem Englischen von Tobias Rothenbücher, Hamburg: mareverlag, 2018

Cambefort, Yves, *Les Incroyables Histoires Naturelles de Jean-Henri Fabre*, Paris: Grund, 2014

Carr, Archie, *The Sea Turtle*, Austin: University of Texas, 1986

Cheshire, James, und Oliver Uberti, *Die Wege der Tiere, ihre Wanderungen an Land, zu Wasser und in der Luft*, aus dem Englischen von Claudia Van Den Block, München: Carl Hanser, 2017

Cronin, Thomas W., Sönke Johnsen, N. Justin Marshall und Eric J. Warrant, *Visual Ecology*, Princeton: Princeton University Press, 2014

Deutscher, Guy, *Im Spiegel der Sprache. Warum die Welt in anderen Sprachen anders aussieht*, aus dem Englischen von Martin Pfeiffer, München: Beck, 2010

Dingle, Hugh, *Migration: The Biology of Life on the Move*, Oxford: Oxford University Press, 2014

Dudchenko, Paul A., *Why People Get Lost*, Oxford: Oxford University Press, 2010

Ellard, Colin, *You Are Here*, New York: Anchor Books, 2009

Elphick, Jonathan (Hrsg.), *Atlas des Vogelzugs. Die Wanderung der Vögel auf unserer Erde*, Bern: Haupt, 2008

Fabre, Jean-Henri, *Bilder aus der Insektenwelt* (autorisierte Übersetzung aus *Souvenirs Entomologiques, Mœurs des insectes* und *La vie des insectes*, Paris: Delagrave, 1882), vier Bände, Stuttgart: Franckh, 1911–1914

Finney, Ben, *Sailing in the Wake of the Ancestors*, Honolulu: Bishop Museum Press, 2003

Gatty, Harold, *Finding Your Way Without Map or Compass*, New York: Dover, 1958, Nachdruck 1999

Gazzaniga, Michael S., R. B. Ivry und G. R. Mangun, *Cognitive Neuroscience: The Biology of the Mind* (2. Auflage), New York: Norton, 2002

Ghione, Sergio, *Turtle Island: A Journey to Britain's Oddest Colony*, aus dem Italienischen ins Englische übersetzt von Martin McLaughlin, London: Penguin, 2002

Gladwin, Thomas, *East Is a Big Bird. Navigation and Logic on Puluwat Atoll*, Cambridge, Mass.: Harvard University Press, 1970

Gould, James L., und Carol Grant Gould, *Nature's Compass: The Mystery of Animal Navigation*, Princeton: Princeton University Press, 2012

Griffin, Donald R., *Wie Tiere denken. Ein Vorstoß ins Bewusstsein der Tiere,* aus dem Englischen von Elisabeth M. Walther, München: BLV, 1985

Griffin, Donald R., *Animal Minds,* Chicago: University of Chicago Press, 2001

Heinrich, Bernd, und Judith Schalansky (Hrsg.), *Der Heimatinstinkt: Das Geheimnis der Tierwanderung,* aus dem Englischen von Hainer Kober, Berlin: Matthes & Seitz, 2017

Hughes, George, *Between the Tides: In Search of Sea Turtles,* Johannesburg: Jacana, 2012

Levi, Primo, *Ist das ein Mensch; Die Atempause,* aus dem Italienischen von Heinz Riedt, München: Hanser, 1991

Lewis, David H., *We, the Navigators: The Ancient Art of Landfinding in the Pacific,* Honolulu: University of Hawaii Press, 2. Auflage 1994

Munz, Tania, *Der Tanz der Bienen: Karl von Frisch und die Entdeckung der Bienensprache,* aus dem Englischen von Barbara Sternthal, Wien: Czernin, 2018

Newton, Ian, *Bird Migration,* London: W. Collins, 2010

Pyle, Robert Michael, *Chasing Monarchs. Migrating with the Butterflies of Passage,* New Haven: Yale University Press, 2014

Shepherd, Gordon M., *Neurogastronomy. How the Brain Creates Flavor and Why It Matters,* New York: Columbia University Press, 2011

Snyder, Gary, *The Practice of the Wild,* Berkeley, Kalifornien: Counterpoint, 1990

Solnit, Rebecca, *Die Kunst, sich zu verlieren: Ein Führer durch den Irrgarten des Lebens,* aus dem amerikanischen Englisch von Michael Mundhenk, München: Piper, 2009

Strycker, Noah, *The Thing with Feathers,* New York: Riverhead Books, 2014

Taylor, Eva G. R., *The Haven-Finding Art: A History of Navigation from Odysseus to Captain Cook,* London: Hollis and Carter, 1956

Thomas, Steve, *The Last Navigator,* New York: H. Holt, 1987

de Waal, Frans, *Are We Smart Enough to Know How Smart Animals Are?,* London: Granta, 2016

Waldbauer, Gilbert, *Millions of Monarchs, Bunches of Beetles: How Bugs Find Strength in Numbers,* Cambridge, Mass.: Harvard University Press, 2000

Waterman, Talbot Howe, *Animal Navigation,* New York: Scientific American Library, 1989

Wilson, Edward O., *Biophilia,* Cambridge, Mass.: Harvard University Press, 1984

Anmerkungen

Vorwort

1 Das Navigieren ohne Karten und Instrumente wird manchmal als »Wegfindung« *(wayfinding)* bezeichnet.
2 Siehe *Annual Statistics of Scientific Procedures on Living Animals Great Britain 2017*, Home Office (britisches Innenministerium), 19. Juli 2018. – In Deutschland ist kein Abwärtstrend erkennbar; Anm. d. Übers.

TEIL I – Navigieren ohne Karten

1. Mr. Steadman und der Monarchfalter

1 M. Santosh, T. Arai und S. Maruyama, »Hadean Earth and primordial continents: the cradle of prebiotic life«, *Geoscience Frontiers*, Bd. 8, Nr. 2, 2017, S. 309–327.
2 M. S. Dodd, D. Papineau, T. Grenne, J. F. Slack, M. Rittner, F. Pirajno und C. T. Little, »Evidence for early life in earth's oldest hydrothermal vent precipitates«, *Nature*, Bd. 543, Nr. 7643, 2017, S. 60–64.
3 J. Adler, »The sensing of chemicals by bacteria«, *Scientific American*, Bd. 234, Nr. 4, 1976, S. 40–47.
4 R. Blakemore, »Magnetotactic bacteria«, *Science*, Bd. 190, Nr. 4212, 1975, S. 377–379.
5 J. B. Kirkegaard, A. Bouillant, A. O. Marron, K. C. Leptos und R. E. Goldstein, »Aerotaxis in the closest relatives of animals«, *eLife*, Bd. 5, 2016, e18109.
6 C. R. Reid, T. Latty, A. Dussutour und M. Beekman, »Slime mold uses an externalized spatial ›memory‹ to navigate in complex environments«, *Proceedings of the National Academy of Sciences*, Bd. 109, Nr. 43, 2012, S. 17490–17494.
7 A. Tero, S. Takagi, T. Saigusa, K. Ito, D. P. Bebber, M. D. Fricker und T. Nakagaki, »Rules for biologically inspired adaptive network design«, *Science*, Bd. 327, Nr. 5964, 2010, S. 439–442.
8 K. S. Last, L. Hobbs, J. Berge, A. S. Brierley und F. Cottier, »Moonlight drives ocean-scale mass vertical migration of zooplankton during the Arctic winter«, *Current Biology*, Bd. 26, Nr. 2, 2016, S. 244–251.
9 N. S. Häfker, B. Meyer, K. S. Last, D. W. Pond, L. Hüppe und M. Teschke, »Circadian Clock Involvement in Zooplankton Diel Vertical Migration«, *Current Biology*, Bd. 27, Nr. 14, 2017, S. 2194–2201.

10 A. Vidal-Gadea, K. Ward, C. Beron, N. Ghorashian, S. Gokce, J. Russell und
J. Pierce-Shimomura, »Magnetosensitive neurons mediate geomagnetic orientation
in Caenorhabditis elegans«, *eLife*, Bd. 4, 2015, e07493.

11 J. Phillips, J. und S. C. Borland, »Use of a specialized magnetoreception system for
homing by the eastern red-spotted newt Notophthalmus viridescens«, *Journal of
Experimental Biology*, Bd. 188, Nr. 1, 1994, S. 275–291.

12 A. Garm, M. Oskarsson und D. E. Nilsson, »Box jellyfish use terrestrial visual cues
for navigation«, *Current Biology*, Bd. 21, Nr. 9, 2011, S. 798–803.

13 »Homesick sheepdog walks 240 miles home to Wales after bolting from his new
farm in Cumbria«, *Daily Telegraph*, 25. April 2016.

14 V. Hart, P. Nováková, E. P. Malkemper, S. Begall, V. Hanzal, M. Ježek und J. Čer-
vený, »Dogs are sensitive to small variations of the earth's magnetic field«, *Frontiers
in Zoology*, Bd. 10, Nr. 1, 2013, S. 80.

2. Jim Lovells magischer Teppich

1 C. Darwin, *Die Abstammung des Menschen und die geschlechtliche Zuchtwahl,* aus dem
Englischen übersetzt von Julius Victor Carus, Stuttgart: E. Schweizerbart'sche Verlagshandlung (E. Koch), 1875; Frankfurt am Main: Fischer, 2009.

2 N. Shubin, C. Tabin und S. Carroll, »Deep homology and the origins of evolutionary
novelty«, *Nature*, Bd. 457, Nr. 7231, 2009, S. 818.

3 L. Standing, »Learning 10,000 pictures«, *Quarterly Journal of Experimental Psychology*, Bd. 25, 1973, S. 207–222.

4 C. Aporta und E. Higgs (mit Kommentaren von D. Hakken, L. Palmer, M. Palmer,
R. Rundstrom u. a.), »Satellite culture: global positioning systems, Inuit wayfinding,
and the need for a new account of technology«, *Current Anthropology*, Bd. 46, Nr. 5,
2005, S. 729–753.

5 W. E. H. Stanner, zitiert in D. Lewis, »Observations on route finding and spatial
orientation among the Aboriginal peoples of the Western Desert region of Central
Australia«, *Oceania*, Bd. 46, Nr. 4, 1976, S. 249–282.

6 G. Deutscher, *Im Spiegel der Sprache. Warum die Welt in anderen Sprachen anders
aussieht,* aus dem Englischen von Martin Pfeiffer, München: dtv, 2012, S. 190ff.

7 A. a. O., S. 214f.

8 Y. Cambefort, *Les Incroyables Histoires Naturelles de Jean-Henri Fabre,* Paris: Gründ,
2014, S. 20.

9 J.-H. Fabre, *Erinnerungen eines Insektenforschers*, Bd. 2.

10 A. a. O.

11 Das Märchen geht auf *Le Petit Poucet* des französischen Schriftstellers Charles
Perrault zurück und ist in der deutschen Fassung als *Der kleine Däumling* bekannt.
Der kleine Junge streut Kieselsteine aus, um den Weg nach Hause zu finden, als er
und seine Brüder von den bettelarmen Eltern im Wald ausgesetzt werden. Beim
zweiten Mal gelingt dieser Trick nicht, denn er verwendete Brotkrumen, die von
Vögeln aufgefressen wurden.

12 Zusammengefasst in J. L. Gould und C. G. Gould, *Nature's Compass: The Mystery of
Animal Navigation*, Princeton: Princeton University Press, 2012, S. 173–176.

3. Im dunkelsten Dickicht

1 E. J. Warrant, A. Kelber, A. Gislén, B. Greiner, W. Ribi und W. T. Wcislo, »Nocturnal vision and landmark orientation in a tropical halictid bee«, *Current Biology*, Bd. 14, Nr. 15, 2004, S. 1309–1318.

2 E. J. Warrant, »Seeing in the dark: vision and visual behaviour in nocturnal bees and wasps«, *Journal of Experimental Biology*, Bd. 211, Nr. 11, 2008, S. 1737–1746.

3 T. B. de Perera, »Spatial parameters encoded in the spatial map of the blind Mexican cave fish, Astyanax fasciatus«, *Animal Behaviour*, Bd. 68, Nr. 2, 2004, S. 291–295.

4 K. K. Sheenaja und K. J. Thomas, »Influence of habitat complexity on route learning among different populations of climbing perch (Anabas testudineus Bloch, 1792)«, *Marine and Freshwater Behaviour and Physiology*, Bd. 44, Nr. 6, 2011, S. 349–358.

5 P. Cain und S. Malwal, »Landmark use and development of navigation behaviour in the weakly electric fish Gnathonemus petersii (Mormyridae; Teleostei)«, *Journal of Experimental Biology*, Bd. 205, Nr. 24, 2002, S. 3915–3923.

6 D. Clarke, E. Morley und D. Robert, »The bee, the flower, and the electric field: electric ecology and aerial electroreception«, *Journal of Comparative Physiology A*, Bd. 203, Nr. 9, 2017, S. 737–748.

7 A. C. Kamil und J. E. Jones, »The seed-storing corvid Clark's nutcracker learns geometric relationships among landmarks«, *Nature*, Bd. 90, 1997, S. 276–279.

8 P. A. Bednikoff und R. P. Balda, »Clark's nutcracker spatial memory: The importance of large, structural cues«, *Behavioural Processes*, Bd. 102, 2014, S. 12–17.

9 Siehe https://www.rothschildarchive.org/contact/faqs/rothschilds_and_ pigeon_ post.

10 D. Biro, R. Freeman, J. Meade, S. Roberts und T. Guilford, »Pigeons combine compass and landmark guidance in familiar route navigation«, *Proceedings of the National Academy of Sciences*, Bd. 104, Nr. 18, 2007, S. 7471–7476.

11 Ebd.

12 R. P. Mann, C. Armstrong, J. Meade, R. Freeman, D. Biro und T. Guilford, »Landscape complexity influences route-memory formation in navigating pigeons«, *Biology Letters*, Bd. 10, Nr. 1, 2014, 20130885.

13 Zitiert in http://www.ox.ac.uk/news/2014-01-22-hedges-and-edges-help-pigeons-learn-their-way-around.

14 A. Tsoar, R. Nathan, Y. Bartan, A. Vyssotski, G. Dell'Omo und N. Ulanovsky, »Large-scale navigational map in a mammal«, *Proceedings of the National Academy of Sciences*, Bd. 108, Nr. 37, 2011, E718–724.

15 W. V. DeLuca, B. K. Woodworth, C. C. Rimmer, P. P. Marra, P. D. Taylor, K. P. McFarland und D. R. Norris, »Transoceanic migration by a 12g songbird«, *Biology Letters*, Bd. 11, Nr. 4, 2015, 20141045.

4. Von Wüstenkriegen und Ameisen

1 In den Tropen steht die Sonne an zwei Tagen im Jahr am Mittag direkt über einem; normalerweise befindet sie sich aber entweder nördlich oder südlich vom eigenen Standort.

2 In Polregionen geht die Sonne während einiger Monate überhaupt nicht auf beziehungsweise unter; sie steht entweder dauerhaft über dem Horizont (im Hochsommer) oder längerfristig darunter (im tiefsten Winter).

3 R. A. Bagnold, *Libyan Sands: Travel in a Dead World,* Erstausgabe London, 1941, Nachdruck London: Eland Publishing, 2010, S. 220.

4 A. a. O., S. 59. Siehe auch W. K. Shaw, »Desert Navigation: Some Experiences of the Long Range Desert Group«, *Geographical Journal,* 1943, S. 253–258.

5 Bagnold, op. cit., S. 171f.

6 J. Lubbock, *Ants, Bees and Wasps: A Record of Observations on the Habits of the Social Hymenoptera,* New York: D. Appleton & Co., 1882, S. 263–270.

7 Die folgende Darstellung beruht auf R. Wehner, »On the brink of introducing sensory ecology: Felix Santschi (1872–1940), Tabib-en-Neml«, *Behavioral Ecology and Sociobiology,* Bd. 27, Nr. 4, 1990, S. 295–306.

8 Eine faszinierende historische Abhandlung über die ersten Wissenschaftler, die die Ameisennavigation erforschten, findet sich in R. Wehner, »Early ant trajectories: spatial behaviour before behaviourism«, *Journal of Comparative Physiology A,* Bd. 202, Nr. 4, 2016, S. 247–266.

9 P. Jouventin und H. Weimerskirch, »Satellite tracking of wandering albatrosses«, *Nature,* Bd. 343, Nr. 6260, 1990, S. 746.

5. Tanzende Bienen

1 Eine ausgezeichnete Darstellung von Karl von Frischs Leben und Werk findet sich in Tania Munz, *Der Tanz der Bienen: Karl von Frisch und die Entdeckung der Bienensprache,* aus dem Englischen von Barbara Sternthal, Wien: Czernin, 2018. In diesem Kapitel stütze ich mich maßgeblich auf Munz' Arbeit.

2 A. a. O., S. 200.

3 A. a. O., S. 217ff.

4 A. a. O., S. 234.

5 A. a. O., S. 124.

6 K. von Frisch und M. Lindauer, »The ›Language‹ and Orientation of the Honey Bee«, *Annual Review of Entomology,* Bd. 1, 1956, S. 45–48.

7 A. a. O.

8 Die Bienen müssen beurteilen können, wo oben ist, um den Tanz zu deuten; in der Dunkelheit des Nests ist dies nur dadurch möglich, dass der Abwärtszug der Schwerkraft gespürt wird.

9 T. Munz, »The bee battles: Karl von Frisch, Adrian Wenner and the honey bee dance language controversy«, *Journal of the History of Biology,* Bd. 38, Nr. 3, 2005, S. 535–570.

10 R. C. Fijn, D. Hiemstra, R. A. Phillips und J. V. D. Winden, »Arctic Terns Sterna paradisaea from the Netherlands migrate record distances across three oceans to Wilkes Land, East Antarctica«, *Ardea,* Bd. 101, Nr. 1, 2013, S. 3–12.

6. Koppelnavigation

1 Dieses Thema erörtert der Autor im Detail in seinem früheren Buch *Sextant: Die Vermessung der Meere,* aus dem Englischen von Harald Stadler, Hamburg: mareverlag, 2015, S. 80–109.

2 Als »Koppelnavigation« (auch Koppelung) bezeichnet man die fortlaufende näherungsweise Ortsbestimmung eines bewegten Objektes, etwa eines Schiffes, aufgrund von Bewegungsrichtung (Kurs) und Geschwindigkeit (Fahrt).

3 Es ist im Prinzip möglich, die Sonne und die Sterne durch ein Periskop zu beobachten, aber da sich ein Atom-U-Boot dadurch verraten konnte, musste eine alterna-
tive Navigationsmethode entwickelt werden.

4 Der Fachbegriff lautet »idiothetisch«. Unter idiothetischen Informationen versteht
man solche, die dazu dienen, die eigene Position im Raum zu bestimmen (Raum-
orientierung), und aus dem Organismus selbst stammen, im Gegensatz zu allotheti-
schen Informationen aus Außenreizen.

5 M. Twain, *Durch Dick und Dünn* (*Roughing It*, 1872), aus dem amerikanischen Englisch von Otto Wilck, München: Carl Hanser, 1977, S. 192f.

6 P. A. Dudchenko, *Why People Get Lost*, Oxford: Oxford University Press, 2010,
S. 67ff.

7 J. L. Souman, I. Frissen, M. N. Sreenivasa und M. O. Ernst, »Walking straight into
circles«, *Current Biology*, Bd. 19, Nr. 18, 2009, S. 1538–1542.

8 J. A. Thomson, »Is continuous visual monitoring necessary in visually guided loco-
motion?«, *Journal of Experimental Psychology: Human Perception and Performance*,
Bd. 9, Nr. 3, 1983, S. 427.

9 A. Cheung, S. Zhang, C. Stricker und M. V. Srinivasan, »Animal navigation: general properties of directed walks«, *Biological Cybernetics*, Bd. 99, Nr. 3, 2008, S. 197–217.

10 R. E. Gill, T. L. Tibbitts, D. C. Douglas, C. M. Handel, D. M. Mulcahy, J. C. Gott-
schalck und T. Piersma, »Extreme endurance flights by landbirds crossing the Pacific
Ocean: ecological corridor rather than barrier?«, *Proceedings of the Royal Society of
London B: Biological Sciences*, Bd. 276, Nr. 1656, 2009, S. 447–457.

11 T. Piersma und R. E. Gill Jr., »Guts don't fly: small digestive organs in obese bar-
tailed godwits«, *The Auk*, 1998, S. 196–203.

12 P. F. Battley, N. Warnock, T. L. Tibbitts, R. E. Gill, T. Piersma, C. J. Hassell und
D. S. Melville, »Contrasting extreme long-distance migration patterns in bar-tailed
godwits Limosa lapponica«, *Journal of Avian Biology*, Bd. 43, Nr. 1, 2012, S. 21–32.

7. Das Rennpferd der Insektenwelt

1 Siehe R. Wehner, »Life as a cataglyphologist – and beyond«, *Annual Review of Entomology*, Bd. 58, 2013, S. 1–18.

2 K. Pfeiffer und U. Homberg, »Organisation and functional roles of the central
complex in the insect brain«, *Annual Review of Entomology*, Bd. 59, 2014, S. 165–184.

3 R. Wehner, »Matched filters – neural models of the external world«, *Journal of
Comparative Physiology A: Neuroethology, Sensory, Neural, and Behavioral Physiology*,
Bd. 161, Nr. 4, 1987, S. 511–531.

4 M. Srinivasan, S. Zhang und N. Bidwell, »Visually mediated odometry in honey-
bees«, *Journal of Experimental Biology*, Bd. 200, Nr. 19, 1997, S. 2513–2522.

5 M. Wittlinger, R. Wehner und H. Wolf, »The ant odometer: stepping on stilts and
stumps«, *Science*, Bd. 312, Nr. 5782, 2006, S. 1965–1967.

6 R. Wehner und F. Räber, »Visual spatial memory in desert ants, Cataglyphis bicolor
(Hymenoptera: Formicidae)«, *Experientia*, Bd. 35, 1979, S. 1569–1571; B. A. Cart-
wright und T. S. Collett, »Landmark learning in bees: experiments and models«,
Journal of Comparative Physiology A, Bd. 151, 1983, S. 521–543; R. Möller und A. Vardy,
»Local visual homing by matched-filter descent in image distances«, *Biological
Cybernetics*, Bd. 95, 2006, S. 413–430; J. Zeil, M. I. Hofmann und J. S. Chahl, »The

catchment areas of panoramic snapshots in outdoor scenes«, *Journal of the Optical Society of America A*, Bd. 20, 2003, S. 450–469.

7 D. Lambrinos, R. Möller, T. Labhart, R. Pfeifer und R. Wehner, »A mobile robot employing insect strategies for navigation«, *Robot and Autonomous Systems*, Bd. 30, 2000, S. 39–64.

8 P. N. Fleischmann, R. Grob, V. L. Müller, R. Wehner und W. Rössler, »The geomagnetic field is a compass cue in cataglyphis ant navigation«, *Current Biology*, Bd. 28, Nr. 9, 2018, S. 1440-1444.e2.

9 N. N. Shi, C. C. Tsai, F. Camino, G. D. Bernard, N. Yu und R. Wehner, »Keeping cool: enhanced optical reflection and heat dissipation in Saharan silver ants«, *Science*, Bd. 349, Nr. 6245, 2015, S. 298-301.

10 C. Darwin, *Die Abstammung des Menschen und die geschlechtliche Zuchtwahl*, aus dem Englischen übersetzt von Julius Victor Carus, Stuttgart: E. Schweizerbart'sche Verlagshandlung (E. Koch), 1875, Bd. 1, zweites Kapitel, S. 70.

11 S. Heinze, »Neuroethology: unweaving the senses of direction«, *Current Biology*, Bd. 25, Nr. 21, 2015, R1034–1037.

12 Siehe z. B. K. Weber, S. Venkatesh und M. V. Srinivasan, »Insect inspired behaviours for the autonomous control of mobile robots«, *International Conference on Pattern Recognition, Proceedings*, August 1996, S. 156, IEEE; K. Weber, S. Venkatesh und M. V. Srinivasan, »An insect-based approach to robotic homing«, *Fourteenth International Conference on Pattern Recognition, 1998, Proceedings*, Bd. 1, August 1998, S. 297–299, IEEE; F. Expert, S. Viollet und F. Ruffier, »Outdoor field performances of insect-based visual motion sensors«, *Journal of Field Robotics*, Bd. 28, Nr. 4, 2011, S. 529–541; P. Graham und A. Philippides, »Insect-Inspired Visual Systems and Visually Guided Behavior«, *Encyclopedia of Nanotechnology*, 2014, S. 1–9.

13 M. Collett und T. S. Collett, »How does the insect central complex use mushroom body output for steering?«, *Current Biology*, Bd. 28, Nr. 13, 2018, R733–734.

14 M. A. Read, G. C. Grigg, S. R. Irwin, D. Shanahan und C. E. Franklin, »Satellite tracking reveals long distance coastal travel and homing by translocated estuarine crocodiles, Crocodylus porosus«, *PLoS One*, Bd. 2, Nr. 9, 2007, e949.

8. Navigieren nach der Gestalt des Himmels

1 R. Chepesiuk, »Missing the dark: health effects of light pollution«, *Environmental Health Perspectives*, Bd. 117, Nr. 1, 2009, A20.

2 F. Falchi, P. Cinzano, D. Duriscoe, C. C. Kyba, C. D. Elvidge, K. Baugh und R. Furgoni, »The new world atlas of artificial night sky brightness«, *Science Advances*, Bd. 2, Nr. 6, 2016, e1600377.

3 C. C. Kyba, T. Kuester, A. S. de Miguel, K. Baugh, A. Jechow, F. Hölker und L. Guanter, »Artificially lit surface of earth at night increasing in radiance and extent«, *Science Advances*, Bd. 3, Nr. 11, 2017, e1701528.

4 Siehe z. B. R. G. Stevens, D. E. Blask, G. C. Brainard, J. Hansen, S. W. Lockley, I. Provencio, M. S. Rea und L. Reinlib, »Meeting report: The role of environmental lighting and circadian disruption in cancer and other diseases«, *Environmental Health Perspectives*, Bd. 115, 2007, S. 1357–1362.

5 Siehe z. B. T. Longcore und C. Rich, »Ecological light pollution«, *Frontiers in Ecology and the Environment*, Bd. 2, Nr. 4, 2004, S. 191–198. Ebenso G. Horváth,

G. Kriska, P. Malik und B. Robertson, »Polarized light pollution: a new kind of ecological photopollution«, *Frontiers in Ecology and the Environment*, Bd. 7, Nr. 6, 2009, S. 317–325; K. J. Gaston, J. Bennie, T. W. Davies und J. Hopkins, »The ecological impacts of nighttime light pollution: a mechanistic appraisal«, *Biological Reviews*, Bd. 88, Nr. 4, 2013, S. 912–927.

6 Weitere Informationen finden sich auf der Website der International Dark Sky Association: http://darksky.org.

7 T. Gladwin, *East is a Big Bird: Navigation and Logic on Puluwat Atoll*, Harvard, 1970, S. 130f.

8 D. H. Lewis, *We, the Navigators: The Ancient Art of Landfinding in the Pacific*, University of Hawaii Press, 2. Auflage 1994, S. 94–97.

9 T. Gladwin, *East is a Big Bird*, S. 152.

10 Auch arabische Seefahrer im Indischen Ozean und im Roten Meer nutzten das System des »Sternenkompasses«; vielleicht gelangte es über Madagaskar zu ihnen, das einst von Bewohnern des heutigen Indonesien besiedelt war. Siehe M. Tolmacheva, »On the Arab system of nautical orientation«, *Arabica*, Bd. 27, Nr. 2, 1980, S. 180–192.

11 D. H. Lewis, *We, the Navigators*, S. 123.

12 A. a. O., S. 162f.

13 A. a. O., S. 170ff.

14 A. a. O., S. 224ff.

15 T. Gladwin, *East is a Big Bird*, S. 196ff.

16 L. W. Swan, *Tales of the Himalaya: Adventures of a Naturalist*, Mountain N' Air Books, 2000.

17 L. A. Hawkes, N. Batbayar, P. J. Butler, B. Chua, P. B. Frappell, J. U. Meir und J. Y. Takekawa, »Do bar-headed geese train for high altitude flights?«, *Integrative and Comparative Biology*, Bd. 57, Nr. 2, 2017, S. 240–251.

9. Wie Vögel rechtweisend Nord finden

1 A. Hedenström, G. Norevik, K. Warfvinge, A. Andersson, J. Bäckman und S. Åkesson, »Annual 10-month aerial life phase in the common swift Apus apus«, *Current Biology*, Bd. 26, Nr. 22, 2016, S. 3066–3070.

2 Aristoteles, Περὶ Τὰ Ζῷα Ἱστορίαι, *Tierkunde*, Bd. IX.

3 W. E. Clarke, *Studies in Bird Migration*, London und Edinburgh, 1912, Bd. 1, S. 9ff.

4 https://www.wired.com/2014/10/fantastically-wrong-scientist-thought-birds-migrate-moon/.

5 G. White, *The Natural History of Selborne*, Folio Society, 1962, S. 102.

6 Mein Dank gilt meinem Neffen Philip Morgan, der mich auf das Phänomen der Pfeilstörche aufmerksam machte.

7 J. J. Audubon, *The Birds of America*, New York, 1856, Bd. 1, S. 227f.

8 R. Kays, M. C. Crofoot, W. Jetz und M. Wikelski, »Terrestrial animal tracking as an eye on life and planet«, *Science*, Bd. 348, Nr. 6240, 2015, aaa2478.

9 C. T. Symes und S. Woodborne, »Migratory connectivity and conservation of the Amur Falcon Falco amurensis: a stable isotope perspective«, *Bird Conservation International*, Bd. 20, Nr. 2, 2010, S. 134–148.

10 R. C. Anderson, »Do dragonflies migrate across the western Indian Ocean?«, *Journal of Tropical Ecology*, Bd. 25, Nr. 4, 2009, S. 347–358.

11 Jungvögel können manchmal sogar dazu gebracht werden, einem menschlichen Führer zu folgen, der in einem Ultraleichtflugzeug neben ihnen herfliegt. Diese Methode wurde angewandt, um den massiv bedrohten Schreikranich in Nordamerika vor dem Aussterben zu bewahren. Und in jüngerer Zeit hat man auf diese Weise den europäischen Ibis (Waldrapp) wieder zu seinen traditionellen Brutgebieten in Europa zurückgeführt. Der Anblick eines Vogelschwarms, der einem menschlichen Piloten treu folgt, ist sicherlich anrührend, doch solch ein enger Kontakt mit Menschen dürfte die Fähigkeit der Vögel beeinträchtigen, ihre Jungen selbst großzuziehen.

12 M. Willemoes, R. Strandberg, R. H. Klaassen, A. P. Tøttrup, Y. Vardanis, P. W. Howey und T. Alerstam, »Narrow-front loop migration in a population of the common cuckoo Cuculus canorus, as revealed by satellite telemetry«, *PLoS One*, Bd. 9, Nr. 1, 2014, e83515.

13 E. F. Sauer und E. M. Sauer, »Star Navigation of Nocturnal Migrating Birds: The 1958 Planetarium Experiments«, *Cold Spring Harbor Symposia on Quantitative Biology*, Cold Spring Harbor Laboratory Press, Bd. 25, 1960, S. 463–473.

14 S. T. Emlen, »Migratory orientation in the indigo bunting, Passerina cyanea. Pt I: Evidence for use of celestial cues«, *The Auk*, Bd. 84, Nr. 3, 1967, S. 309–342. Ebenso Stephen T. Emlen, »Migratory orientation in the Indigo Bunting, Passerina cyanea. Pt II: Mechanism of celestial orientation«, *The Auk*, Bd. 84, Nr. 4, 1967, S. 463–489.

15 S. T. Emlen, »The stellar-orientation system of a migratory bird«, *Scientific American*, Bd. 233, Nr. 2, 1975, S. 102–111.

16 H. Mouritsen und O. N. Larsen, »Migrating songbirds tested in computer-controlled Emlen funnels use stellar cues for a time-independent compass«, *Journal of Experimental Biology*, Bd. 204, Nr. 22, 2001, S. 3855–3865.

17 N. K. Strycker, *The Thing with Feathers: The Surprising Lives of Birds and What They Reveal about Being Human*, New York: Riverhead Books, 2014.

10. Himmlische Mistkäfer

1 E. Baird, M. J. Byrne, J. Smolka, E. J. Warrant und M. Dacke, »The dung beetle dance: an orientation behaviour?«, *PLoS One*, Bd. 7, Nr. 1, 2012, e30211.

2 M. Dacke, D. E. Nilsson, C. H. Scholtz, M. Byrne und E. J. Warrant, »Animal behaviour: insect orientation to polarized moonlight«, *Nature*, Bd. 424, Nr. 6944, 2003, S. 33.

3 M. Dacke, E. Baird, M. Byrne, C. H. Scholtz und E. J. Warrant, »Dung beetles use the Milky Way for orientation«, *Current Biology*, Bd. 23, Nr. 4, 2013, S. 298–300.

4 S. Sotthibandhu und R. R. Baker, »Celestial orientation by the large yellow underwing moth, Noctua pronuba L.«, *Animal Behaviour*, Bd. 27, 1979, S. 786–800.

5 A. Ugolini, L. S. Hoelters, A. Ciofini, V. Pasquali und D. C. Wilcockson, »Evidence for discrete solar and lunar orientation mechanisms in the beach amphipod, Talitrus saltator Montagu (Crustacea, Amphipoda)«, *Scientific Reports*, Nr. 6, 2016, e35575.

6 B. Mauck, N. Gläser, W. Schlosser und G. Dehnhardt, »Harbour seals (Phoca vitulina) can steer by the stars«, *Animal Cognition*, Bd. 11, Nr. 4, 2008, S. 715–718.

7 Eine neuere Übersicht darüber, wie Tiere die Sterne zur Orientierung nutzen, findet sich in J. J. Foster, J. Smolka, D. E. Nilsson und M. Dacke, »How animals follow the stars«, *Proceedings of the Royal Society B*, Bd. 285, Nr. 1871, Januar 2018, 20172322.

11. Der Nase nach

1 Die Falter *(Saturnia pyri)* erreichen eine Flügelspannweite von zehn bis sechzehn Zentimetern und sind damit die größten Schmetterlinge Mitteleuropas.

2 J.-H. Fabre, *Erinnerungen eines Insektenforschers*, aus dem Französischen von Friedrich Koch, Ulrich Kunzmann und Heide Lipecky, Berlin: Matthes & Seitz, 2015, Bd. 7, S. 295.

3 S. R. Farkas und H. H. Shorey, »Chemical trail-following by flying insects: a mechanism for orientation to a distant odor source«, *Science*, Bd. 178, Nr. 4056, 1972, S. 67f.

4 J. S. Kennedy, A. R. Ludlow und C. J. Sanders, »Guidance system used in moth sex attraction«, *Nature*, Bd. 288, Nr. 5790, 1980, S. 475–477.

5 H. Martin, »Osmotropotaxis in the honey-bee«, *Nature*, Bd. 208, Nr. 5005, 1965, S. 59–63.

6 A. Borst und M. Heisenberg, »Osmotropotaxis in Drosophila melanogaster«, *Journal of Comparative Physiology A: Neuroethology, Sensory, Neural, and Behavioral Physiology*, Bd. 147, Nr. 4, 1982, S. 479–484.

7 K. Steck, M. Knaden und B. S. Hansson, »Do desert ants smell the scenery in stereo?«, *Animal Behaviour*, Bd. 79, Nr. 4, 2010, S. 939–945.

8 A. D. Hasler und A. T. Scholz, »Olfactory imprinting and homing in salmon: Investigations into the mechanism of the imprinting process«, *Springer Science + Business Media*, Bd. 14, 2012, S. xii.

9 G. Nevitt und A. Dittman, »A new model for olfactory imprinting in salmon«, *Integrative Biology: Issues, News, and Reviews*, veröffentlicht in Verbindung mit The Society for Integrative and Comparative Biology, Bd. 1, Nr. 6, 1998, S. 215–223.

10 A. Dittman und T. Quinn, »Homing in Pacific salmon: mechanisms and ecological basis«, *Journal of Experimental Biology*, Bd. 199, Nr. 1, 1996, S. 83–91.

11 H. Gatty, *Finding Your Way Without Map or Compass*, Mineola, NY: Dover Books, 1983, S. 32f.

12 Riechen und Schmecken sind eng miteinander verknüpft, beruhen jedoch auf unterschiedlichen Sinnesorganen, die in der Nase beziehungsweise im Mund angesiedelt sind. In Kombination liefern sie das, was wir als »Geschmack« wahrnehmen. Ich beschränke mich hier allerdings ausschließlich auf den Geruchssinn.

13 Aristoteles, *De sensu et sensibilibus*, II.5.

14 J. P. McGann, »Poor human olfaction is a 19th-century myth«, *Science*, Bd. 356, Nr. 6338, 2017, eaam7263.

15 C. Darwin, *Die Abstammung des Menschen und die geschlechtliche Zuchtwahl*, aus dem Englischen übersetzt von Julius Victor Carus, Stuttgart: Schweizerbart'sche Verlagsbuchhandlung, 1875, S. 22f.

16 S. Freud, *Drei Abhandlungen zur Sexualtheorie*, Frankfurt am Main: S. Fischer, 1905, S. 83; zitiert in McGann (2017), op. cit.

17 C. Bushdid, M. O. Magnasco, L. B. Vosshall und A. Keller, »Humans can discriminate more than 1 trillion olfactory stimuli«, *Science*, Bd. 343, Nr. 6177, 2014, S. 1370–1372.

18 J. P. McGann, op. cit.

19 J. A. Gottfried, »Function follows form: ecological constraints on odor codes and olfactory percepts«, *Current Opinion in Neurobiology*, Bd. 19, Nr. 4, 2009, S. 422–429.

20 G. M. Shepherd, *Neurogastronomy*, New York: Columbia University Press, 2011, S. 89f.

21 Jay A. Gottfried, op. cit.

22 M. Proust, *Auf der Suche nach der verlorenen Zeit 1, Unterwegs zu Swann*, aus dem Französischen von Eva Rechel-Mertens, Frankfurt am Main: Suhrkamp, 1994, S. 67-70.

23 G. M. Shepherd, op. cit., S. 111.

24 B. M. Pause, »Processing of body odor signals by the human brain«, *Chemosens Percept*, Bd. 5, 2012, S. 55–63. doi: 10.1007/ s12078-011-9108-2; pmid: 22448299.

25 J. P. McGann, op. cit.

26 J. Porter, B. Craven, R. M. Khan, S. J. Chang, I. Kang, B. Judkewitz und N. Sobel, »Mechanisms of scent-tracking in humans«, *Nature Neuroscience*, Bd. 10, Nr. 1, 2007, S. 27–29.

27 L. F. Jacobs, J. Arter, A. Cook und F. J. Sulloway, »Olfactory orientation and navigation in humans«, *PloS One*, Bd. 10, Nr. 6, 2015, e0129387.

28 L. L. Rogers, »Navigation by adult black bears«, *Journal of Mammalogy*, Bd. 68, Nr. 1, 1987, S. 185–188.

12. Können Vögel ihren Heimweg riechen?

1 A. R. Wallace, »Inherited feeling«, *Nature*, Bd. 7, Nr. 173, 1873, S. 303.

2 F. Papi, L. Fiore, V. Fiaschi und S. Benvenuti, »The influence of olfactory nerve section on the homing capacity of carrier pigeons«, *Monitore Zoologico Italiano*, Bd. 5, 1971, S. 265–267.

3 F. Papi, L. Fiore, V. Fiaschi und S. Benvenuti, »Olfaction and homing in pigeons«, *Monitore Zoologico Italiano*, Bd. 6, 1972, S. 85–95.

4 Man durchtrennt (unter Vollnarkose) den Geruchsnerv, der die Geruchsrezeptoren des Vogels mit seinem Riechkolben verbindet, oder desensibilisiert die Geruchsorgane vorübergehend mittels örtlicher Betäubung oder ätzender Chemikalien (wie Zinksulfat). Die Vögel erholen sich anscheinend sehr schnell von Operationen, bei denen ihr Geruchsnerv durchtrennt wird; ihren Geruchssinn erlangen sie jedoch nicht mehr wieder.

5 Siehe z. B. S. Benvenuti, V. Fiaschi, L. Fiore und F. Papi, »Homing performances of inexperienced and directionally trained pigeons subjected to olfactory nerve section«, *Journal of Comparative Physiology*, Bd. 83, 1973, S. 81–92; siehe auch D. Biro, J. Meade und T. Guilford, »Familiar route loyalty implies visual pilotage in the homing pigeon«, *Proc. Natl. Acad. Sci. USA*, Bd. 101, 2004, S. 17440–17443.

6 N. E. Baldaccini, S. Benvenuti, V. Fiaschi und F. Papi, »Pigeon navigation: effects of wind deflection at home cage on homing behaviour«, *Journal of Comparative Physiology*, Bd. 99, 1975, S. 177–186.

7 Siehe z. B. A. Gagliardo, P. Ioalè, F. Odetti und V. P. Bingman, »The ontogeny of the homing pigeon navigational map: evidence for a sensitive learning period«, *Proc. Biol. Sci.*, Bd. 268, 2001, S. 197–202.

8 Siehe z. B. J. B. Phillips und J. A. Waldvogel, »Celestial polarized light patterns as a calibration reference for sun compass of homing pigeons«, *Journal of Theoretical Biology*, Bd. 131, Nr. 1, 1988, S. 55–67.

9 Einen detaillierten Überblick liefert A. Gagliardo, »Forty years of olfactory navigation in birds«, *Journal of Experimental Biology*, Bd. 216, Nr. 12, 2013, S. 2165–2171.

10 H. G. Wallraff, »An amazing discovery: bird navigation based on olfaction«, *Journal of Experimental Biology*, Bd. 218, Nr. 10, 2015, S. 1464–1466.

11 S. Benvenuti und H. G. Wallraff, »Pigeon navigation: site simulation by means of atmospheric odours«, *Journal of Comparative Physiology A*, Bd. 156, 1985, S. 737–746.

12 P. E. Jorge, A. E. Marques und J. B. Phillips, »Activational rather than navigational effects of odors on homing of young pigeons«, *Current Biology*, Bd. 19, Nr. 8, 2009, S. 650–654.

13 A. Gagliardo, E. Pollonara und M. Wikelski, »Only natural local odours allow homeward orientation in homing pigeons released at unfamiliar sites«, *Journal of Comparative Physiology A*, 2018, S. 1–11.

14 C. Walcott, W. Wiltschko, R. Wiltschko, G. K. Zupanc und K. H. Günther, »Olfactory navigation versus olfactory activation: a controversy revisited«, *Journal of Comparative Physiology. Neuroethology, Sensory, Neural, and Behavioral Physiology*, Bd. 204, Nr. 8, 2018, S. 703-706.

15 G. A. Nevitt, »Sensory ecology on the high seas: the odor world of the procellariiform seabirds«, *Journal of Experimental Biology*, Bd. 211, Nr. 11, 2008, S. 1706–1713. Ebenso ist der Riechkolben der Brieftaube zwar kleiner als der des Sturmtauchers, aber größer als der von Wildtauben; siehe J. Mehlhorn und G. Rehkämper, »Neurobiology of the homing pigeon – a review«, *Naturwissenschaften*, Bd. 96, Nr. 9, 2009, S. 1011–1025.

16 A. Gagliardo, J. Bried, P. Lambardi, P. Luschi, M. Wikelski und F. Bonadonna, »Oceanic navigation in Cory's shearwaters: evidence for a crucial role of olfactory cues for homing after displacement«, *Journal of Experimental Biology*, Bd. 216, Nr. 15, 2013, S. 2798–2805.

17 E. Pollonara, P. Luschi, T. Guilford, M. Wikelski, F. Bonadonna und A. Gagliardo, »Olfaction and topography, but not magnetic cues, control navigation in a pelagic seabird: displacements with shearwaters in the Mediterranean Sea«, *Scientific Reports,* Bd. 5, 2015, srep16486.

18 O. Padget, S. L. Bond, M. M. Kavelaars, E. van Loon, M. Bolton, A. L. Fayet und T. Guilford, »In Situ Clock Shift Reveals that the Sun Compass Contributes to Orientation in a Pelagic Seabird«, *Current Biology*, Bd. 28, Nr. 2, 2018, S. 275-279, S. 264, Zeilen 1-2.

19 O. Padget et al., op. cit.

20 M. Abolaffio, A. M. Reynolds, J. G. Cecere, V. H. Paiva und S. Focardi, »Olfactory-cued navigation in shearwaters: linking movement patterns to mechanisms«, *Scientific Reports*, Bd. 8, Nr. 1, 2018, S. 11590.

21 J. L. Debose und G. A. Nevitt, »The use of odors at different spatial scales: comparing birds with fish«, *Journal of Chemical Ecology*, Bd. 34, Nr. 7, 2008, S. 867–881. http://doi.org/10.1007/s10886-008-9493-4.

22 O. Padget et al., op. cit.

23 H. Mouritsen, »Long-distance navigation and magnetoreception in migratory animals«, *Nature*, Bd. 558, Nr. 7708, 2018, S. 50.

24 S. Benhamou, J. Bried, F. Bonadonna und P. Jouventin, »Homing in pelagic birds: a pilot experiment with white-chinned petrels released in the open sea«, *Behavioural Processes*, Bd. 61, Nr. 1–2, 2003, S. 95–100; F. Bonadonna, C. Bajzak, S. Benhamou, K. Igloi, P. Jouventin, H. P. Lipp und G. Dell'Omo, »Orientation in the wandering albatross: interfering with magnetic perception does not affect orientation performance«, *Proceedings of the Royal Society of London B: Biological Sciences*, Bd. 272, Nr. 1562, 2005, S. 489–495.

25 C. V. Mora, M. Davison, J. M. Wild und M. M. Walker, »Magnetoreception and its trigeminal mediation in the homing pigeon«, *Nature*, Bd. 432, Nr. 7016, 2004, S. 508.

26 H. G. Wallraff, »Does pigeon homing depend on stimuli perceived during displacement?«, *Journal of Comparative Physiology A: Neuroethology, Sensory, Neural, and Behavioral Physiology*, Bd. 139, Nr. 3, 1980, S. 193–201.

27 Siehe z. B. R. Wiltschko und W. Wiltschko, »Considerations on the role of olfactory input in avian navigation«, *Journal of Experimental Biology*, Bd. 220, Nr. 23, 2017, S. 4347–4350.

28 T. Guilford, R. Freeman, D. Boyle, B. Dean, H. Kirk, R. Phillips und C. Perrins, »A dispersive migration in the Atlantic puffin and its implications for migratory navigation«, *PLoS One*, Bd. 6, Nr. 7, 2011, e21336.

13. Schallnavigation

1 H. Gatty, *Finding Your Way Without Map or Compass*, Mineola: Dover Books, 1983, S. 78f.

2 M. Konishi, »Listening with two ears«, *Scientific American*, Bd. 268, Nr. 4, 1993, S. 66–73.

3 Clare Wilson, »Human bat uses echoes and sounds to see the world«, *New Scientist*, 6. Mai 2015.

4 Siehe V. L. Flanagin, S. Schörnich, M. Schranner, N. Hummel, L. Wallmeier, M. Wahlberg und L. Wiegrebe, »Human exploration of enclosed spaces through echolocation«, *Journal of Neuroscience*, Bd. 37, Nr. 6, 2017, S. 1614–1627; und L. Thaler, G. M. Reich, X. Zhang, D. Wang, G. E. Smith, Z. Tao et al., »Mouth-clicks used by blind expert human echolocators – signal description and model-based signal synthesis«, *PLoS Comput Biol.*, Bd. 13, Nr. 8, 2017, e1005670.

5 Siehe J. Balcombe, *Was Fische wissen. Wie sie lieben, spielen, planen: unsere Verwandten unter Wasser*, aus dem Englischen von Tobias Rothenbücher, Hamburg: mareverlag, 2018, S. 60.

6 C. Kemp, »The original batman«, *New Scientist*, 15. November 2017.

7 D. R. Griffin, F. A. Webster und C. R. Michael, »The echolocation of flying insects by bats«, *Animal Behaviour*, Bd. 8, Nr. 3–4, 1960, S. 141–154.

8 Auch Schleiereulen finden ihre Beute im Dunkeln, indem sie sich ausschließlich auf ihre Ohren verlassen. Sie können die schwachen Geräusche wahrnehmen, die Mäuse oder Wühlmäuse im Gras verursachen, und deren Standort erstaunlich präzise bestimmen.

9 Siehe N. Ulanovsky und C. F. Moss, »What the bat's voice tells the bat's brain«, *Proceedings of the National Academy of Sciences*, Bd. 105, Nr. 25, 2008, S. 8491–8498.

10 T. H. Waterman, *Animal Navigation*, Scientific American Library, 1989, S. 131ff.

11 U. K. Verfuß, L. A. Miller und H. U. Schnitzler, »Spatial orientation in echolocating harbour porpoises (Phocoena phocoena)«, *Journal of Experimental Biology*, Bd. 208, Nr. 17, 2005, S. 3385–3394.

12 M. L. Kreithen und D. B. Quine, »Infrasound detection by the homing pigeon: a behavioral audiogram«, *Journal of Comparative Physiology*, Bd. 129, Nr. 1, 1979, S. 1–4.

13 Ich hörte häufig den lauten Überschallknall der Concorde, wenn ich mich draußen auf dem Meer, mitten im Ärmelkanal, befand.

14 J. T. Hagstrum, »Infrasound and the avian navigational map«, *Journal of Experimental Biology*, Bd. 203, Nr. 7, 2000, S. 1103–1111.

15 Siehe U. S. Grant, *Personal Memoirs of U. S. Grant,* Sampson Low, 1895, Kapitel 28. Weitere Beispiele finden sich unter www.nellaware.com/blog/acoustic-shadow-in-the-civil-war.html.

16 J. T. Hagstrum, »Atmospheric propagation modeling indicates homing pigeons use loft-specific infrasonic ›map cues‹«, *Journal of Experimental Biology,* Bd. 216, Nr. 4, 2013, S. 687–699.

17 D. B. Quine und M. L. Kreithen, »Frequency shift discrimination: Can homing pigeons locate infrasounds by Doppler shifts?«, *Journal of Comparative Physiology,* Bd. 141, Nr. 2, 1981, S. 153–155.

18 H. G. Wallraff, »Homing of pigeons after extirpation of their cochleae and lagenae«, *Nature,* Bd. 236, Nr. 68, 1972, S. 223f.

19 J. T. Hagstrum und G. A. Manley, »Releases of surgically deafened homing pigeons indicate that aural cues play a significant role in their navigational system«, *Journal of Comparative Physiology A,* Bd. 201, Nr. 10, 2015, S. 983–1001.

20 J. T. Hagstrum, H. P. McIsaac und D. P. Drob, »Seasonal changes in atmospheric noise levels and the annual variation in pigeon homing performance«, *Journal of Comparative Physiology A,* Bd. 202, Nr. 6, 2016, S. 413–424.

21 J. I. Hoffman und J. Forcada, »Extreme natal philopatry in female Antarctic fur seals (Arctocephalus gazella)«, *Mammalian Biology – Zeitschrift für Säugetierkunde,* Bd. 77, Nr. 1, 2012, S. 71ff.

22 Ebd.

14. Der Erdmagnetismus

1 Für eine ausführliche Erörterung siehe E. G. R. Taylor, *The Haven-Finding Art: A History of Navigation from Odysseus to Captain Cook,* Hollis & Carter, 1956, Kapitel 5.

2 Im Grunde entsteht das Erdmagnetfeld durch die Wechselwirkung zwischen dem flüssigen äußeren Kern und dem mysteriösen urzeitlichen Magnetfeld des inneren Kerns. Mein Dank gilt Jon Hagstrum, der mich auf diesen Zusammenhang aufmerksam machte.

3 Verwirrenderweise liegt der magnetische Nordpol in der Nähe des geografischen Südpols und umgekehrt.

4 Seeleute verwenden stattdessen den Begriff »magnetische Abweichung«, vielleicht um eine Verwechslung mit der »Gestirnsdeklination« zu vermeiden – einem der zentralen Parameter bei der astronomischen Navigation.

5 Eine gute visuelle Darstellung findet sich unter https://maps.ngdc.noaa.gov/viewers/historical_declination/.

6 Karten, die zeigen, wie sich die magnetische Deklination, Inklination und Intensität über die Erdoberfläche hinweg verändern, finden sich auf der Website der US National Oceanic and Atmospheric Administration: https://ngdc.noaa.gov/geomag/WMM/image.shtml

7 Solch eine Karte findet sich unter https://www.ngdc.noaa.gov/geomag/WMM/data/WMM2015/WMM2015_F_MERC.pdf.

8 C. Viguier, »Le sens de l'orientation et ses organes chez les animaux et chez l'homme«, *Revue Philosophique de la France et de l'Etranger,* 1882, S. 1–36.

9 J. L. Gould und C. G. Gould, *Nature's Compass,* Princeton: Princeton University Press, 2012, S. 100–104.

10 F. W. Merkel und W. Wiltschko, »Magnetismus und Richtungsfinden zugunruhiger Rotkehlchen (Erithacus rubeculaj)«, *Vogelwarte*, Bd. 23, Nr. 1, 1965, S. 71–77.

11 W. Wiltschko und R. Wiltschko, »Magnetic compass of European robins«, *Science*, Bd. 176, Nr. 4030, 1972, S. 62–64.

12 K. P. Able und M. A. Able, »Daytime calibration of magnetic orientation in a migratory bird requires a view of skylight polarization«, *Nature*, Bd. 364, Nr. 6437, 1993, S. 523.

13 W. W. Cochran, H. Mouritsen und M. Wikelski, »Migrating songbirds recalibrate their magnetic compass daily from twilight cues«, *Science*, Bd. 304, Nr. 5669, 2004, S. 405–408.

14 W. Wiltschko und R. Wiltschko, »Magnetic orientation and magnetoreception in birds and other animals«, *Journal of Comparative Physiology A*, Bd. 191, Nr. 8, 2005, S. 675–693.

15 M. Bottesch, G. Gerlach, M. Halbach, A. Bally, M. J. Kingsford und H. Mouritsen, »A magnetic compass that might help coral reef fish larvae return to their natal reef«, *Current Biology*, Bd. 26, Nr. 24, 2016, R1266f.

16 J. B. Phillips und O. Sayeed, »Wavelength-dependent effects of light on magnetic compass orientation in Drosophila melanogaster«, *Journal of Comparative Physiology A: Neuroethology, Sensory, Neural, and Behavioral Physiology*, Bd. 172, Nr. 3, 1993, S. 303–308.

17 M. Vácha, D. Drštková und T. Pužová, »Tenebrio beetles use magnetic inclination compass«, *Naturwissenschaften*, Bd. 95, Bd. 8, 2008, S. 761–765.

18 K. Rasmussen, D. M. Palacios, J. Calambokidis, M. T. Saborío, L. Dalla Rosa, E. R. Secchi und G. S. Stone, »Southern Hemisphere humpback whales wintering off Central America: insights from water temperature into the longest mammalian migration«, *Biology Letters*, Bd. 3, Nr. 3, 2007, S. 302–305.

19 T. W. Horton, R. N. Holdaway, A. N. Zerbini, N. Hauser, C. Garrigue, A. Andriolo und P. J. Clapham, »Straight as an arrow: humpback whales swim constant course tracks during long-distance migration«, *Biology Letters*, Bd. 7, Nr. 5, 2011, S. 674-679.

20 H. Bailey, B. Senior, D. Simmons, J. Rusin, G. Picken und P. M. Thompson, »Assessing underwater noise levels during pile-driving at an offshore windfarm and its potential effects on marine mammals«, *Marine Pollution Bulletin*, Bd. 60, Nr. 6, 2010, S. 888–897.

21 J. L. Kirschvink, A. E. Dizon und J. A. Westphal, »Evidence from strandings for geomagnetic sensitivity in cetaceans«, *Journal of Experimental Biology*, Bd. 120, Nr. 1, 1986, S. 1–24; und J. L. Kirschvink, »Geomagnetic sensitivity in cetaceans: an update with live stranding records in the United States«, in *Sensory Abilities of Cetaceans*, Boston, MA: Springer, 1990, S. 639–649.

22 K. H. Vanselow, S. Jacobsen, C. Hall und S. Garthe, »Solar storms may trigger sperm whale strandings: explanation approaches for multiple strandings in the North Sea in 2016«, *International Journal of Astrobiology*, 2017, S. 1–9.

23 C. Garrigue, P. J. Clapham, Y. Geyer, A. S. Kennedy und A. N. Zerbini, »Satellite tracking reveals novel migratory patterns and the importance of seamounts for endangered South Pacific humpback whales«, *Royal Society Open Science*, Bd. 2, Nr. 11, 2015, 150489.

15. Wie also orientiert sich der Monarchfalter?

1 Einen Überblick über die frühe Forschungsgeschichte der Wanderung des Monarchfalters liefert L. Brower, »Monarch butterfly orientation: missing pieces of a magnificent puzzle«, *Journal of Experimental Biology*, Bd. 199, Nr. 1, 1996, S. 93–103.

2 F. Urquhart, *The Monarch Butterfly*, Toronto: University of Toronto Press, 1960, S. viii.

3 Ebd.

4 Die folgende Darstellung der Wanderung des Monarchfalters stützt sich auf Gilbert Waldbauer, *Millions of monarchs, bunches of beetles. How bugs find strength in numbers*, Cambridge, Mass.: Harvard University Press, 2000, S. 50–70.

5 J. F. Barker und W. S. Herman, »Effect of photoperiod and temperature on reproduction of the monarch butterfly, Danaus plexippus«, *Journal of Insect Physiology*, Bd. 22, Nr. 12, 1976, S. 1565–1568.

6 S. M. Perez, O. R. Taylor und R. Jander, »A sun compass in monarch butterflies«, *Nature*, Bd. 387, Nr. 6628, 1997, S. 29.

7 H. Mouritsen und B. J. Frost, »Virtual migration in tethered flying monarch butterflies reveals their orientation mechanisms«, *Proceedings of the National Academy of Sciences*, Bd. 99, Nr. 15, 2002, S. 10162–10166.

8 Dieses Verfahren wird im 17. Kapitel ausführlicher beschrieben.

9 S. M. Reppert, H. Zhu und R. H. White, »Polarized light helps monarchs migrate«, *Current Biology*, Bd. 14, Nr. 2, 2004, S. 155–158.

10 C. Merlin, R. J. Gegear und S. M. Reppert, »Antennal circadian clocks coordinate sun compass orientation in migratory monarch butterflies«, *Science*, Bd. 325, Nr. 5948, 2009, S. 1700–1704; sowie P. A. Guerra, C. Merlin, R. J. Gegear und S. M. Reppert, »Discordant timing between antennae disrupts sun compass orientation in migratory monarch butterflies«, *Nature Communications*, Bd. 3, 2012, S. 958.

11 S. Heinze und S. M. Reppert, »Sun compass integration of skylight cues in migratory monarch butterflies«, *Neuron*, Bd. 69, Nr. 2, 2011, S. 345–358.

12 P. A. Guerra, R. J. Gegear und S. M. Reppert, »A magnetic compass aids monarch butterfly migration«, *Nature Communications*, Bd. 5. 2014.

13 S. M. Reppert, P. A. Guerra und C. Merlin, »Neurobiology of monarch butterfly migration«, *Annual Review of Entomology*, Bd. 61, 2016, S. 25–42.

14 J. Stalleicken, M. Mukhida, T. Labhart, R. Wehner, B. J. Frost und H. Mouritsen, »Do monarch butterflies use polarized skylight for orientation?«, *Journal of Experimental Biology*, Bd. 208, 2005, S. 2399–2408.

15 H. Mouritsen, R. Derbyshire, J. Stalleicken, O. Mouritsen, B. J. Frost und D. R. Norris, »An experimental displacement and over 50 years of tag-recoveries show that monarch butterflies are not true navigators«, *Proceedings of the National Academy of Sciences*, Bd. 110, Nr. 18, 2013, S. 7348–7353.

16 R. C. Anderson, »Do dragonflies migrate across the western Indian Ocean?«, *Journal of Tropical Ecology*, Bd. 25, Nr. 4, 2009, S. 347–358.

17 K. A. Hobson, R. C. Anderson, D. X. Soto und L. I. Wassenaar, »Isotopic evidence that dragonflies (Pantala flavescens) migrating through the Maldives come from the northern Indian subcontinent«, *PloS One*, Bd. 7, Nr. 12, 2012, e52594.

18 J. W. Chapman, D. R. Reynolds und K. Wilson, »Long-range seasonal migration in insects: mechanisms, evolutionary drivers and ecological consequences«, *Ecology Letters*, Bd. 18, Nr. 3, 2015, S. 287–302.

16. Die Gammaeule

1 R. L. Nesbit, J. K. Hill, I. P. Woiwod, D. Sivell, K. J. Bensusan und J. W. Chapman, »Seasonally adaptive migratory headings mediated by a sun compass in the painted lady butterfly, Vanessa cardui«, *Animal Behaviour*, Bd. 78, Nr. 5, 2009, S. 1119–1125.
2 J. W. Chapman, J. R. Bell, L. E. Burgin, D. R. Reynolds, L. B. Pettersson, J. K. Hill und J. A. Thomas, »Seasonal migration to high latitudes results in major reproductive benefits in an insect«, *Proceedings of the National Academy of Sciences*, Bd. 109, Nr. 37, 2012, S. 14924–14929.
3 G. Hu, K. S. Lim, N. Horvitz, S. J. Clark, D. R. Reynolds, N. Sapir und J. W. Chapman, »Mass seasonal bioflows of high-flying insect migrants«, *Science*, Bd. 354, Nr. 6319, 2016, S. 1584–1587.
4 J. W. Chapman et al., »Flight orientation behaviors promote optimal migration trajectories in high-flying insects«, *Science*, Bd. 327, 2010, S. 682–685.
5 A. J. Gaston, Y. Hashimoto und L. Wilson, »First evidence of east-west migration across the North Pacific in a marine bird«, *Ibis*, Bd. 157, Nr. 4, 2015, S. 877–882.

17. Der Dunkle Lord der Schneeberge

1 Es gibt auch andere Populationen von Bogong-Faltern in Australien, die in andere Richtungen wandern.
2 E. Warrant, B. Frost, K. Green, H. Mouritsen, D. Dreyer, A. Adden und S. Heinze, »The Australian Bogong moth Agrotis infusa: a long-distance nocturnal navigator«, *Frontiers in Behavioral Neuroscience*, Bd. 10, Nr. 77, 2016.
3 S. Heinze und E. Warrant, »Bogong moths«, *Current Biology*, Bd. 26, Nr. 7, 2016, R263–265.
4 A. a. O.
5 Zitiert in E. Warrant et al., op. cit.
6 D. Dreyer, B. Frost, H. Mouritsen, A. Günther, K. Green, M. Whitehouse und E. Warrant, »The earth's magnetic field and visual landmarks steer migratory flight behavior in the nocturnal Australian Bogong moth«, *Current Biology*, Bd. 28, Nr. 13, 2018, S. 2160-2166.
7 S. E. Pittman, K. M. Hart, M. S. Cherkiss, R. W. Snow, I. Fujisaki, B. J. Smith und M. E. Dorcas, »Homing of invasive Burmese pythons in South Florida: evidence for map and compass senses in snakes«, *Biology Letters*, Bd. 10, Nr. 3, 2014, 20140040.

Teil II – Der Heilige Gral

18. Navigation mit Karte und Kompass

1 Die Fachtermini lauten »allozentrisch« beziehungsweise »idiozentrisch«. Der Begriff »allozentrisch« (»zentriert in etwas anderem [als sich selbst]«) bezeichnet in der Wahrnehmungspsychologie die Orientierung in einem äußeren (objektiven) Referenzsystem.
2 Bisweilen spricht man auch von »wahrer Navigation« *(true navigation)*.
3 Zwei Signale würden nicht genügen, da deren Kreise sich an zwei verschiedenen Stellen überschneiden würden, wodurch Mehrdeutigkeit entsteht.

4 A. C. Perdeck, »Two Types of Orientation in Migrating Starlings, Sturnus vulgaris L., and Chaffinches, Fringilla coelebs L., as Revealed by Displacement Experiments«, *Ardea*, Bd. 46, Nr. 1–2, 1958, S. 1–2.

5 K. Schmidt-Koenig und H. J. Schlichte, »Homing in pigeons with impaired vision«, *Proceedings of the National Academy of Sciences*, Bd. 69, Nr. 9, 1972, S. 2446–2447; sowie K. Schmidt-Koenig und C. Walcott, »Tracks of pigeons homing with frosted lenses«, *Animal Behaviour*, Bd. 8, Nr. 26, 1978, S. 480–486.

6 C. Walcott und K. Schmidt-Koenig, »The effect on pigeon homing of anesthesia during displacement«, *The Auk*, Bd. 2, Nr. 90, 1973, S. 281–286.

7 H. G. Wallraff, »Ratios among atmospheric trace gases together with winds imply exploitable information for bird navigation: a model elucidating experimental results«, *Biogeosciences*, Bd. 10, Nr. 11, 2013, S. 6929–6943.

8 H. Wallraff, »Beyond familiar landmarks and integrated routes: goal-oriented navigation by birds«, *Connection Science*, Bd. 17, Nr. 1–2, 2005, S. 91–106.

9 J. E. Boström, S. Åkesson und T. Alerstam, »Where on earth can animals use a geomagnetic bi-coordinate map for navigation?«, *Ecography*, Bd. 35, Nr. 11, 2012, S. 1039–1047.

10 Eine ausführlichere Erörterung findet sich bei H. Mouritsen, »The Magnetic Senses«, in C. G. Galizia, P.-M. Lledo (Hrsg.), *Neurosciences – From Molecule to Behavior: A University Textbook*, Heidelberg: Springer, 2013, S. 427–443.

11 R. Muheim, »Behavioural and physiological mechanisms of polarized light sensitivity in birds«, *Philosophical Transactions of the Royal Society of London B: Biological Sciences*, Bd. 366, Nr. 1565, 2011, S. 763–771.

12 T. H. Waterman, »Reviving a neglected celestial underwater polarization compass for aquatic animals«, *Biological Reviews*, Bd. 81, Nr. 1, 2006, S. 111–115.

13 S. B. Powell, R. Garnett, J. Marshall, C. Rizk und V. Gruev, »Bioinspired polarization vision enables underwater geolocalization«, *Science Advances*, Bd. 4, Nr. 4, 2018, eaao6841.

19. Können Vögel Längengrade bestimmen?

1 K. Thorup, I.-A. Bisson, M. S. Bowlin, R. A. Holland, J. C. Wingfield, M. Ramenofsky und M. Wikelski, »Evidence for a navigational map stretching across the continental U. S. in a migratory songbird«, *Proc. Natl. Acad. Sci. USA*, Bd. 104, 2007, S. 18115–18119.

2 N. Chernetsov, D. Kishkinev und H. Mouritsen, »A long-distance avian migrant compensates for longitudinal displacement during spring migration«, *Current Biology*, Bd. 18, Nr. 3, 2008, S. 188–190.

3 H. D. Piggins und A. Loudon, »Circadian biology: clocks within clocks«, *Current Biology*, Bd. 15, Nr. 12, 2005, R455–457.

4 D. Kishkinev, N. Chernetsov und H. Mouritsen, »A Double-Clock or Jetlag Mechanism is Unlikely to be Involved in Detection of East–West Displacements in a Long-Distance Avian Migrant«, *The Auk*, Bd. 127, Nr. 4, 2010, S. 773–780.

5 D. Kishkinev, N. Chernetsov, A. Pakhomov, D. Heyers und H. Mouritsen, »Eurasian reed warblers compensate for virtual magnetic displacement«, *Current Biology*, Bd. 25, Nr. 19, 2015, R822–824.

6 D. Kishkinev, N. Chernetsov, D. Heyers und H. Mouritsen, »Migratory reed war-

blers need intact trigeminal nerves to correct for a 1,000 km eastward displacement«, *PLoS One*, Bd. 8, Nr. 6, 2013, e65847.

7 N. Chernetsov, A. Pakhomov, D. Kobylkov, D. Kishkinev, R. A. Holland und H. Mouritsen, »Migratory Eurasian reed warblers can use magnetic declination to solve the longitude problem«, *Current Biology*, Bd. 27, Nr. 17, 2017, S. 2647–2651.

8 T. P. Quinn und E. L. Brannon, »The use of celestial and magnetic cues by orienting sockeye salmon smolts«, *J. Comp. Physiol.*, Bd. 147, 1982, S. 547–552.

9 N. F. Putman, K. J. Lohmann, E. M. Putman, T. P. Quinn, A. P. Klimley und D. L. Noakes, »Evidence for geomagnetic imprinting as a homing mechanism in Pacific salmon«, *Current Biology*, Bd. 23, Nr. 4, 2013, S. 312–316.

10 N. F. Putman, M. M. Scanlan, E. J. Billman, J. P. O'Neil, R. B. Couture, T. P. Quinn und D. L. Noakes, »An inherited magnetic map guides ocean navigation in juvenile Pacific salmon«, *Current Biology*, Bd. 24, Nr. 4, 2014, S. 446–450.

11 P. Obleser, V. Hart, E. P. Malkemper, S. Begall, M. Holá, M. S. Painter und H. Burda, »Compass-controlled escape behavior in roe deer«, *Behavioral Ecology and Sociobiology*, Bd. 70, Nr. 8, 2016, S. 1345–1355.

20. Die geheimnisvolle Navigation der Meeresschildkröten

1 A. F. Carr, *The Sea Turtle*, Austin: University of Texas Press, 1986, S. 26f.

2 A. a. O., S. 159.

3 A. a. O., S. 163ff.

4 F. Papi, H. C. Liew, P. Luschi und E. H. Chan, »Long-range migratory travel of a green turtle tracked by satellite: evidence for navigational ability in the open sea«, *Marine Biology*, Bd. 12, Nr. 2, 1995, S. 171–175.

5 P. Luschi, F. Papi, H. C. Liew, E. H. Chan und F. Bonadonna, »Long-distance migration and homing after displacement in the green turtle (Chelonia mydas): a satellite tracking study«, *Journal of Comparative Physiology A*, Bd. 178, Nr. 4, 1996, S. 447–452.

6 F. Papi, P. Luschi, E. Crosio und G. R. Hughes, »Satellite tracking experiments on the navigational ability and migratory behaviour of the loggerhead turtle Caretta caretta«, *Marine Biology*, Bd. 129, Nr. 2, 1997, S. 215–220.

7 G. R. Hughes, P. Luschi, R. Mencacci und F. Papi, »The 7000-km oceanic journey of a leatherback turtle tracked by satellite«, *Journal of Experimental Marine Biology and Ecology*, Bd. 229, Nr. 2, 1998, S. 209–217.

8 P. Luschi, S. Åkesson, A. C. Broderick, F. Glen, B. J. Godley, F. Papi und G. C. Hays, »Testing the navigational abilities of ocean migrants: displacement experiments on green sea turtles (Chelonia mydas)«, *Behavioral Ecology and Sociobiology*, Bd. 50, Nr. 6, 2001, S. 528–534.

9 G. C. Hays, S. Åkesson, A. C. Broderick, F. Glen, B. J. Godley, F. Papi und P. Luschi, »Island-finding ability of marine turtles«, *Proceedings of the Royal Society of London B: Biological Sciences*, Bd. 270, Suppl. 1, 2003, S. 5–7.

10 P. Luschi, S. Benhamou, C. Girard, S. Ciccione, D. Roos, J. Sudre und S. Benvenuti, »Marine turtles use geomagnetic cues during open-sea homing«, *Current Biology*, Bd. 17, Nr. 2, 2007, S. 126–133.

11 S. Bonanomi, N. Overgaard Therkildsen, A. Retzel, R. Berg Hedeholm, M. W. Pedersen, D. Meldrup und E. E. Nielsen, »Historical DNA documents long-distance natal homing in marine fish«, *Molecular Ecology*, Bd. 25, Nr. 12, 2016, S. 2727–2734.

21. Abenteuer in Costa Rica

1 K. J. Lohmann und C. M. Lohmann, »Orientation to waves by green turtle hatchlings«, *Journal of Experimental Biology*, Bd. 171, Nr. 1, 1992, S. 1–13.

2 B. S. Stewart und R. L. DeLong, »Double migrations of the northern elephant seal, Mirounga angustirostris«, *Journal of Mammalogy*, Bd. 76, Nr. 1, 1995, S. 196–205.

3 R. Bonfil, M. Meÿer, M. C. Scholl, R. Johnson, S. O'Brien, H. Oosthuizen und M. Paterson, »Transoceanic migration, spatial dynamics, and population linkages of white sharks«, *Science*, Bd. 310, Nr. 5745, 2005, S. 100–103.

4 J. M. Anderson, T. M. Clegg, L. V. Véras und K. N. Holland, »Insight into shark magnetic field perception from empirical observations«, *Scientific Reports*, Bd. 7, Nr. 1, 2017, S. 11042.

5 T. W. Horton, N. Hauser, A. N. Zerbini, M. P. Francis, M. L. Domeier, A. Andriolo und R. N. Holdaway, »Route Fidelity During Marine Megafauna Migration«, *Frontiers in Marine Science*, Bd. 4, 2017, S. 422.

22. Ein Licht im Dunkel

1 K. J. Lohmann und C. M. Lohmann, »Detection of magnetic inclination angle by sea turtles: a possible mechanism for determining latitude«, *Journal of Experimental Biology*, Bd. 194, Nr. 1, 1994, S. 23–32.

2 K. J. Lohmann, C. M. Lohmann, L. M. Ehrhart, D. A. Bagley und T. Swing, »Geomagnetic map used in sea-turtle navigation«, *Nature*, Bd. 428, 2004, S. 909f.

3 N. F. Putman und K. L. Mansfield, »Direct evidence of swimming demonstrates active dispersal in the sea turtle ›lost years‹«, *Current Biology*, Bd. 25, Nr. 9, 2015, S. 1221–1227.

4 K. J. Lohmann und C. M. Lohmann, »Detection of magnetic field intensity by sea turtles«, *Nature*, Bd. 380, Nr. 6569, 1996, S. 59.

5 Die Schlüpflinge verloren die Orientierung, als sie an einen Standort weit außerhalb des Wirbels »geschickt« wurden; M. J. Fuxjager, B. S. Eastwood und K. J. Lohmann, »Orientation of hatchling loggerhead sea turtles to regional magnetic fields along a transoceanic migratory pathway«, *Journal of Experimental Biology*, Bd. 214, Nr. 15, 2011, S. 2504–2508.

6 K. J. Lohmann, S. D. Cain, S. A. Dodge und C. M. Lohmann, »Regional magnetic fields as navigational markers for sea turtles«, *Science*, Bd. 294, Nr. 5541, 2001, S. 364–366.

7 N. F. Putman, P. Verley, C. S. Endres und K. J. Lohmann, »Magnetic navigation behavior and the oceanic ecology of young loggerhead sea turtles«, *Journal of Experimental Biology*, Bd. 218, Nr. 7, 2015, S. 1044–1050.

8 Zusammengefasst in K. J. Lohmann, N. F. Putman und C. M. Lohmann, »The magnetic map of hatchling loggerhead sea turtles«, *Current Opinion in Neurobiology*, Bd. 22, Nr. 2, 2012, S. 336–342.

9 N. F. Putman, C. S. Endres, C. M. Lohmann und K. J. Lohmann, »Longitude perception and bicoordinate magnetic maps in sea turtles«, *Current Biology*, Bd. 21, Nr. 6, 2011, S. 463–466.

10 N. F. Putman und K. J. Lohmann, »Compatibility of magnetic imprinting and secular variation«, *Current Biology*, Bd. 18, Nr. 14, 2008, R596–597.

11 J. R. Brothers und K. J. Lohmann, »Evidence for geomagnetic imprinting and

magnetic navigation in the natal homing of sea turtles«, *Current Biology*, Bd. 25, Nr. 3, 2015, S. 392–396.

12 J. R. Brothers und K. J. Lohmann, »Evidence that Magnetic Navigation and Geomagnetic Imprinting Shape Spatial Genetic Variation in Sea Turtles«, *Current Biology*, Bd. 28, Nr. 8, 2018, S. 1325–1329.

13 C. S. Endres und K. J. Lohmann, »Detection of coastal mud odors by loggerhead sea turtles: a possible mechanism for sensing nearby land«, *Marine Biology*, Bd. 160, Nr. 11, 2013, S. 2951–2956.

14 C. S. Endres, N. F. Putman, D. A. Ernst, J. A. Kurth, C. M. Lohmann und K. J. Lohmann, »Multi-modal homing in sea turtles: modeling dual use of geomagnetic and chemical cues in island-finding«, *Frontiers in Behavioral Neuroscience*, Bd. 10, 2016, S. 19.

15 K. J. Lohmann, C. M. Lohmann und C. S. Endres, »The sensory ecology of ocean navigation«, *Journal of Experimental Biology*, Bd. 211, Nr. 11, 2008, S. 1719–1728.

16 K. J. Lohmann, N. Pentcheff, G. Nevitt, G. Stetten, R. Zimmer-Faust, H. Jarrard und L. C. Boles, »Magnetic orientation of spiny lobsters in the ocean: experiments with undersea coil systems«, *Journal of Experimental Biology*, Bd. 198, Nr. 10, 1995, S. 2041–2048.

17 L. C. Boles und K. J. Lohmann, »True navigation and magnetic maps in spiny lobsters«, *Nature*, Bd. 421, Nr. 6918, 2003, S. 60–63.

18 R. R. Baker, »Goal orientation by blindfolded humans after long-distance displacement: Possible involvement of a magnetic sense«, *Science*, Bd. 210, Nr. 4469, 1980, S. 555–557.

19 B. N. Fildes, B. J. O'Loughlin, J. L. Bradshaw und W. J. Ewens, »Human orientation with restricted sensory information: no evidence for magnetic sensitivity«, *Perception*, Bd. 13, Nr. 3, 1984, S. 229–248.

20 C. X. Wang, I. A. Hilburn, D. A. Wu, Y. Mizuhara, C. P. Cousté, J. N. Abrahams und J. L. Kirschvink, »Transduction of the Geomagnetic Field as Evidenced from Alpha-band Activity in the Human Brain«, *eneuro*, Bd. 6, Nr. 2, 2019.

21 L. C. Naisbett-Jones, N. F. Putman, J. F. Stephenson, S. Ladak und K. A. Young, »A magnetic map leads juvenile European eels to the Gulf Stream«, *Current Biology*, Bd. 27, Nr. 8, 2017, S. 1236–1240.

22 C. M. Durif, S. Bonhommeau, C. Briand, H. I. Browman, M. Castonguay, F. Daverat und A. Moore, »Whether European eel leptocephali use the earth's magnetic field to guide their migration remains an open question«, *Current Biology*, Bd. 27, Nr. 18, 2017, R998–1000.

23. Das große Rätsel des Magnetismus

1 A. Kobayashi und J. L. Kirschvink, »Magnetoreception and electromagnetic field effects: sensory perception of the geomagnetic field in animals and humans«, *Advances in Chemistry*, Bd. 250, 1995, *»Electromagnetic Fields«*, Kap. 21, S. 367–394.

2 B. K. Taylor, S. Johnsen und K. J. Lohmann, »Detection of magnetic field properties using distributed sensing: a computational neuroscience approach«, *Bioinspiration and Biomimetics*, Bd. 12, Nr. 3, 2017, 036013.

3 Gould und Gould, *Nature's Compass*, op. cit., S. 111–114.

4 J. M. Anderson, T. M. Clegg, L. V. Véras und K. N. Holland, »Insight into shark

magnetic field perception from empirical observations«, *Scientific Reports*, Bd. 7, Nr. 1, 2017, S. 11042.

5 G. Fleissner, B. Stahl, P. Thalau, G. Falkenberg und G. Fleissner, »A novel concept of Fe-mineral-based magnetoreception: histological and physicochemical data from the upper beak of homing pigeons«, *Naturwissenschaften*, Bd. 94, Nr. 8, 2007, S. 631–642.

6 C. V. Mora, M. Davison, J. M. Wild und M. M. Walker, »Magnetoreception and its trigeminal mediation in the homing pigeon«, *Nature*, Bd. 432, Nr. 7016, 2004, S. 508.

7 C. D. Treiber, M. C. Salzer, J. Riegler, N. Edelman, C. Sugar, M. Breuss und J. Shaw, »Clusters of iron-rich cells in the upper beak of pigeons are macrophages not magnetosensitive neurons«, *Nature*, Bd. 484, Nr. 7394, 2012, S. 367.

8 M. Zapka, D. Heyers, C. M. Hein, S. Engels, N. L. Schneider, J. Hans und H. Mouritsen, »Visual but not trigeminal mediation of magnetic compass information in a migratory bird«, *Nature*, Bd. 461, Nr. 7268, 2009, S. 1274.

9 A. Gagliardo, P. Ioalè, M. Savini und J. M. Wild, »Having the nerve to home: trigeminal magnetoreceptor versus olfactory mediation of homing in pigeons«, *Journal of Experimental Biology*, Bd. 209, Nr. 15, 2006, S. 2888–2892.

10 D. Kishkinev, N. Chernetsov, D. Heyers und H. Mouritsen, »Migratory reed warblers need intact trigeminal nerves to correct for a 1,000 km eastward displacement«, *PLoS One*, Bd. 8, Nr. 6, 2013, e65847.

11 R. A. Holland und B. Helm, »A strong magnetic pulse affects the precision of departure direction of naturally migrating adult but not juvenile birds«, *Journal of The Royal Society Interface*, Bd. 10, Nr. 81, 2013, 20121047.

12 Einen detaillierten Überblick bietet H. Mouritsen, »Magnetoreception in birds and its use for long-distance migration«, *Sturkie's Avian Physiology*, 2015, S. 113–133.

13 L. Q. Wu und J. D. Dickman, »Neural correlates of a magnetic sense«, *Science*, Bd. 336, Nr. 6084, 2012, S. 1054–1057.

14 K. Schulten, C. E. Swenberg und A. Weller, »A biomagnetic sensory mechanism based on magnetic field modulated coherent electron spin motion«, *Zeitschrift für Physikalische Chemie*, Bd. 111, Nr. 1, 1978, S. 1–5.

15 Ein detaillierter Überblick auf die Hinweise zu radikalen Paaren findet sich in P. J. Hore und H. Mouritsen, »The radical-pair mechanism of magnetoreception«, *Annual Review of Biophysics*, Bd. 45, 2016, S. 299–344.

16 M. Zapka, D. Heyers, C. M. Hein, S. Engels, N. L. Schneider, J. Hans und H. Mouritsen, »Visual but not trigeminal mediation of magnetic compass information in a migratory bird«, *Nature*, Bd. 461, Nr. 7268, 2009, S. 1274.

17 R. J. Gegear, A. Casselman, S. Waddell und S. M. Reppert, »Cryptochrome mediates light-dependent magnetosensitivity in Drosophila«, *Nature*, Bd. 454, Nr. 7207, 2008, S. 1014; R. J. Gegear, L. E. Foley, A. Casselman und S. M. Reppert, »Animal cryptochromes mediate magnetoreception by an unconventional photochemical mechanism«, *Nature*, Bd. 463, Nr. 7282, 2010, S. 804.

18 O. Bazalova, M. Kvicalova, T. Valkova, P. Slaby, P. Bartos, R. Netusil und M. Damulewicz, »Cryptochrome 2 mediates directional magnetoreception in cockroaches«, *Proceedings of the National Academy of Sciences*, Bd. 113, Nr. 6, 2016, S. 1660–1665.

19 R. L. Jungerman und B. Rosenblum, »Magnetic induction for the sensing of magnetic fields by animals – an analysis«, *Journal of Theoretical Biology*, Bd. 87, Nr. 1, 1980, S. 25–32.

20 M. Lauwers, P. Pichler, N. B. Edelman, G. P. Resch, L. Ushakova, M. C. Salzer und D. A. Keays, »An iron-rich organelle in the cuticular plate of avian hair cells«, *Current Biology*, Bd. 23, Nr. 10, 2013, S. 924–929.

21 G. C. Nordmann, T. Hochstoeger und D. A. Keays, »Magnetoreception – a sense without a receptor«, *PLoS Biology*, Bd. 15, Nr. 10, 2017, e2003234.

22 A. Tawa, T. Ishihara, Y. Uematsu, T. Ono und S. Ohshimo, »Evidence of westward transoceanic migration of Pacific bluefin tuna in the Sea of Japan based on stable isotope analysis«, *Marine Biology*, Bd. 164, Nr. 4, 2017, S. 94; B. A. Block et al., »Electronic tagging and population structure of Atlantic bluefin tuna«, *Nature*, Bd. 434, 2005, S. 1121–1127.

23 J. Willis, J. Phillips, R. Muheim, F. J. Diego-Rasilla und A. J. Hobday, »Spike dives of juvenile southern bluefin tuna (Thunnus maccoyii): a navigational role?«, *Behavioral Ecology and Sociobiology*, Bd. 64, Nr. 1, 2009, S. 57.

24 M. M. Walker, »Learned magnetic field discrimination in yellowfin tuna, Thunnus albacares«, *Journal of Comparative Physiology A: Neuroethology, Sensory, Neural, and Behavioral Physiology*, Bd. 155, Nr. 5, 1984, S. 673–679.

24. Die Seepferdchen in unseren Köpfen

1 F. de Waal, *Are We Smart Enough to Know How Smart Animals Are?*, London: Granta Books, 2016, S. 55.

2 E. C. Tolman, »Cognitive maps in rats and men«, *Psychological Review*, Bd. 55, Nr. 4, 1948, S. 189.

3 Zusammengefasst in Gould und Gould, *Nature's Compass*, S. 155ff.

4 M. S. Gazzaniga, R. B. Ivry und G. R. Mangun, *Cognitive Neuroscience: The Biology of the Mind*, 2. Auflage, New York: Norton, 2002, S. 18.

5 Siehe z. B. D. H. Hubel und T. N. Wiesel, »Shape and arrangement of columns in cat's striate cortex«, *The Journal of Physiology*, Bd. 165, Nr. 3, 1963, S. 559–568.

6 Ähnliche »Lobektomien« (Organlappenentfernungen) werden auch heute noch recht häufig durchgeführt, allerdings mit größter Vorsicht und Präzision; dabei wird erkranktes Gewebe herausgeschnitten, das man für die Ursache der Epilepsie hält.

7 W. B. Scoville und B. Milner, »Loss of recent memory after bilateral hippocampal lesions«, *Journal of Neurology, Neurosurgery, and Psychiatry*, Bd. 20, Nr. 1, 1957, S. 11.

8 J. O'Keefe und J. Dostrovsky, »The hippocampus as a spatial map. Preliminary evidence from unit activity in the freely moving rat«, *Brain Research*, Bd. 34, Nr. 1, 1971, S. 171–175.

9 J. O'Keefe und L. Nadel, *The Hippocampus as a Cognitive Map*, Oxford University Press, 1978.

10 M. Fyhn, S. Molden, M. P. Witter, E. I. Moser und M. B. Moser, »Spatial representation in the entorhinal cortex«, *Science*, Bd. 305, Nr. 5688, 2004, S. 1258–1264; T. Hafting, M. Fyhn, S. Molden, M. B. Moser und E. I. Moser, »Microstructure of a spatial map in the entorhinal cortex«, *Nature*, Bd. 436, Nr. 7052, 2005, S. 801.

11 Ein aktueller Katalog findet sich in R. M. Grieves und K. J. Jeffery, »The representation of space in the brain«, *Behavioural Processes*, Bd. 135, 2017, S. 113–131.

12 Laut Reglement kann ein Nobelpreis an nicht mehr als drei Personen vergeben werden.

13 D. F. Sherry, S. L. Grella, M. F. Guigueno, D. J. White und D. F. Marrone, »Are There Place Cells in the Avian Hippocampus?«, *Brain, Behavior and Evolution*, Bd. 90, Nr. 1, 2017, S. 73–80.

14 M. Geva-Sagiv, L. Las, Y. Yovel und N. Ulanovsky, »Spatial cognition in bats and rats: from sensory acquisition to multiscale maps and navigation«, *Nature Reviews Neuroscience*, Bd. 16, Nr. 2, 2015, S. 94.

15 A. Finkelstein, L. Las und N. Ulanovsky, »3-D maps and compasses in the brain«, *Annual Review of Neuroscience*, Bd. 39, 2016, S. 171–196; R. M. Grieves und K. J. Jeffery, »The representation of space in the brain«, *Behavioural Processes*, Bd. 135, 2017, S. 113–131.

16 N. Ulanovsky und C. F. Moss, »Hippocampal cellular and network activity in freely moving echolocating bats«, *Nature Neuroscience*, Bd. 10, Nr. 2, 2007, S. 224–233.

17 H. Eichenbaum und N. J. Cohen, »Can we reconcile the declarative memory and spatial navigation views on hippocampal function?«, *Neuron*, Bd. 83, Nr. 4, 2014, S. 764–770.

18 E. I. Moser, M. B. Moser und B. L. McNaughton, »Spatial representation in the hippocampal formation: a history«, *Nature Neuroscience*, Bd. 20, Nr. 11, 2017, S. 1448–1464.

19 G. Buzsáki und R. Llinás, »Space and time in the brain«, *Science*, Bd. 358, Nr. 6362, 2017, S. 482–485.

20 A. Pašukonis, M. C. Loretto und W. Hödl, »Map-like navigation from distances exceeding routine movements in the three-striped poison frog (Ameerega trivittata)«, *Journal of Experimental Biology*, Bd. 221, Nr. 2, 2018, jeb-169714.

25. Das menschliche Gehirn als Navigator

1 J. Hort, J. Laczó, M. Vyhnálek, M. Bojar, J. Bureš und K. Vlček, »Spatial navigation deficit in amnestic mild cognitive impairment«, *Proceedings of the National Academy of Sciences*, Bd. 104, Nr. 10, 2007, S. 4042–4047.

2 Siehe z. B. http://www.niallmclaughlin.com/projects/alzheimers-respite-centre-dublin/.

3 E. A. Maguire, D. G. Gadian, I. S. Johnsrude, C. D. Good, J. Ashburner, R. S. Frackowiak und C. D. Frith, »Navigation-related structural change in the hippocampi of taxi drivers«, *Proceedings of the National Academy of Sciences*, Bd. 97, Nr. 8, 2000, S. 4398–4403.

4 Interessanterweise schien es jedoch einen Ausgleich zu geben. Der vordere Teil des Hippocampus war bei den Kontrollprobanden größer als bei den Taxifahrern, was darauf hindeuten könnte, dass die Taxifahrer weniger versiert sind, visuelle Informationen abzurufen.

5 E. A. Maguire, K. Woollett und H. J. Spiers, »London taxi drivers and bus drivers: a structural MRI and neuropsychological analysis«, *Hippocampus*, Bd. 16, Nr. 12, 2006, S. 1091–1101.

6 K. Konishi und V. D. Bohbot, »Spatial navigational strategies correlate with gray matter in the hippocampus of healthy older adults tested in a virtual maze«, *Frontiers in Aging Neuroscience*, Bd. 5, Nr. 1, 2013.

7 Y. Stern, »Cognitive reserve and Alzheimer disease«, *Alzheimer Disease und Associated Disorders*, Bd. 20, 2006, S. 69–74. Ebenso W. Xu, J. T. Yu, M. S. Tan und L. Tan,

»Cognitive reserve and Alzheimer's disease«, *Molecular Neurobiology*, Bd. 51, Nr. 1, 2015, S. 187–208.

8 R. A. Epstein, E. Z. Patai, J. B. Julian und H. J. Spiers, »The cognitive map in humans: spatial navigation and beyond«, *Nature Neuroscience*, Bd. 20, Nr. 11, 2017, S. 1504.

9 R. D. Rubin, P. D. Watson, M. C. Duff und N. J. Cohen, »The role of the hippocampus in flexible cognition and social behavior«, *Frontiers in Human Neuroscience*, Bd. 8, 2014, S. 742.

10 E. Kuehn, X. Chen, P. Geise, J. Oltmer und T. Wolbers, »Social targets improve body-based and environment-based strategies during spatial navigation«, *Experimental Brain Research*, 2018, S. 1–10.

11 D. B. Omer, S. R. Maimon, L. Las und N. Ulanovsky, »Social place-cells in the bat hippocampus«, *Science*, Bd. 359, Nr. 6372, 2018, S. 218–224; T. Danjo, T. Toyoizumi und S. Fujisawa, »Spatial representations of self and other in the hippocampus«, *Science*, Bd. 359, Nr. 6372, 2018, S. 213–218; T. Okuyama, T. Kitamura, D. S. Roy, S. Itohara und S. Tonegawa, »Ventral CA1 neurons store social memory«, *Science*, Bd. 353, Nr. 6307, 2016, S. 1536–1541.

12 J. N. Beadle, D. Tranel, N. J. Cohen und M. Duff, »Empathy in hippocampal amnesia«, *Frontiers in Psychology*, Bd. 4, 2013, S. 69.

13 R. M. Tavares, A. Mendelsohn, Y. Grossman, C. H. Williams, M. Shapiro, Y. Trope und D. Schiller, »A map for social navigation in the human brain«, *Neuron*, Bd. 87, Nr. 1, 2015, S. 231–243.

14 L. Vashro und E. Cashdan, »Spatial cognition, mobility, and reproductive success in northwestern Namibia«, *Evolution and Human Behavior*, Bd. 36, Nr. 2, 2015, S. 123–129.

15 M. C. Duff, J. Kurczek, R. Rubin, N. J. Cohen und D. Tranel, »Hippocampal amnesia disrupts creative thinking«, *Hippocampus*, Bd. 23, Nr. 12, 2013, S. 1143–1149.

16 D. E. Warren, J. Kurczek und M. C. Duff, »What relates newspaper, definite, and clothing? An article describing deficits in convergent problem solving and creativity following hippocampal damage«, *Hippocampus*, Bd. 26, Nr. 7, 2016, S. 835–840.

17 A. O. Constantinescu, J. X. O'Reilly und T. E. Behrens, »Organizing conceptual knowledge in humans with a gridlike code«, *Science*, Bd. 352, Nr. 6292, 2016, S. 1464–1468.

18 A. Coutrot, R. Silva, E. Manley, W. de Cothi, S. Sami, V. Bohbot und H. Spiers, »Global determinants of navigation ability«, *Current Biology*, Bd. 28, Nr. 17, 2017, S. 2861–2866. Die App kann im Internet heruntergeladen werden: http://www.seaheroquest.com/site/en/.

19 L. Polansky, W. Kilian und G. Wittemyer, »Elucidating the significance of spatial memory on movement decisions by African savannah elephants using state–space models«, in *Proc. R. Soc. B*, Bd. 282, Nr. 1805, 2015, 20143042.

20 M. H. Schmitt, A. Shuttleworth, D. Ward und A. M. Shrader, »African elephants use plant odours to make foraging decisions across multiple spatial scales«, *Animal Behaviour*, Bd. 141, 2018, S. 17–27.

Teil III – Warum ist Orientierung essenziell?

26. Die Sprache der Erde

1 P. Levi, *Die Atempause (La tregua*, 1963), aus dem Italienischen von Barbara und Robert Picht, München: dtv, 1994, S. 168-170.

2 R. Solnit, *Die Kunst, sich zu verlieren: Ein Führer durch den Irrgarten des Lebens*, aus dem amerikanischen Englisch von Michael Mundhenk, München: Piper, 2009, S. 15.

3 N. Carr, »All can be lost: The risk of putting our knowledge in the hands of machines«, *The Atlantic*, Bd. 11, 2013, S. 1–12.

4 R. Parasuraman und D. H. Manzey, »Complacency and bias in human use of automation: An attentional integration«, *Human Factors*, Bd. 52, Nr. 3, 2010, S. 381–410.

5 https://www.telegraph.co.uk/news/earth/countryside/9090729/ Warning-over-decline-in-map-skills-as-ramblers-rely-on-sat-navs.html.

6 G. Iaria und J. J. Barton, »Developmental topographical disorientation: a newly discovered cognitive disorder«, *Experimental Brain Research*, Bd. 206, Nr. 2, 2010, S. 189–196.

7 C. Aporta, E. Higgs, D. Hakken, L. Palmer, M. Palmer und R. Rundstrom, »Satellite culture: global positioning systems, Inuit wayfinding, and the need for a new account of technology«, *Current Anthropology*, Bd. 46, Nr. 5, 2005, S. 729–753.

8 N. Carr, op. cit.

9 E. Hemingway, *Fiesta* (engl. Original *The Sun Also Rises*, 1926), Kap. 13.

10 http://www.pressherald.com/2016/05/25/report-geraldine-largay-kept-journal-during-weeks-lost-in-maine-woods/document/.

27. Schlussfolgerungen

1 M. S. Balbuena, L. Tison, M.-L. Hahn, U. Greggers, R. Menzel und W. M. Farina, »Effects of sublethal doses of glyphosate on honeybee navigation«, *The Journal of Experimental Biology*, Bd. 218, 2015, S. 2799–2805. doi:10.1242/jeb.117291.

2 Weitere Informationen finden sich bei der International Dark Sky Association (http://darksky.org).

3 Bibelstelle *Evangelium des Markus* 5,8-13, zitiert in Peter Singer, *Animal Liberation: Die Befreiung der Tiere,* Deutsch von Claudia Schorcht, Erlangen: Harald Fischer Verlag, 2015.

4 Thomas von Aquin, *Summa Contra Gentiles*, Buch 3, Teil 2, Kapitel 112.

5 Aristoteles, *Politik*, Buch 1, Kapitel 8.

6 Siehe z. B. https://www.newyorker.com/news/daily-comment/are-evangelical-leaders-saving-scott-pruitts-job.

7 E. O. Wilson, *Biophilia: The Human Bond with Other Species*, Cambridge, Mass.: Harvard University Press, 1984, S. 85.

8 https://aeon.co/essays/why-forests-and-rivers-are-the-most-potent-health-tonic-around.

9 M. Kuo, »How might contact with nature promote human health? Promising mechanisms and a possible central pathway«, *Frontiers in Psychology*, Bd. 6, 2015, S. 1093.

10 P. K. Piff, P. Dietze, M. Feinberg, D. M. Stancato und D. Keltner, »Awe, the small self, and prosocial behavior«, *Journal of Personality and Social Psychology*, Bd. 108, Nr. 6, 2015, S. 883.

Register